Editorial Policy

§ 1. Lecture Notes aim to report new developments - quickly, informally, and at a high level. The texts should be reasonably self-contained and rounded off. Thus they may, and often will, present not only results of the author but also related work by other people. Furthermore, the manuscripts should provide sufficient motivation, examples and applications. This clearly distinguishes Lecture Notes manuscripts from journal articles which normally are very concise. Articles intended for a journal but too long to be accepted by most journals, usually do not have this "lecture notes" character. For similar reasons it is unusual for Ph. D. theses to be accepted for the Lecture Notes series.

§ 2. Manuscripts or plans for Lecture Notes volumes should be submitted (preferably in duplicate) either to one of the series editors or to Springer- Verlag, Heidelberg . These proposals are then refereed. A final decision concerning publication can only be made on the basis of the complete manuscript, but a preliminary decision can often be based on partial information: a fairly detailed outline describing the planned contents of each chapter, and an indication of the estimated length, a bibliography, and one or two sample chapters - or a first draft of the manuscript. The editors will try to make the preliminary decision as definite as they can on the basis of the available information.

§ 3. Final manuscripts should preferably be in English. They should contain at least 100 pages of scientific text and should include
- a table of contents;
- an informative introduction, perhaps with some historical remarks: it should be accessible to a reader not particularly familiar with the topic treated;
- a subject index: as a rule this is genuinely helpful for the reader.

Further remarks and relevant addresses at the back of this book.

Lecture Notes in Mathematics

5

Editors:
A. Dold, Heidelberg
F. Takens, Groningen

Springer
Berlin
Heidelberg
New York
Barcelona
Budapest
Hong Kong
London
Milan
Paris
Santa Clara
Singapore
Tokyo

Jean-Pierre Serre

Cohomologie Galoisienne

Cinquième édition, révisée et complétée

Springer

Auteur

Jean-Pierre Serre
Collège de France
3 rue d'Ulm
F-75231 Paris Cedex 05, France

2nd printing 1997 (with minor corrections)

Cataloging-in-Publication Data applied for.

Die Deutsche Bibliothek - CIP-Einheitsaufnahme

Serre, Jean-Pierre:
Cohomologie galoisienne / Jean-Pierre Serre. - 5. éd., rév. et
complétée, 2nd print. - Berlin ; Heidelberg ; New York ; Barcelona ;
Budapest ; Hong Kong ; London ; Milan ; Paris ; Santa Clara ;
Singapore ; Tokyo : Springer, 1997
   (Lecture notes in mathematics ; 5)
   ISBN 3-540-58002-6

Mathematics Subject Classification (1991): 12Gxx, 20E18, 20Gxx, 22Exx

ISSN 0075-8434
ISBN 3-540-58002-6 Springer-Verlag Berlin Heidelberg New York
ISBN 0-387-58002-6 Springer-Verlag New York Berlin Heidelberg
ISBN 3-540-06084-7 4e édition Springer-Verlag Berlin Heidelberg New York
ISBN 0-387-06084-7 4th edition Springer-Verlag New York Berlin Heidelberg

Springer-Verlag is a part of Springer Science+Business Media

© Springer-Verlag Berlin Heidelberg 1973, 1994, 1997
Printed in Germany

Typesetting: Camera-ready TeX output by Armin Koellner
SPIN: 10989852   46/3111-54321 - Printed on acid-free paper

INTRODUCTION A LA PREMIÈRE ÉDITION (1964)

Ces notes reproduisent avec quelques modifications un cours fait au Collège de France pendant l'année 1962–1963. On y trouvera également un texte inédit de Tate (Annexe au Chap. I), et un autre de Verdier, tous deux consacrés à la dualité des groupes profinis.

Une rédaction préliminaire de ces notes, due à Michel Raynaud, m'a été très utile; je l'en remercie vivement.

INTRODUCTION A LA CINQUIÈME ÉDITION (1994)

Cette nouvelle édition a été réalisée en TEX par les soins de M. Köllner et Springer-Verlag, que j'ai plaisir à remercier.

J'ai profité de l'occasion pour faire une série de modifications:

– mise à jour de la bibliographie;
– mise à jour des problèmes et conjectures mentionnés dans le texte;
– adjonction de nombreux exercices, d'un index, et de plusieurs annexes (résumés de cours, notamment).

Pour faciliter les références, l'ancienne numérotation des propositions, lemmes et théorèmes a été conservée. Les passages nouveaux sont, le plus souvent, imprimés en caractères plus petits que le texte original.

Jean-Pierre Serre

Table des matières

Chapitre II. Cohomologie galoisienne – cas commutatif

Chapitre I

Cohomologie des groupes profinis

§ 1. Groupes profinis

1.1. Définition

On appelle *groupe profini* un groupe topologique qui est limite projective de groupes finis (munis chacun de la topologie discrète). Un tel groupe est compact et totalement discontinu. Réciproquement:

Proposition 0. *Un groupe topologique compact totalement discontinu est profini.*

Soit G un tel groupe. Comme G est totalement discontinu et localement compact, les sous-groupes ouverts de G forment une base de voisinages de 1, cf. Bourbaki TG III, §4, n°6. Un tel sous-groupe U est d'indice fini dans G puisque G est compact; ses conjugués gUg^{-1} sont en nombre fini et leur intersection V est un sous-groupe ouvert normal de G. De tels V forment donc une base de voisinages de 1; l'application canonique $G \to \varprojlim G/V$ est injective, continue, et d'image dense; comme G est compact, c'est un isomorphisme. Donc G est profini.

Les groupes profinis forment une catégorie (les morphismes étant les homomorphismes continus) où les produits infinis et les limites projectives existent.

Exemples.

1) Soit L/K une extension galoisienne de corps commutatifs. Le groupe de Galois $G(L/K)$ de cette extension est, par construction même, limite projective des groupes de Galois $G(L_i/K)$ des extensions galoisiennes finies L_i/K contenues dans L/K; c'est donc un groupe profini.

2) Un groupe analytique compact sur le corps p-adique $\mathbf{Q}_p$ est profini (en tant que groupe topologique). En particulier, $\mathbf{SL}_n(\mathbf{Z}_p)$, $\mathbf{Sp}_{2n}(\mathbf{Z}_p)$, ... sont des groupes profinis.

3) Soit G un groupe discret, et soit $\widehat{G}$ la limite projective des quotients finis de G. Le groupe $\widehat{G}$ est appelé le groupe profini *associé à* G; c'est le séparé complété de G pour la topologie définie par les sous-groupes de G d'indice fini; le noyau de $G \to \widehat{G}$ est l'intersection des sous-groupes d'indice fini de G.

4) Si M est un groupe abélien de torsion, son dual $M^* = \mathrm{Hom}(M, \mathbf{Q}/\mathbf{Z})$, muni de la topologie de la convergence simple, est un groupe profini commutatif. On obtient ainsi une anti-équivalence (dualité de Pontrjagin):

$$\text{groupes abéliens de torsion} \iff \text{groupes profinis commutatifs}.$$

Exercices.

1) Montrer qu'un groupe profini commutatif sans torsion est isomorphe à un produit (en général infini) de groupes $\mathbf{Z}_p$. [Utiliser la dualité de Pontrjagin pour se ramener au théorème disant que tout groupe abélien divisible est somme directe de groupes isomorphes à $\mathbf{Q}$ ou à un $\mathbf{Q}_p/\mathbf{Z}_p$, cf. Bourbaki A VII.53, exerc. 3.]

2) Soit $G = \mathbf{SL}_n(\mathbf{Z})$, et soit f l'homomorphisme canonique $\widehat{G} \to \prod_p \mathbf{SL}_n(\mathbf{Z}_p)$.

(a) Montrer que f est surjectif.

(b) Montrer l'équivalence des deux propriétés suivantes:

(b₁) f est un isomorphisme;

(b₂) tout sous-groupe d'indice fini de $\mathbf{SL}_n(\mathbf{Z})$ est un sous-groupe de congruence.

[Ces propriétés sont connues pour être vraies si $n \neq 2$ et fausses si $n = 2$.]

1.2. Sous-groupes

Tout sous-groupe fermé H d'un groupe profini G est profini. De plus, l'espace homogène G/H est compact totalement discontinu.

Proposition 1. *Si H et K sont deux sous-groupes fermés du groupe profini G, avec $H \supset K$, il existe une section continue $s : G/H \to G/K$.*

(Par "section", on entend une application $s : G/H \to G/K$ dont le composé avec la projection $G/K \to G/H$ est l'identité.)

On va utiliser deux lemmes:

Lemme 1. *Soit G un groupe compact et soit (S_i) une famille filtrante décroissante de sous-groupes fermés. Soit $S = \bigcap S_i$. L'application canonique*

$$G/S \longrightarrow \varprojlim G/S_i$$

est alors un homéomorphisme.

En effet, cette application est injective, et son image est dense; comme l'espace de départ est compact, le lemme en résulte. (On aurait pu aussi invoquer Bourbaki, TG III.59, cor. 3 à la prop. 1.)

Lemme 2. *La proposition 1 est vraie lorsque H/K est fini. Si de plus H et K sont distingués dans G, l'extension*

$$1 \longrightarrow H/K \longrightarrow G/K \longrightarrow G/H \longrightarrow 1$$

est scindée (cf. n° 3.4) au-dessus d'un sous-groupe ouvert de G/H.

Soit U un sous-groupe ouvert distingué de G tel que $U \cap H \subset K$. La restriction de la projection $G/K \to G/H$ à l'image de U est alors injective (et c'est un homomorphisme lorsque H et K sont distingués, ce qui démontre la deuxième partie du lemme). Son application réciproque est donc une section sur l'image de U (qui est ouverte); on la prolonge en une section sur G/H tout entier par translation.

Démontrons maintenant la prop. 1. On peut supposer que $K = 1$. Soit X l'ensemble des couples (S, s), où S est un sous-groupe fermé de H, et s est une section continue $G/H \to G/S$. On ordonne X en convenant que $(S,s) \geq (S',s')$ si $S \subset S'$ et si s' est le composé de s et de $G/S \to G/S'$. Si (S_i, s_i) est une famille totalement ordonnée d'éléments de X, et si $S = \bigcap S_i$, on a $G/S = \varprojlim G/S_i$ d'après le lemme 1; les s_i définissent donc une section continue $s : G/H \to G/S$; on a $(S,s) \in X$. Cela montre que X est un ensemble ordonné *inductif*. D'après le théorème de Zorn, X contient un élément maximal (S,s). Montrons que $S = 1$, ce qui achèvera la démonstration. Si S était distinct de 1, il existerait un sous-groupe ouvert U de G tel que $S \cap U \neq S$. En appliquant le lemme 2 au triplet $(G, S, S \cap U)$, on obtiendrait une section continue $G/S \to G/(S \cap U)$, et en la composant avec $s : G/H \to G/S$, cela donnerait une section continue $G/H \to G/(S \cap U)$, contrairement au fait que (S,s) est maximal.

Exercices.

1) Soit G un groupe profini opérant continûment sur un espace compact totalement discontinu X. On suppose que G opère *librement*, i.e. que le fixateur de tout élément de X est égal à 1. Montrer qu'il existe une section continue $X/G \to X$. [Raisonner comme pour la prop. 1.]

2) Soit H un sous-groupe fermé d'un groupe profini G. Montrer qu'il existe un sous-groupe fermé G' de G qui est tel que $G = H \cdot G'$, et qui est minimal pour cette propriété.

1.3. Indices

On appelle *nombre surnaturel* un produit formel $\prod p^{n_p}$, où p parcourt l'ensemble des nombres premiers, et où n_p est un entier ≥ 0 ou $+\infty$. On définit de manière évidente le produit, le pgcd et le ppcm d'une famille quelconque de nombres surnaturels.

Soit G un groupe profini, et soit H un sous-groupe fermé de G. On définit *l'indice* $(G : H)$ de H dans G comme le ppcm des indices $(G/U : H/(H \cap U))$, pour U parcourant l'ensemble des sous-groupes ouverts distingués de G. On voit facilement que c'est aussi le ppcm des indices $(G : V)$ pour V ouvert contenant H.

Proposition 2. (i) *Si* $K \subset H \subset G$ *sont des groupes profinis, on a*

$$(G : K) = (G : H) \cdot (H : K) .$$

(ii) *Si* (H_i) *est une famille filtrante décroissante de sous-groupes fermés de* G, *et si* $H = \bigcap H_i$, *on a* $(G : H) = \mathrm{ppcm}(G : H_i)$.

(iii) *Pour que* H *soit ouvert dans* G, *il faut et il suffit que* $(G : H)$ *soit un nombre naturel* (i.e. un élément de $\mathbf{N}$).

Démontrons (i): si U est ouvert distingué dans G, posons $G_U = G/U$, $H_U = H/(H \cap U)$, $K_U = K/(K \cap U)$. On a $G_U \supset H_U \supset K_U$, d'où

$$(G_U : K_U) = (G_U : H_U) \cdot (H_U : K_U) .$$

On a par définition $\mathrm{ppcm}(G_U : K_U) = (G : K)$ et $\mathrm{ppcm}(G_U : H_U) = (G : H)$. D'autre part, les $H \cap U$ sont cofinaux dans l'ensemble des sous-groupes ouverts distingués de H; il en résulte que $\mathrm{ppcm}(H_U : K_U) = (H : K)$, d'où (i).

Les assertions (ii) et (iii) sont immédiates.

Noter qu'en particulier on peut parler de *l'ordre* $(G : 1)$ d'un groupe profini G.

Exercices.

1) Soit G un groupe profini, et soit n un entier $\neq 0$. Montrer l'équivalence des propriétés suivantes:

(a) n est premier à l'ordre $(G:1)$ de G.

(b) L'application $x \mapsto x^n$ de G dans G est surjective.

(b') L'application $x \mapsto x^n$ de G dans G est bijective.

2) Soit G un groupe profini. Démontrer l'équivalence des trois propriétés suivantes:

(a) La topologie de G est métrisable.

(b) On a $G = \varprojlim G_n$, où les G_n $(n \geq 1)$ sont finis et les homomorphismes $G_{n+1} \to G_n$ sont surjectifs.

(c) L'ensemble des sous-groupes ouverts de G est dénombrable.

Montrer que ces propriétés entraînent:

(d) Il existe un sous-ensemble dénombrable dense dans G.

Construire un exemple où (d) est vérifiée, mais pas (a), (b), (c) [prendre pour G le dual d'un $\mathbf{F}_p$-espace vectoriel de dimension infinie dénombrable].

3) Soit H un sous-groupe fermé d'un groupe profini G. On suppose $H \neq G$. Montrer qu'il existe $x \in G$ tel qu'aucun conjugué de x n'appartienne à H [se ramener au cas où G est fini].

4) Soit g un élément d'un groupe profini G, et soit $C_g = \overline{\langle g \rangle}$ le plus petit sous-groupe fermé de G contenant g. Soit $\prod p^{n_p}$ l'ordre de C_g, et soit I l'ensemble des p tels que $n_p = \infty$. Montrer que:

$$C_g \simeq \prod_{p \in I} \mathbf{Z}_p \times \prod_{p \notin I} \mathbf{Z}/p^{n_p}\mathbf{Z} \ .$$

1.4. Pro-p-groupes et p-groupes de Sylow

Soit p un nombre premier. Un groupe profini H est appelé un *pro-p-groupe* si c'est une limite projective de p-groupes, ou, ce qui revient au même, si son ordre est une puissance de p (finie ou infinie, bien entendu). Si G est un groupe profini, un sous-groupe H de G est appelé un *p-groupe de Sylow* de G si c'est un pro-p-groupe et si $(G:H)$ est premier à p.

Proposition 3. *Tout groupe profini G possède des p-groupes de Sylow, et ceux-ci sont conjugués.*

On utilise le lemme suivant (Bourbaki, TG I.64, prop. 8):

Lemme 3. *Une limite projective d'ensembles finis non vides est non vide.*

Soit X la famille des sous-groupes ouverts distingués de G. Si $U \in X$, soit $P(U)$ l'ensemble des p-groupes de Sylow du groupe fini G/U. En appliquant le lemme 3 au système projectif des $P(U)$, on obtient une famille cohérente H_U de p-groupes de Sylow des G/U, et l'on vérifie aisément que $H = \varprojlim H_U$ est un p-groupe de Sylow de G, d'où la première partie de la proposition. De même, si H et H' sont deux p-groupes de Sylow de G, soit $Q(U)$ l'ensemble des $x \in G/U$ qui transforment l'image de H dans celle de H'; en appliquant le lemme 3 aux $Q(U)$, on voit que $\varprojlim Q(U) \neq \emptyset$, d'où un $x \in G$ tel que $xHx^{-1} = H'$.

On démontre par le même genre d'arguments:

Proposition 4. (a) *Tout pro-p-sous-groupe de G est contenu dans un p-groupe de Sylow de G.*

(b) *Si $G \to G'$ est un morphisme surjectif, l'image d'un p-groupe de Sylow de G est un p-groupe de Sylow de G'.*

Exemples.

1) Le groupe $\widehat{\mathbf{Z}}$ a pour p-groupe de Sylow le groupe $\mathbf{Z}_p$ des entiers p-adiques.

2) Si G est analytique compact sur $\mathbf{Q}_p$, les p-groupes de Sylow de G sont *ouverts* (cela résulte de la structure locale bien connue de ces groupes). L'ordre de G est donc le produit d'un entier naturel par une puissance de p.

3) Soit G un groupe discret. La limite projective des quotients de G qui sont des p-groupes est un pro-p-groupe, noté $\widehat{G}_p$, et appelé le *p-complété* de G; c'est le plus grand quotient de $\widehat{G}$ qui soit un pro-p-groupe.

Exercice.

Soit G un groupe discret tel que $G^{\mathrm{ab}} = G/(G,G)$ soit isomorphe à $\mathbf{Z}$ (par exemple le groupe fondamental du complémentaire d'un noeud dans $\mathbf{R}^3$). Montrer que le p-complété de G est isomorphe à $\mathbf{Z}_p$.

1.5. Pro-p-groupes libres

Soit I un ensemble, et soit $L(I)$ le groupe discret *libre* engendré par des éléments x_i indexés par I. Soit X la famille des sous-groupes distingués M de $L(I)$ tels que:

a) $L(I)/M$ est un p-groupe fini,
b) M contient presque tous les x_i (i.e. tous sauf un nombre fini).

Posons $F(I) = \varprojlim L(I)/M$. Le groupe $F(I)$ est un pro-p-groupe que l'on appelle le *pro-p-groupe libre* engendré par les x_i. L'adjectif "libre" est justifié par le résultat suivant:

Proposition 5. *Si G est un pro-p-groupe, les morphismes de F(I) dans G correspondent bijectivement aux familles $(g_i)_{i\in I}$ d'éléments de G qui tendent vers zéro suivant le filtre des complémentaires des parties finies.*

[Lorsque I est *fini*, la condition $\lim g_i = 1$ est supprimée; d'ailleurs, les complémentaires des parties finies ne forment pas un filtre...]

De façon plus précise, on associe à un morphisme $f : F(I) \to G$ la famille $(g_i) = (f(x_i))$. Le fait que la correspondance ainsi obtenue soit bijective est immédiat.

Remarque.

A côté de $F(I)$, on peut définir le groupe $F_s(I)$ limite projective des $L(I)/M$ pour les M vérifiant seulement a). C'est le p-complété de $L(I)$; les morphismes de $F_s(I)$ dans un pro-p-groupe G correspondent bijectivement aux familles *quelconques* $(g_i)_{i\in I}$ d'éléments de G. On verra plus loin (n° 4.2) que $F_s(I)$ est *libre*, c'est-à-dire isomorphe à un $F(J)$, pour J convenable.

Lorsque $I = [1, n]$, on écrit $F(n)$ à la place de $F(I)$; le groupe $F(n)$ est le *pro-p-groupe libre de rang n*. On a $F(0) = \{1\}$ et $F(1)$ est isomorphe au groupe additif $\mathbf{Z}_p$. On va donner une représentation explicite du groupe $F(n)$:

Soit $A(n)$ l'algèbre des séries formelles associatives (non nécessairement commutatives) en n indéterminées $t_1, \ldots, t_n$, à coefficients dans $\mathbf{Z}_p$ (c'est ce que Lazard appelle "l'algèbre de Magnus"). [Le lecteur qui n'aime pas les séries formelles "non nécessairement commutatives" définira $A(n)$ comme un complété de l'algèbre tensorielle du $\mathbf{Z}_p$-module $(\mathbf{Z}_p)^n$.] Muni de la topologie de la convergence simple des coefficients, $A(n)$ est un anneau topologique compact. Soit U le groupe multiplicatif des éléments de A de terme constant égal à 1. On vérifie aisément que U est un pro-p-groupe. Comme U contient les éléments $1 + t_i$, la prop. 5 montre qu'il existe un morphisme $\theta : F(n) \to U$ qui applique x_i sur $1 + t_i$ pour tout i.

Proposition 6 (Lazard). *Le morphisme $\theta : F(n) \to U$ est injectif.*

[On peut donc identifier $F(n)$ au sous-groupe fermé de U engendré par les $1 + t_i$.]

On démontre même un résultat plus fort. Pour l'énoncer, convenons d'appeler $\mathbf{Z}_p$-*algèbre* d'un pro-p-groupe G la limite projective des algèbres des quotients finis de G, à coefficients dans $\mathbf{Z}_p$; cette algèbre sera notée $\mathbf{Z}_p[[G]]$. On a:

Proposition 7. *Il existe un isomorphisme continu α de $\mathbf{Z}_p[[F(n)]]$ sur $A(n)$ qui transforme x_i en $1 + t_i$.*

On définit sans difficultés l'homomorphisme $\alpha : \mathbf{Z}_p[[F(n)]] \to A(n)$. D'autre part, soit I l'idéal d'augmentation de $\mathbf{Z}_p[[F(n)]]$; les propriétés élémentaires des p-groupes finis montrent que les puissances de l'idéal I tendent vers 0. Comme les $x_i - 1$ appartiennent à I, on en déduit qu'il existe un homomorphisme continu

$$\beta : A(n) \longrightarrow \mathbf{Z}_p[[(F(n)]]$$

qui applique t_i sur $x_i - 1$. Il n'y a plus alors qu'à vérifier que $\alpha \circ \beta = 1$ et $\beta \circ \alpha = 1$, ce qui est immédiat.

Remarques.

1) Lorsque $n = 1$, la prop. 7 montre que la $\mathbf{Z}_p$-algèbre du groupe $\Gamma = \mathbf{Z}_p$ est isomorphe à l'algèbre $\mathbf{Z}_p[[T]]$, laquelle est un anneau local régulier de dimension 2. C'est là le point de départ de l'étude, faite par Iwasawa, des "Γ-modules", cf. [143], ainsi que Bourbaki AC VII.§ 4.

2) On trouvera dans la thèse de Lazard [101] une étude détaillée de $F(n)$, basée sur les prop. 6 et 7. Par exemple, si l'on filtre $A(n)$ par les puissances de l'idéal d'augmentation I, la filtration induite sur $F(n)$ est celle de la suite centrale descendante, et le gradué associé est la $\mathbf{Z}_p$-algèbre de Lie libre engendrée par les classes T_i des t_i. La filtration définie par les puissances de (p, I) est également intéressante.

§ 2. Cohomologie

2.1. Les G-modules discrets

Soit G un groupe profini. Les groupes abéliens discrets sur lesquels G opère continûment forment une catégorie abélienne C_G, qui est une sous-catégorie pleine de la catégorie de tous les G-modules. Dire qu'un G-module A appartient à C_G signifie que le fixateur de tout élément de A est ouvert dans G, ou encore que l'on a:

$$A = \bigcup A^U \ ,$$

lorsque U parcourt l'ensemble des sous-groupes ouverts de G (comme d'habitude, A^U désigne le sous-groupe de A formé des éléments invariants par U).

Un élément A de C_G sera appelé un G-module discret (ou même simplement un G-module si aucune confusion ne peut en résulter). C'est pour ces modules que la cohomologie de G va être définie.

2.2. Cochaînes, cocycles, cohomologie

Soit $A \in C_G$. Nous noterons $C^n(G, A)$ l'ensemble des applications *continues* de G^n dans A (noter que, puisque A est discret, "continue" équivaut à "localement constante"). On définit le cobord

$$d : C^n(G, A) \longrightarrow C^{n+1}(G, A)$$

par la formule usuelle

$$
\begin{aligned}
(df)(g_1, \ldots, g_{n+1}) = {} & g_1 \cdot f(g_2, \ldots, g_{n+1}) \\
& + \sum_{i=1}^{i=n} (-1)^i f(g_1, \ldots, g_i g_{i+1}, \ldots, g_{n+1}) \\
& + (-1)^{n+1} f(g_1, \ldots, g_n) \ .
\end{aligned}
$$

On obtient ainsi un complexe $C^*(G, A)$ dont les groupes de cohomologie $H^q(G, A)$ sont appelés les *groupes de cohomologie de G à coefficients dans A*. Lorsque G est fini, on retrouve la définition habituelle de la cohomologie des groupes finis; le cas général peut d'ailleurs se ramener à celui-là, grâce à la proposition suivante:

Proposition 8. *Soit (G_i) un système projectif de groupes profinis, et soit (A_i) un système inductif de G_i-modules discrets (les homomorphismes $A_i \rightarrow A_j$ étant compatibles en un sens évident avec les morphismes $G_j \rightarrow G_i$). Posons $G = \varprojlim G_i$, $A = \varinjlim A_i$. On a alors*

$$H^q(G, A) = \varinjlim H^q(G_i, A_i) \quad \text{pour tout } q \geq 0.$$

En effet, on voit sans difficultés que l'homomorphisme canonique

$$\varinjlim C^*(G_i, A_i) \longrightarrow C^*(G, A)$$

est un isomorphisme, d'où le résultat en passant à l'homologie.

Corollaire 1. *Soit A un G-module discret. On a:*

$$H^q(G, A) = \varinjlim H^q(G/U, A^U) \quad \text{pour tout } q \geq 0,$$

lorsque U parcourt l'ensemble des sous-groupes ouverts distingués de G.

En effet, $G = \varprojlim G/U$ et $A = \varinjlim A^U$.

Corollaire 2. *Soit A un G-module discret. On a:*

$$H^q(G, A) = \varinjlim H^q(G, B) \quad \text{pour tout } q \geq 0$$

lorsque B parcourt l'ensemble des sous-G-modules de type fini de A.

En effet, on a $A = \varinjlim B$.

Corollaire 3. *Pour $q \geq 1$, les groupes $H^q(G, A)$ sont des groupes de torsion.*

Lorsque G est fini, ce résultat est classique. Le cas général s'en déduit, grâce au corollaire 1.

On pourra donc facilement se ramener au cas des groupes finis, qui est bien connu (voir par exemple Cartan-Eilenberg [25], ou "Corps Locaux" [145]). On en déduit par exemple que les $H^q(G, A)$ sont nuls, pour $q \geq 1$, lorsque A est un injectif de C_G (les A^U étant alors injectifs sur les G/U). Comme la catégorie C_G a suffisamment d'injectifs (mais pas suffisamment de projectifs), on voit que les foncteurs $A \mapsto H^q(G, A)$ sont les *foncteurs dérivés* du foncteur $A \mapsto A^G$, comme il se doit.

2.3. Basses dimensions

$H^0(G, A) = A^G$, comme d'habitude.

$H^1(G, A)$ est le groupe des classes d'homomorphismes croisés *continus* de G dans A.

$H^2(G, A)$ est le groupe des classes de *systèmes de facteurs* continus de G dans A. Si A est *fini*, c'est aussi le groupe des classes d'extensions de G par A (démonstration standard, reposant sur l'existence d'une section continue, démontrée au n° 1.2).

Remarque.

Ce dernier exemple suggère de définir les $H^q(G, A)$ lorsque A est un G-module topologique *quelconque*, en partant des cochaînes continues. Ce genre de cohomologie se rencontre effectivement dans les applications, cf. [148].

2.4. Fonctorialité

Soient G et G' deux groupes profinis, et soit $f : G \to G'$ un morphisme. Soient $A \in C_G$, $A' \in C_{G'}$. On a la notion de morphisme $h : A' \to A$ *compatible* avec f (c'est un G-morphisme, lorsqu'on regarde A' comme un G-module au moyen de f). Un tel couple (f, h) définit par passage à la cohomologie des homomorphismes

$$H^q(G', A') \longrightarrow H^q(G, A) , \quad q \geq 0.$$

Ceci s'applique notamment lorsque H est un sous-groupe fermé de G, et que $A = A'$ est un G-module discret; on obtient les homomorphismes de *restriction*

$$\text{Res} : H^q(G, A) \longrightarrow H^q(H, A) , \quad q \geq 0.$$

Lorsque H est *ouvert d'indice fini* n dans G, on définit (par exemple, par passage à la limite à partir des groupes finis) les homomorphismes de *corestriction*

$$\text{Cor} : H^q(H, A) \longrightarrow H^q(G, A) .$$

On a $\text{Cor} \circ \text{Res} = n$, d'où:

Proposition 9. *Si* $(G : H) = n$, *le noyau de* $\text{Res} : H^q(G, A) \to H^q(H, A)$ *est annulé par* n.

Corollaire. *Si* $(G : H)$ *est premier à* p, Res *est injectif sur la composante* p-*primaire de* $H^q(G, A)$.

[Ce corollaire s'applique notamment au cas où H est un p-groupe de Sylow de G.]

Lorsque $(G : H)$ est fini, le corollaire résulte directement de la proposition précédente. On se ramène à ce cas en écrivant H comme intersection de sous-groupes ouverts, et appliquant la prop. 8.

Exercice.

Soit $f : G \to G'$ un morphisme de groupes profinis.

(a) Soit p un nombre premier. Prouver l'équivalence des propriétés suivantes:

(1_p) L'indice de $f(G)$ dans G' est premier à p.

(2_p) Pour tout G'-module p-primaire A, l'homomorphisme $H^1(G', A) \to H^1(G, A)$ est injectif.

[Se ramener au cas où G et G' sont des pro-p-groupes.]

(b) Démontrer l'équivalence de:

(1) f est surjectif.

(2) Pour tout G'-module A, l'homomorphisme $H^1(G', A) \to H^1(G, A)$ est injectif.

(3) Même énoncé que (2), en se bornant aux G'-modules A qui sont finis.

2.5. Modules induits

Soit H un sous-groupe fermé du groupe profini G, et soit $A \in C_H$. Le module induit $A^* = M_G^H(A)$ est défini comme l'ensemble des applications continues a^* de G dans A telles que $a^*(hx) = h \cdot a^*(x)$ si $h \in H$, $x \in G$. Le groupe G opère sur A^* par la formule:

$$(ga^*)(x) = a^*(xg) .$$

Pour $H = \{1\}$, on écrit $M_G A$; les G-modules ainsi obtenus sont appelés *induits* ("co-induits" dans la terminologie de [145]).

Si l'on associe à tout $a^* \in M_G^H(A)$ sa valeur au point 1, on obtient un homomorphisme $M_G^H(A) \to A$ qui est compatible avec l'injection de H dans G (cf. n° 2.4); d'où des homomorphismes

$$H^q(G, M_G^H(A)) \longrightarrow H^q(H, A) .$$

Proposition 10. *Les homomorphismes $H^q(G, M_G^H(A)) \to H^q(H, A)$ définis ci-dessus sont des isomorphismes.*

On note d'abord que, si $B \in C_G$, on a $\mathrm{Hom}^G(B, M_G^H(A)) = \mathrm{Hom}^H(B, A)$. On en tire le fait que le foncteur M_G^H transforme injectifs en injectifs. Comme d'autre part il est exact, la proposition en résulte, par un théorème de comparaison standard.

Corollaire. *La cohomologie d'un module induit est nulle en dimension ≥ 1.*

C'est le cas particulier $H = \{1\}$.

La proposition 10, due à Faddeev et Shapiro, est très utile: elle permet de ramener la cohomologie d'un sous-groupe à celle du groupe. Indiquons comment on peut, de ce point de vue, retrouver les homomorphismes Res et Cor:

(a) Si $A \in C_G$, on définit un G-homomorphisme injectif

$$i : A \longrightarrow M_G^H(A)$$

en posant:

$$i(a)(x) = x \cdot a .$$

Par passage à la cohomologie, on vérifie que l'on obtient la *restriction*

$$\mathrm{Res} : H^q(G, A) \longrightarrow H^q(G, M_G^H(A)) = H^q(H, A) .$$

[Pour $H = \{1\}$, on a donc obtenu un *foncteur d'effacement*, souvent utile.]

(b) Supposons H ouvert dans G, et soit $A \in C_G$. On définit un G-homomorphisme surjectif

$$\pi : M_G^H(A) \longrightarrow A$$

en posant:

$$\pi(a^*) = \sum_{x \in G/H} x \cdot a^*(x^{-1}) ,$$

formule qui a un sens puisque $x \cdot a^*(x^{-1})$ ne dépend que de la classe de x mod H. Par passage à la cohomologie, π donne la *corestriction*

$$\text{Cor} : H^q(H, A) = H^q(G, M_G^H(A)) \longrightarrow H^q(G, A) \ .$$

En effet, c'est là un morphisme de foncteurs cohomologiques qui coïncide avec la trace en dimension zéro.

Exercices.

1) On suppose H *distingué* dans G. Si $A \in C_G$, on fait opérer G sur $M_G^H(A)$ en posant

$$^g a^*(x) = g \cdot a^*(g^{-1}x) \ .$$

Montrer que H opère trivialement, ce qui permet de considérer que G/H opère sur $M_G^H(A)$; montrer que les opérations ainsi définies *commutent* aux opérations de G définies dans le texte. En déduire, pour chaque entier q, une opération de G/H sur $H^q(G, M_G^H(A)) = H^q(H, A)$. Montrer que cette opération coïncide avec l'opération naturelle (cf. n° suivant).

Montrer que $M_G^H(A)$ est isomorphe à $M_{G/H}(A)$ si H opère trivialement sur A. En déduire, lorsque $(G : H)$ est fini, les formules:

$$H_0(G/H, M_G^H(A)) = A \quad \text{et} \quad H_i(G/H, M_G^H(A)) = 0 \quad \text{pour } i \geq 1.$$

2) On suppose que $(G : H) = 2$. Soit ε l'homomorphisme de G sur $\{\pm 1\}$ de noyau H. En faisant opérer G sur $\mathbf{Z}$ par ε, on obtient un G-module $\mathbf{Z}_\varepsilon$.

(a) Soit $A \in C_G$, et soit $A_\varepsilon = A \otimes \mathbf{Z}_\varepsilon$. Montrer que l'on a une suite exacte de G-modules:

$$0 \longrightarrow A \longrightarrow M_G^H(A) \longrightarrow A_\varepsilon \longrightarrow 0 \ .$$

(b) En déduire la suite exacte de cohomologie

$$\cdots \longrightarrow H^i(G, A) \xrightarrow{\text{Res}} H^i(H, A) \xrightarrow{\text{Cor}} H^i(G, A_\varepsilon) \xrightarrow{\delta} H^{i+1}(G, A) \longrightarrow \cdots \ ,$$

et montrer que, si $x \in H^i(G, A_\varepsilon)$, on a $\delta(x) = e \cdot x$ (cup-produit), où e est un élément de $H^1(G, \mathbf{Z}_\varepsilon)$ que l'on explicitera.

(c) Application au cas où $2 \cdot A = 0$, d'où $A_\varepsilon = A$.

[Ceci est l'analogue profini de la suite exacte de Thom-Gysin pour les revêtements de degré 2, un tel revêtement étant identifié à un fibré en sphères de dimension 0.]

2.6. Compléments

On laisse au lecteur le soin de traiter les points suivants (qui seront utilisés dans la suite):

a) Cup produits

Propriétés variées, notamment par rapport aux suites exactes. Formulaire:

$$\text{Res}(x \cdot y) = \text{Res}(x) \cdot \text{Res}(y)$$
$$\text{Cor}(x \cdot \text{Res}(y)) = \text{Cor}(x) \cdot y \ .$$

b) Suite spectrale des extensions de groupes

Si H est un sous-groupe distingué fermé de G, et si $A \in C_G$, le groupe G/H opère de façon naturelle sur les $H^q(H, A)$, et ces opérations sont continues. On a une suite spectrale:

$$H^p(G/H, H^q(H, A)) \Longrightarrow H^n(G, A) .$$

En basses dimensions, cela donne la suite exacte

$$0 \longrightarrow H^1(G/H, A^H) \longrightarrow H^1(G, A)$$

$$\longrightarrow H^1(H, A)^{G/H} \longrightarrow H^2(G/H, A^H) \longrightarrow H^2(G, A) .$$

Exercices (relations entre cohomologie des groupes discrets et des groupes profinis).

1) Soit G un groupe discret, et soit $G \to K$ un homomorphisme de G dans un groupe profini K. On suppose que l'image de G est *dense* dans K. Pour tout $M \in C_K$, on a des homomorphismes

$$H^q(K, M) \longrightarrow H^q(G, M) , \quad q \geq 0.$$

On se bornera à la sous-catégorie C'_K de C_K formée des M finis.

(a) Montrer l'équivalence des quatre propriétés suivantes:

A_n. $H^q(K, M) \to H^q(G, M)$ *est bijectif pour* $q \leq n$ *et injectif pour* $q = n + 1$ (quel que soit $M \in C'_K$).

B_n. $H^q(K, M) \to H^q(G, M)$ *est surjectif pour tout* $q \leq n$.

C_n. *Pour tout* $x \in H^q(G, M)$, $1 \leq q \leq n$, *il existe un* $M' \in C_K$ *contenant* M *tel que* x *donne* 0 *dans* $H^q(G, M')$.

D_n. *Pour tout* $x \in H^q(G, M)$, $1 \leq q \leq n$, *il existe un sous-groupe* G_0 *de* G, *image réciproque d'un sous-groupe ouvert de* K, *tel que* x *induise zéro dans* $H^q(G_0, M)$.

[Les implications $A_n \Rightarrow B_n \Rightarrow C_n$ sont immédiates, de même que $B_n \Rightarrow D_n$. L'implication $C_n \Rightarrow A_n$ se démontre par récurrence sur n. Enfin, $D_n \Rightarrow C_n$ se démontre en prenant pour M' le module induit $M_G^{G_0}(M)$.]

(b) Montrer que A_0, ..., D_0 sont vraies. Montrer que, si K est égal au groupe profini $\widehat{G}$ associé à G, les propriétés A_1, ..., D_1 sont vraies.

(c) On prend pour G le groupe discret $\mathbf{PGL}(2, \mathbf{C})$; montrer que $\widehat{G} = \{1\}$ et que $H^2(G, \mathbf{Z}/2\mathbf{Z}) \neq 0$ [utiliser l'extension de G fournie par $\mathbf{SL}(2, \mathbf{C})$]. En déduire que G ne vérifie pas A_2.

(d) Soit K_0 un sous-groupe ouvert de K, et G_0 son image réciproque dans G. Montrer que, si $G \to K$ vérifie A_n, il en est de même de $G_0 \to K_0$, et réciproquement.

2) [Dans ce qui suit, on dira que "G vérifie A_n" si l'application canonique $G \to \widehat{G}$ vérifie A_n. Un groupe sera dit "bon" s'il vérifie A_n pour tout n.]

Soit $E/N = G$ une extension d'un groupe G vérifiant A_2.

(a) On suppose d'abord N *fini*. Soit I le commutant de N dans E. Montrer que I est d'indice fini dans E; en déduire que $I/(I \cap N)$ vérifie A_2 [appliquer 1, (d)], puis qu'il existe un sous-groupe E_0 d'indice fini de E tel que $E_0 \cap N = \{1\}$.

(b) On suppose à partir de maintenant que N est *de type fini*. Montrer (en utilisant (a)) que tout sous-groupe d'indice fini de N contient un sous-groupe de la forme $E_0 \cap N$, où E_0 est d'indice fini dans E. En déduire une suite exacte:

$$1 \longrightarrow \widehat{N} \longrightarrow \widehat{E} \longrightarrow \widehat{G} \longrightarrow 1 .$$

(c) On suppose en outre que N et G sont bons, et que les $H^q(N, M)$ sont finis pour tout E-module fini M. Montrer que E est bon [comparer les suites spectrales de $\widehat{E}/\widehat{N} = \widehat{G}$ et de $E/N = G$].

(d) Montrer qu'une extension successive de groupes libres de type fini est un bon groupe. Application aux groupes de tresses ("braid groups").

(e) Montrer que $\mathbf{SL}(2, \mathbf{Z})$ est un bon groupe [on pourra utiliser le fait qu'il contient un sous-groupe libre d'indice fini].

[On peut montrer que $\mathbf{SL}_n(\mathbf{Z})$ n'est pas bon si $n \geq 3$.]

§ 3. Dimension cohomologique

3.1. La p-dimension cohomologique

Soit p un nombre premier, et soit G un groupe profini. On appelle p-*dimension cohomologique* de G, et on note $\mathrm{cd}_p(G)$, la borne inférieure des entiers n vérifiant la condition suivante:

($*$). Pour tout G module discret de torsion A, et tout $q > n$, la composante p-primaire de $H^q(G, A)$ est nulle.

(Bien entendu, s'il n'existe aucun entier n vérifiant cette condition, on a $\mathrm{cd}_p(G) = +\infty$.)

On pose $\mathrm{cd}(G) = \sup \mathrm{cd}_p(G)$: c'est la *dimension cohomologique* de G.

Proposition 11. *Soit G un groupe profini, soit p un nombre premier, et soit n un entier. Les propriétés suivantes sont équivalentes:*

(i) $\mathrm{cd}_p(G) \leq n$.

(ii) *On a $H^q(G, A) = 0$ pour tout $q > n$ et tout G-module discret A qui est un groupe de torsion p-primaire.*

(iii) *On a $H^{n+1}(G, A) = 0$ lorsque A est un G-module discret simple annulé par p.*

Soit A un G-module de torsion, et soit $A = \bigoplus A(p)$ sa décomposition canonique en composantes p-primaires. On voit facilement que $H^q(G, A(p))$ s'identifie à la composante p-primaire de $H^q(G, A)$. L'équivalence de (i) et (ii) en résulte. L'implication (ii) $\Rightarrow$ (iii) est triviale. D'autre part, si (iii) est vérifié, un argument de dévissage immédiat montre que $H^{n+1}(G, A) = 0$ lorsque A est fini, et annulé par une puissance de p; par limite inductive (cf. prop. 8, cor. 2) le même résultat s'étend à tout G-module discret A qui est un groupe de torsion p-primaire. On en déduit (ii) en raisonnant par récurrence sur q: on plonge A dans le module induit $M_G(A)$, et on applique l'hypothèse de récurrence à $M_G(A)/A$, qui est encore un module de torsion p-primaire.

Proposition 12. *Supposons que $\mathrm{cd}_p(G) \leq n$, et soit A un G-module discret p-divisible (i.e. tel que $p: A \to A$ soit surjectif). La composante p-primaire de $H^q(G, A)$ est alors nulle pour $q > n$.*

La suite exacte

$$0 \longrightarrow A_p \longrightarrow A \overset{p}{\longrightarrow} A \longrightarrow 0$$

fournit la suite exacte

$$H^q(G, A_p) \longrightarrow H^q(G, A) \xrightarrow{p} H^q(G, A) \ .$$

Pour $q > n$, on a $H^q(G, A_p) = 0$ par hypothèse. La multiplication par p est donc injective dans $H^q(G, A)$, ce qui signifie bien que la composante p-primaire de ce groupe est réduite à 0.

Corollaire. *Si* $\mathrm{cd}(G) \leq n$, *et si* $A \in C_G$ *est divisible, on a* $H^q(G, A) = 0$ *pour* $q > n$.

3.2. Dimension cohomologique stricte

Gardons les mêmes hypothèses et notations que ci-dessus. La p-dimension cohomologique *stricte* de G, notée $\mathrm{scd}_p(G)$, est la borne inférieure des entiers n tels que:

(**) Pour tout $A \in C_G$, on a $H^q(G, A)(p) = 0$ pour $q > n$.

[C'est la même condition que (*), à cela près qu'on ne suppose plus que A soit un module de torsion.]

On pose encore $\mathrm{scd}(G) = \sup \mathrm{scd}_p(G)$; c'est la dimension cohomologique stricte de G.

Proposition 13. $\mathrm{scd}_p(G)$ *est égal à* $\mathrm{cd}_p(G)$ *ou à* $\mathrm{cd}_p(G) + 1$.

Il est clair que $\mathrm{scd}_p(G) \geq \mathrm{cd}_p(G)$. Il faut donc prouver que

$$\mathrm{scd}_p(G) \leq \mathrm{cd}_p(G) + 1 \ .$$

Soit $A \in C_G$, et formons la décomposition canonique du morphisme $p : A \to A$. Elle consiste en deux suites exactes:

$$0 \longrightarrow N \longrightarrow A \longrightarrow I \longrightarrow 0 \ ,$$
$$0 \longrightarrow I \longrightarrow A \longrightarrow Q \longrightarrow 0 \ ,$$

avec $N = A_p$, $I = pA$, $Q = A/pA$, le composé $A \to I \to A$ étant la multiplication par p.

Soit $q > \mathrm{cd}_p(G) + 1$. Comme N et Q sont des groupes de torsion p-primaires, on a $H^q(G, N) = H^{q-1}(G, Q) = 0$. Il en résulte que

$$H^q(G, A) \longrightarrow H^q(G, I) \quad \text{et} \quad H^q(G, I) \longrightarrow H^q(G, A)$$

sont injectifs. La multiplication par p dans $H^q(G, A)$ est donc injective, ce qui signifie que $H^q(G, A)(p) = 0$, et démontre que $\mathrm{scd}_p(G) \leq \mathrm{cd}_p(G) + 1$, cqfd.

Exemples.

1) Prenons $G = \widehat{\mathbf{Z}}$. On a $\mathrm{cd}_q(G) = 1$ pour tout p (c'est immédiat, cf. par exemple [145], p. 197, prop. 2). D'autre part, $H^2(G, \mathbf{Z})$ est isomorphe à $H^1(G, \mathbf{Q}/\mathbf{Z}) = \mathbf{Q}/\mathbf{Z}$, d'où $\mathrm{scd}_p(G) = 2$.

2) Soit $p \neq 2$, et soit G le groupe des transformations affines $x \mapsto ax + b$, avec $b \in \mathbf{Z}_p$, et $a \in U_p$ (groupe des unités de $\mathbf{Z}_p$). On peut montrer que $\mathrm{cd}_p(G) = \mathrm{scd}_p(G) = 2$ [utiliser la prop. 19 du n° 3.5].

3) Soit ℓ un nombre premier, et soit G_ℓ le groupe de Galois de la clôture algébrique $\overline{\mathbf{Q}}_\ell$ du corps ℓ-adique $\mathbf{Q}_\ell$. Tate a montré que l'on a $\mathrm{cd}_p(G_\ell) = \mathrm{scd}_p(G_\ell) = 2$ pour tout p, cf. chap. II, n° 5.3.

Exercice.
Montrer que $\mathrm{scd}_p(G)$ ne peut pas être égal à 1.

3.3. Dimension cohomologique des sous-groupes et des extensions

Proposition 14. *Soit H un sous-groupe fermé d'un groupe profini G. On a*

$$\mathrm{cd}_p(H) \leq \mathrm{cd}_p(G)$$
$$\mathrm{scd}_p(H) \leq \mathrm{scd}_p(G)$$

avec égalité dans chacun des cas suivants:
(i) *$(G : H)$ est premier à p.*
(ii) *H est ouvert dans G, et $\mathrm{cd}_p(G) < +\infty$.*

On ne s'occupera que de cd_p, le raisonnement étant analogue pour scd_p. Si A est un H-module discret de torsion, $M_G^H(A)$ est un G-module discret de torsion et $H^q(G, M_G^H(A)) = H^q(H, A)$, d'où évidemment l'inégalité

$$\mathrm{cd}_p(H) \leq \mathrm{cd}_p(G) \ .$$

L'inégalité en sens inverse résulte, dans le cas (i), du fait que Res est injectif sur les composantes p-primaires (corollaire à la proposition 9). Dans le cas (ii), posons $n = \mathrm{cd}_p(G)$, et soit A un G-module discret de torsion tel que $H^n(G, A)(p) \neq 0$. On va voir que $H^n(H, A)(p) \neq 0$, ce qui montrera bien que $\mathrm{cd}_p(H) = n$. Pour cela, il suffit de prouver le lemme suivant:

Lemme 4. *L'homomorphisme* Cor : $H^n(H, A) \to H^n(G, A)$ *est surjectif sur les composantes p-primaires.*

En effet, soit $A^* = M_G^H(A)$, et soit $\pi : A^* \to A$ l'homomorphisme défini au n° 2.5, b). Cet homomorphisme est surjectif, et son noyau B est de torsion. On a donc $H^{n+1}(G, B)(p) = 0$, ce qui montre que

$$H^n(G, A^*) \longrightarrow H^n(G, A)$$

est surjectif sur les composantes p-primaires. Comme cet homomorphisme s'identifie à la corestriction (cf. n° 2.5), le lemme en résulte.

Corollaire 1. *Si G_p est un p-groupe de Sylow de G, on a*

$$\mathrm{cd}_p(G) = \mathrm{cd}_p(G_p) = \mathrm{cd}(G_p) \quad et \quad \mathrm{scd}_p(G) = \mathrm{scd}_p(G_p) = \mathrm{scd}(G_p) \ .$$

C'est évident.

Corollaire 2. *Pour que* $\mathrm{cd}_p(G) = 0$ *il est nécessaire et suffisant que l'ordre de* G *soit premier à* p.

C'est évidemment suffisant. Pour montrer que c'est nécessaire, on peut supposer que G est un pro-p-groupe (cf. cor. 1). Si $G \neq \{1\}$, il existe un homomorphisme continu de G sur $\mathbf{Z}/p\mathbf{Z}$, d'après une propriété élémentaire des p-groupes (cf. par exemple [145], p. 146). On a alors $H^1(G, \mathbf{Z}/p\mathbf{Z}) \neq 0$, d'où $\mathrm{cd}_p(G) \geq 1$.

Corollaire 3. *Si* $\mathrm{cd}_p(G) \neq 0, \infty$, *l'exposant de* p *dans l'ordre de* G *est infini.*

Ici encore, on peut supposer que G est un pro-p-groupe. Si G était fini, la partie (ii) de la proposition montrerait que $\mathrm{cd}_p(G) = \mathrm{cd}_p(\{1\}) = 0$, contrairement à l'hypothèse. Donc G est infini.

Corollaire 4. *Supposons que* $\mathrm{cd}_p(G) = n$ *soit fini. Pour que* $\mathrm{scd}_p(G) = n$, *il faut et il suffit que la condition suivante soit vérifiée:*
Pour tout sous-groupe ouvert H *de* G, *on a* $H^{n+1}(H, \mathbf{Z})(p) = 0$.

La condition est évidemment nécessaire. Inversement, si elle est vérifiée, on a $H^{n+1}(G, A)(p) = 0$ pour tout G-module discret A qui est isomorphe à un $M_G^H(\mathbf{Z}^m)$, avec $m \geq 0$. Mais tout G-module discret B de type fini sur $\mathbf{Z}$ est isomorphe à un quotient A/C d'un tel A (prendre pour H un sous-groupe ouvert distingué de G opérant trivialement sur B). Comme $H^{n+2}(G, C)(p)$ est nul, on en déduit que $H^{n+1}(G, B)(p) = 0$, et par passage à la limite ce résultat s'étend à tout G-module discret, cqfd.

La prop. 14 admet le complément suivant:

Proposition 14'. *Si* G *est sans* p-*torsion, et si* H *est un sous-groupe ouvert de* G, *on a*
$$\mathrm{cd}_p(G) = \mathrm{cd}_p(H) \quad et \quad \mathrm{scd}_p(G) = \mathrm{scd}_p(H) .$$

Vu la prop. 14, tout revient à montrer que $\mathrm{cd}_p(H) < \infty$ entraîne $\mathrm{cd}_p(G) < \infty$; voir là-dessus [149], ainsi que [151], p. 98, et Haran [66].

Proposition 15. *Soit* H *un sous-groupe distingué fermé d'un groupe profini* G. *On a l'inégalité:*
$$\mathrm{cd}_p(G) \leq \mathrm{cd}_p(H) + \mathrm{cd}_p(G/H) .$$

On utilise la suite spectrale des extensions de groupes:
$$E_2^{i,j} = H^i(G/H, H^j(H, A)) \Longrightarrow H^n(G, A) .$$

Soit donc A un G-module discret de torsion, et prenons
$$n > \mathrm{cd}_p(H) + \mathrm{cd}_p(G/H) .$$

Si $i + j = n$, on a, soit $i > \mathrm{cd}_p(G/H)$, soit $j > \mathrm{cd}_p(H)$, et la composante p-primaire de $E_2^{i,j}$ est nulle dans les deux cas. D'où la nullité de la composante p-primaire de $H^n(G, A)$, cqfd.

Remarque.

Supposons que $n = \mathrm{cd}_p(H)$ et $m = \mathrm{cd}_p(G/H)$ soient finis. La suite spectrale fournit alors un isomorphisme canonique:

$$H^{n+m}(G, A)(p) = H^m(G/H, H^n(H, A))(p) .$$

Cet isomorphisme permet de donner des conditions pour que $\mathrm{cd}_p(G)$ soit *égal* à $\mathrm{cd}_p(H) + \mathrm{cd}_p(G/H)$, cf. n° 4.1.

Exercices.

1) Montrer que, dans l'assertion (ii) de la prop. 14, on peut remplacer l'hypothèse "H est ouvert dans G" par la suivante "l'exposant de p dans $(G : H)$ est fini".

2) Les notations étant celles de la proposition 15, on suppose que l'exposant de p dans $(G : H)$ n'est pas nul (i.e. $\mathrm{cd}_p(G/H) \neq 0$). Montrer que l'on a l'inégalité $\mathrm{scd}_p(G) \leq \mathrm{cd}_p(H) + \mathrm{scd}_p(G/H)$.

3) Soit n un entier. On suppose que, pour tout sous-groupe ouvert H de G, les composantes p-primaires de $H^{n+1}(H, \mathbf{Z})$ et $H^{n+2}(H, \mathbf{Z})$ sont nulles. Montrer que

$$\mathrm{scd}_p(G) \leq n .$$

[Si G_p est un p-groupe de Sylow de G, on montrera que $H^{n+1}(G_p, \mathbf{Z}/p\mathbf{Z}) = 0$, et on appliquera la prop. 21 du n° 4.1 pour prouver que $\mathrm{cd}_p(G) \leq n$.]

3.4. Caractérisation des groupes profinis G tels que $\mathrm{cd}_p(G) \leq 1$

Soit $1 \to P \to E \overset{\pi}{\to} W \to 1$ une extension de groupes profinis. Nous dirons qu'un groupe profini G possède la *propriété de relèvement* pour l'extension précédente si tout morphisme $f : G \to W$ se relève en un morphisme $f' : G \to E$ (i.e. s'il existe f' tel que $f = \pi \circ f'$). Cela équivaut à dire que l'extension

$$1 \longrightarrow P \longrightarrow E_f \longrightarrow G \longrightarrow 1 ,$$

image réciproque de E par f, est *scindée* (i.e. admet une section continue $G \to E_f$ qui est un homomorphisme).

Proposition 16. *Soit G un groupe profini et soit p un nombre premier. Les propriétés suivantes sont équivalentes:*

(i) $\mathrm{cd}_p(G) \leq 1$.

(ii) *Le groupe G possède la propriété de relèvement pour les extensions $1 \to P \to E \to W \to 1$ où E est fini, et où P est un p-groupe abélien annulé par p.*

(ii bis) *Toute extension de G par un p-groupe abélien fini annulé par p est scindée.*

(iii) *Le groupe G possède la propriété de relèvement pour les extensions $1 \to P \to E \to W \to 1$ où P est un pro-p-groupe.*

(iii bis) *Toute extension de G par un pro-p-groupe est scindée.*

(Il s'agit, bien entendu, d'extensions dans la catégorie des groupes profinis.)

Il est clair que (iii) $\Leftrightarrow$ (iii bis) et que (ii bis) $\Rightarrow$ (ii). Pour prouver que (ii) $\Rightarrow$ (ii bis), considérons une extension

$$1 \longrightarrow P \longrightarrow E_0 \longrightarrow G \longrightarrow 1$$

de G par un p-groupe abélien fini P annulé par p. Choisissons un sous-groupe ouvert normal H de E_0 tel que $H \cap P = 1$; la projection $E_0 \to G$ identifie H à un sous-groupe ouvert normal de G. Posons $E = E_0/H$ et $W = G/H$. On a une suite exacte

$$1 \longrightarrow P \longrightarrow E \longrightarrow W \longrightarrow 1 \ .$$

D'après (ii), le morphisme $G \to W$ se relève à E. Comme le carré

$$\begin{array}{ccc} E_0 & \longrightarrow & G \\ \downarrow & & \downarrow \\ E & \longrightarrow & W \end{array}$$

est cartésien, on en déduit que G se relève dans E_0, i.e. que E_0 est scindée. D'où (ii bis).

La correspondance entre éléments de $H^2(G, A)$ et classes d'extensions de G par A (cf. n° 2.3) montre que (i) $\Leftrightarrow$ (ii bis). On a (iii bis) $\Rightarrow$ (ii bis) trivialement. Reste donc à montrer que (ii bis) entraîne (iii bis). On s'appuie pour cela sur le lemme suivant:

Lemme 5. *Soit H un sous-groupe fermé distingué d'un groupe profini E, et soit H' un sous-groupe ouvert de H. Il existe alors un sous-groupe ouvert H'' de H, contenu dans H', et distingué dans E.*

Soit N le normalisateur de H' dans E, c'est-à-dire l'ensemble des $x \in E$ tels que $x H' x^{-1} = H'$. Comme $x H' x^{-1}$ est contenu dans H, on voit que N est l'ensemble des éléments qui appliquent un compact (à savoir H') dans un ouvert (à savoir H', considéré comme sous-espace de H). Il s'ensuit que N est ouvert, donc que les conjugués de H' sont en nombre fini. Leur intersection H'' répond aux condition posées.

Revenons maintenant à la démonstration de (ii bis) $\Rightarrow$ (iii bis). Soit $1 \to P \to E \to G \to 1$ une extension de G par un pro-p-groupe P. Soit X l'ensemble des couples (P', s), où P' est fermé dans P et distingué dans E, et où s est un relèvement de G dans l'extension

$$1 \longrightarrow P/P' \longrightarrow E/P' \longrightarrow G \longrightarrow 1 \ .$$

Comme au n° 1.2, on ordonne X en convenant que $(P_1', s_1') \geq (P_2', s_2')$ si $P_1' \subset P_2'$ et si s_2 est le composé de s_1 avec la projection $E/P_1' \to E/P_2'$. L'ensemble X est inductif. Soit (P', s) un *élément maximal* de X; tout revient à montrer que l'on a $P' = 1$.

Soit E_s l'image réciproque de $s(G)$ dans E. On a une suite exacte

$$1 \longrightarrow P' \longrightarrow E_s \longrightarrow G \longrightarrow 1 \ .$$

Si $P' \neq 1$, le lemme 5 montre qu'il existe un sous-groupe ouvert P'' de P', distinct de P', et distingué dans E. Par dévissage (P'/P'' étant un p-groupe), on peut supposer que P'/P'' est abélien et annulé par p. Vu (ii bis), l'extension

$$1 \longrightarrow P'/P'' \longrightarrow E_s/P'' \longrightarrow G \longrightarrow 1$$

est scindée. D'où un relèvement de G dans E_s/P'' et *a fortiori* dans E/P''. Ceci contredit le caractère maximal de (P', s). On a donc bien $P' = 1$, ce qui achève la démonstration.

Corollaire. *Un pro-p-groupe libre $F(I)$ est de dimension cohomologique ≤ 1.*

Vérifions par exemple la propriété (iii bis). Soit $E/P = G$ une extension de $G = F(I)$ par un pro-p-groupe P, et soient x_i les générateurs canoniques de $F(I)$. Soit $u : G \to E$ une section continue passant par l'élément neutre (cf. prop. 1), et soient $e_i = s(x_i)$. Puisque les x_i tendent vers 1, il en est de même des e_i, et la prop. 5 montre qu'il existe un morphisme $s : G \to E$ tel que $s(x_i) = e_i$. L'extension E est donc scindée, cqfd.

Exercices.

1) Soit G un groupe et soit p un nombre premier. Considérons la propriété suivante:
$(*_p)$. Pour toute extension $1 \to P \to E \to W \to 1$, où E est fini et où P est un p-groupe, et pour tout morphisme *surjectif* $f : G \to W$, il existe un morphisme *surjectif* $f' : G \to E$ qui relève f.
(a) Montrer que cette propriété équivaut à la conjonction des deux suivantes:
(1_p). $\mathrm{cd}_p(G) \leq 1$.
(2_p). Pour tout sous-groupe ouvert distingué U de G, et tout entier $N \geq 0$, il existe $z_1, \ldots, z_N \in H^1(U, \mathbf{Z}/p\mathbf{Z})$ tels que les éléments $s(z_i)$ ($s \in G/U$, $1 \leq i \leq N$) soient linéairement indépendants sur $\mathbf{Z}/p\mathbf{Z}$.
[On commencera par montrer qu'il suffit d'exprimer $(*_p)$ dans les deux cas suivants: (i) tout sous-groupe de E se projetant sur W est égal à E; (ii) E est produit semi-direct de W par P, et P est un p-groupe abélien annulé par p. Le cas (i) équivaut à (1_p) et le cas (ii) à (2_p).]
(b) Montrer que, pour vérifier (2_p), il suffit de considérer les sous-groupes U assez petits (i.e. contenus dans un sous-groupe ouvert fixé).

2) (a) Soient G et G' deux groupes profinis vérifiant $(*_p)$ pour tout p. On suppose qu'il existe une base (G_n) (resp. (G'_n)) de voisinages de l'élément neutre dans G (resp. G') formée de sous-groupes ouverts distingués tels que G/G_n (resp. G'/G'_n) soit résoluble pour tout n. Montrer que G et G' sont isomorphes.
[On construira par récurrence sur n deux suites décroissantes (H_n), (H'_n), avec $H_n \subset G_n$, $H'_n \subset G'_n$, H_n et H'_n ouverts distingués dans G et G', et une suite cohérente (f_n) d'isomorphismes $G/H_n \to G'/H'_n$.]
(b) Soit L le groupe libre (non abélien) engendré par une famille dénombrable d'éléments (x_i); soit $\widehat{L}_{\text{res}} = \varprojlim L/N$, pour N distingué dans L, contenant presque tous les x_i, et tel que L/N soit résoluble et fini. Montrer que $\widehat{L}_{\text{res}}$ est un groupe pro-résoluble (i.e. limite projective de groupes résolubles finis) métrisable qui vérifie $(*_p)$ pour tout p; montrer, en utilisant (a), que tout groupe profini vérifiant ces propriétés est isomorphe à $\widehat{L}_{\text{res}}$.
[Cf. Iwasawa, [75].]

3) Soient G un groupe fini, S un p-groupe de Sylow de G, et N le normalisateur de S dans G. On suppose que S a la "propriété d'intersection triviale", i.e. $S \cap gSg^{-1} = 1$ si $g \notin N$.

(a) Si A est un G-module fini p-primaire, montrer que l'application

$$\text{Res} : H^i(G, A) \longrightarrow H^i(N, A) = H^i(S, A)^{N/S}$$

est un isomorphisme pour tout $i > 0$. [Utiliser la caractérisation de l'image de Res donnée dans [25], Chap. XII, th. 10.1.]

(b) Soit $1 \to P \to E \to G \to 1$ une extension de G par un pro-p-groupe P. Montrer que tout relèvement de N dans E se prolonge en un relèvement de G. [Se ramener au cas où P est commutatif fini, et utiliser (a) avec $i = 1, 2$.]

4) Donner un exemple d'extension $1 \to P \to E \to G \to 1$ de groupes profinis ayant les propriétés suivantes:

(i) P est un pro-p-groupe.

(ii) G est fini.

(iii) Un p-groupe de Sylow de G se relève dans E.

(iv) G ne se relève pas dans E

[Pour $p > 5$, on peut prendre $G = \mathbf{SL}_2(\mathbf{F}_p)$, $E = \mathbf{SL}_2(\mathbf{Z}_p[w])$, où w est une racine primitive p-ième de l'unité.]

3.5. Module dualisant

Soit G un groupe profini. Nous noterons C_G^f (resp. C_G^t) la catégorie des G-modules discrets A qui sont des groupes finis (resp. des groupes de torsion). La catégorie C_G^t s'identifie à la catégorie $\varinjlim C_G^f$ des limites inductives d'objets de C_G^f.

On désignera par (Ab) la catégorie des groupes abéliens. Si $M \in$ (Ab) on posera $M^* = \text{Hom}(M, \mathbf{Q}/\mathbf{Z})$, et on munira ce groupe de la topologie de la convergence simple ($\mathbf{Q}/\mathbf{Z}$ étant considéré comme discret). Lorsque M est un groupe de torsion (resp. un groupe fini), son dual M^* est profini (resp. fini). On obtient ainsi (cf. n° 1.1, exemple 4) une équivalence ("dualité de Pontrjagin") entre la catégorie des groupes abéliens de torsion et la catégorie opposée à celle des groupes profinis commutatifs.

Proposition 17. *Soit n un entier ≥ 0. Faisons les hypothèses suivantes:*

(a) $\text{cd}(G) \leq n$.

(b) *Pour tout $A \in C_G^f$, le groupe $H^n(G, A)$ est fini.*

Alors le foncteur $A \mapsto H^n(G, A)^*$ est représentable sur C_G^f par un élément I de C_G^t.

[En d'autres termes, il existe $I \in C_G^t$ tel que les foncteurs $\text{Hom}^G(A, I)$ et $H^n(G, A)^*$ soient isomorphes pour A parcourant C_G^f.]

Posons $S(A) = H^n(G, A)$ et $T(A) = H^n(G, A)^*$. L'hypothèse (a) montre que S est un foncteur covariant et exact à droite de C_G^f dans (Ab); l'hypothèse (b) montre qu'il prend ses valeurs dans la sous-catégorie (Ab^f) de (Ab) formée des groupes *finis*. Comme le foncteur * est exact, on en déduit que T est un foncteur contravariant exact à gauche de C_G^f dans (Ab). La prop. 17 est alors une conséquence du lemme suivant:

Lemme 6. *Soit C une catégorie abélienne noethérienne, et soit $T : C^0 \to$ (Ab) un foncteur contravariant exact à droite de C dans (Ab). Le foncteur T est alors représentable par un objet I de $\varinjlim C$.*

Ce résultat se trouve dans un exposé Bourbaki de Grothendieck [61], ainsi que dans la thèse de Gabriel ([52], Chap. II, n° 4). Rappelons le principe de la démonstration:

Un couple (A, x), avec $A \in C$ et $x \in T(A)$, est dit *minimal* si x n'appartient à aucun $T(B)$, où B est un quotient de A distinct de A (si B est un quotient de A, on identifie $T(B)$ à un sous-groupe de $T(A)$). Si (A', x') et (A, x) sont des couples minimaux, on dit que (A', x') est *plus grand* que (A, x) s'il existe un morphisme $u : A \to A'$ tel que $T(u)(x') = x$ (auquel cas on vérifie que u est unique). L'ensemble des couples minimaux est un ordonné filtrant, et l'on prend $I = \varinjlim A$ suivant cet ordonné filtrant. Si l'on pose $T(I) = \varprojlim T(A)$, les x définissent un élément canonique $i \in T(I)$. Si $f : A \to I$ est un morphisme, on fait correspondre à f l'élément $T(f)(i)$ de $T(A)$, et l'on obtient un homomorphisme de $\mathrm{Hom}(A, I)$ dans $T(A)$. On vérifie sans difficultés (c'est tout de même là qu'intervient l'hypothèse noethérienne) que cet homomorphisme est un isomorphisme.

Remarques.

1) Ici, $T(I)$ est simplement le dual (compact) du groupe de torsion $H^n(G, I)$ et l'élément canonique $i \in T(I)$ est un homomorphisme

$$i : H^n(G, I) \longrightarrow \mathbf{Q}/\mathbf{Z} .$$

L'application $\mathrm{Hom}^G(A, I) \to H^n(G, A)^*$ s'obtient en faisant correspondre à $f \in \mathrm{Hom}^G(A, I)$ l'homomorphisme

$$H^n(G, A) \xrightarrow{f} H^n(G, I) \xrightarrow{i} \mathbf{Q}/\mathbf{Z} .$$

2) Le module I est appelé le *module dualisant* de G (pour la dimension n). Il est déterminé à isomorphisme près; plus précisément, *le couple (I, i) est déterminé à isomorphisme unique près.*

3) Si l'on s'était restreint aux G-modules p-primaires, on n'aurait eu besoin que de l'hypothèse $\mathrm{cd}_p(G) \le n$.

4) Par passage à la limite, on déduit de la prop. 17 que, si $A \in C_G^t$, le groupe $H^n(G, A)$ est dual du groupe *compact* $\mathrm{Hom}^G(A, I)$, la topologie de ce dernier groupe étant celle de la convergence simple. Si l'on pose $\widetilde{A} = \mathrm{Hom}(A, I)$, et si l'on considère $\widetilde{A}$ comme un G-module par la formule $(gf)(a) = g \cdot f(g^{-1}a)$, on a $\mathrm{Hom}^G(A, I) = H^0(G, \widetilde{A})$ et la prop. 17 s'exprime alors comme une *dualité entre* $H^n(G, A)$ *et* $H^0(G, \widetilde{A})$, le premier groupe étant discret, et le second compact.

Proposition 18. *Si I est module dualisant pour G, I est aussi module dualisant pour tout sous-groupe ouvert H de G.*

Si $A \in C_H^f$, on a $M_G^H(A) \in C_G^f$ et $H^n(G, M_G^H(A)) = H^n(H, A)$. On en déduit que $H^n(H, A)$ est dual de $\text{Hom}^G(M_G^H(A), I)$. Mais il est facile de voir que ce dernier groupe s'identifie fonctoriellement à $\text{Hom}^H(A, I)$. Il s'ensuit que I est bien le module dualisant de H.

Remarque.

L'injection canonique de $\text{Hom}^G(A, I)$ dans $\text{Hom}^H(A, I)$ définit par dualité un homomorphisme surjectif $H^n(H, A) \to H^n(G, A)$ qui n'est autre que la *corestriction*: cela se voit sur l'interprétation de la corestriction donnée au n° 2.5.

Corollaire. *Soit $A \in C_G^f$. Le groupe $\widetilde{A} = \text{Hom}(A, I)$ est la limite inductive des duaux des $H^n(H, A)$, pour H parcourant l'ensemble des sous-groupes ouverts de G (les applications entre ces groupes étant les transposées des corestrictions).*

Cela résulte par dualité de la formule évidente

$$\widetilde{A} = \varinjlim \text{Hom}^H(A, I) \ .$$

Remarque.

On peut préciser l'énoncé précédent en prouvant que les opérations de G sur $\widetilde{A}$ s'obtiennent par passage à la limite à partir des opérations naturelles de G/H sur $H^n(H, A)$, pour H ouvert distingué dans G.

Proposition 19. *Supposons $n \geq 1$. Pour que $\text{scd}_p(G) = n+1$, il faut et il suffit qu'il existe un sous-groupe ouvert H de G tel que I^H contienne un sous-groupe isomorphe à $\mathbf{Q}_p/\mathbf{Z}_p$.*

Dire que I^H contient un sous-groupe isomorphe à $\mathbf{Q}_p/\mathbf{Z}_p$ équivaut à dire que $\text{Hom}^H(\mathbf{Q}_p/\mathbf{Z}_p, I) \neq 0$, ou encore que $H^n(H, \mathbf{Q}_p/\mathbf{Z}_p) \neq 0$. Mais $H^n(H, \mathbf{Q}_p/\mathbf{Z}_p)$ est la composante p-primaire de $H^n(H, \mathbf{Q}/\mathbf{Z})$, lui-même isomorphe à $H^{n+1}(H, \mathbf{Z})$ (utiliser la suite exacte habituelle

$$0 \longrightarrow \mathbf{Z} \longrightarrow \mathbf{Q} \longrightarrow \mathbf{Q}/\mathbf{Z} \longrightarrow 0$$

ainsi que l'hypothèse $n \geq 1$). La proposition résulte donc du cor. 4 à la prop. 14.

Exemples.

1) Prenons $G = \widehat{\mathbf{Z}}$, $n = 1$. Soit $A \in C_G^t$, et notons σ l'automorphisme de A défini par le générateur canonique de G. On vérifie facilement (cf. [145], p. 197) que $H^1(G, A)$ s'identifie à $A_G = A/(\sigma - 1)A$. On en conclut que le module dualisant de G est le module $\mathbf{Q}/\mathbf{Z}$, avec opérateurs triviaux. On retrouve en particulier le fait que $\text{scd}_p(G) = 2$ pour tout p.

2) Soit $\overline{\mathbf{Q}}_\ell$ la clôture algébrique du corps ℓ-adique $\mathbf{Q}_l$, et soit G le groupe de Galois de $\overline{\mathbf{Q}}_\ell$ sur $\mathbf{Q}_l$. On a $\text{cd}(G) = 2$, et le module dualisant correspondant est le groupe μ de toutes les racines de l'unité (chap. II, n° 5.2). La proposition précédente redonne le fait que $\text{scd}_p(G) = 2$ pour tout p, cf. chap. II, n° 5.3.

§ 4. Cohomologie des pro-p-groupes

4.1. Modules simples

Proposition 20. *Soit G un pro-p-groupe. Tout G-module discret annulé par p et simple est isomorphe à $\mathbf{Z}/p\mathbf{Z}$* (avec opérateurs triviaux).

Soit A un tel module. Il est clair que A est fini, et on peut le considérer comme un G/U-module, où U est un sous-groupe ouvert distingué convenable de G. On est ainsi ramené au cas où G est un p-groupe (fini), cas qui est bien connu (cf. par exemple [145], p. 146).

Corollaire. *Tout G-module discret fini et p-primaire admet une suite de composition dont les quotients successifs sont isomorphes à $\mathbf{Z}/p\mathbf{Z}$.*

C'est évident.

Proposition 21. *Soient G un pro-p-groupe et n un entier. Pour que $\operatorname{cd}(G) \leq n$, il faut et il suffit que $H^{n+1}(G, \mathbf{Z}/p\mathbf{Z}) = 0$.*

Cela résulte des prop. 11 et 20.

Corollaire. *Supposons que $\operatorname{cd}(G)$ soit égal à n. Si A est un G-module discret fini, p-primaire, et non nul, on a $H^n(G, A) \neq 0$.*

En effet, d'après le corollaire à la prop. 20, il existe un homomorphisme surjectif $A \to \mathbf{Z}/p\mathbf{Z}$. Comme $\operatorname{cd}(G) \leq n$, l'homomorphisme correspondant:

$$H^n(G, A) \longrightarrow H^n(G, \mathbf{Z}/p\mathbf{Z})$$

est surjectif. Mais la prop. 21 montre que $H^n(G, \mathbf{Z}/p\mathbf{Z}) \neq 0$. D'où le résultat.

La proposition suivante précise la prop. 15:

Proposition 22. *Soient G un groupe profini et H un sous-groupe fermé distingué de G. On suppose que $n = \operatorname{cd}_p(H)$ et $m = \operatorname{cd}_p(G/H)$ sont finis. On a l'égalité*

$$\operatorname{cd}_p(G) = n + m$$

dans chacun des deux cas suivants:
   (i) *H est un pro-p-groupe et $H^n(H, \mathbf{Z}/p\mathbf{Z})$ est fini.*
   (ii) *H est contenu dans le centre de G.*

Soit $(G/H)'$ un p-groupe de Sylow de G/H, et soit G' son image réciproque dans G. On sait que $\mathrm{cd}_p(G') \leq \mathrm{cd}_p(G) \leq n+m$, et que $\mathrm{cd}_p(G'/H) = m$. Il suffira donc de prouver que $\mathrm{cd}_p(G') = n + m$, en d'autres termes *on peut supposer que G/H est un pro-p-groupe.* On a d'autre part (cf. n° 3.3):

$$H^{n+m}(G, \mathbf{Z}/p\mathbf{Z}) = H^m(G/H, H^n(H, \mathbf{Z}/p\mathbf{Z})) \ .$$

Dans le cas (i), $H^n(H, \mathbf{Z}/p\mathbf{Z})$ est fini et non nul (Proposition 21). Il s'ensuit que $H^m(G/H, H^n(H, \mathbf{Z}/p\mathbf{Z}))$ est non nul (cor. à la prop. 21), d'où $H^{n+m}(G, \mathbf{Z}/p\mathbf{Z}) \neq 0$ et $\mathrm{cd}_p(G) = n + m$.

Dans le cas (ii), le groupe H est abélien, donc produit direct de ses sous-groupes de Sylow H_ℓ. D'après la prop. 21, on a $H^n(H_p, \mathbf{Z}/p\mathbf{Z}) \neq 0$ et comme H_p est facteur direct dans H, il s'ensuit que $H^n(H, \mathbf{Z}/p\mathbf{Z}) \neq 0$. D'autre part, les opérations de G/H sur $H^n(H, \mathbf{Z}/p\mathbf{Z})$ sont triviales. En effet, dans le cas d'un $H^q(H, A)$ quelconque, ces opérations proviennent de l'action de G sur H (par automorphismes intérieurs) et sur A (cf. [145], p. 124), et ici ces deux actions sont triviales. En tant que G/H-module, $H^n(H, \mathbf{Z}/p\mathbf{Z})$ est donc isomorphe à une somme directe $(\mathbf{Z}/p\mathbf{Z})^{(I)}$, l'ensemble d'indices I étant non vide. On a donc:

$$H^{n+m}(G, \mathbf{Z}/p\mathbf{Z}) = H^m(G/H, \mathbf{Z}/p\mathbf{Z})^{(I)} \neq 0 \ ,$$

ce qui achève la démonstration comme ci-dessus.

Exercice.

Soit G un pro-p-groupe. On suppose que $H^i(G, \mathbf{Z}/p\mathbf{Z})$ est de dimension finie n_i sur $\mathbf{Z}/p\mathbf{Z}$ pour tout i, et que $n_i = 0$ pour i assez grand (i.e. $\mathrm{cd}(G) < +\infty$). On pose $E(G) = \sum(-1)^i n_i$; c'est la *caractéristique d'Euler-Poincaré* de G.

(a) Soit A un G-module discret, d'ordre fini p^a. Montrer que les $H^i(G, A)$ sont finis. Si $p^{n_i(A)}$ désigne leur ordre, on pose:

$$\chi(A) = \sum(-1)^i n_i(A) \ .$$

Montrer que $\chi(A) = a \cdot E(G)$.

(b) Soit H un sous-groupe ouvert de G. Montrer que H possède les mêmes propriétés que G, et que l'on a $E(H) = (G : H) \cdot E(G)$.

(c) Soit $X/N = H$ une extension de G par un pro-p-groupe N vérifiant les mêmes propriétés. Montrer qu'il en est de même de X et que l'on a $E(X) = E(N) \cdot E(G)$.

(d) Soit G_1 un pro-p-groupe. On suppose qu'il existe un sous-groupe ouvert G de G_1 vérifiant les propriétés ci-dessus. On pose $E(G_1) = E(G)/(G_1 : G)$. Montrer que ce nombre (qui n'est plus nécessairement entier) ne dépend pas du choix de G_1. Généraliser (b) et (c).

Montrer que $E(G_1) \notin \mathbf{Z} \Rightarrow G_1$ contient un élément d'ordre p (utiliser la prop. 14').

(e) On suppose que G est un groupe de Lie p-adique de dimension ≥ 1. Montrer, en utilisant les résultats de M. Lazard ([102], 2.5.7.1) que l'on a $E(G) = 0$.

(f) Soit G le pro-p-groupe défini par deux générateurs x, y et par la relation $x^p = 1$. Soit H le noyau de l'homomorphisme $f : G \to \mathbf{Z}/p\mathbf{Z}$ tel que $f(x) = 1$, $f(y) = 0$. Montrer que H est libre de base $\{x^i y x^{-i}\}$, $0 \leq i \leq p-1$. En déduire que $E(H) = 1-p$ et $E(G) = p^{-1} - 1$.

4.2. Interprétation de H^1: générateurs

Soit G un pro-p-groupe. Dans toute la suite de ce §, on pose:

$$H^i(G) = H^i(G, \mathbf{Z}/p\mathbf{Z}) .$$

En particulier, $H^1(G)$ désigne $H^1(G, \mathbf{Z}/p\mathbf{Z}) = \mathrm{Hom}(G, \mathbf{Z}/p\mathbf{Z})$.

Proposition 23. *Soit $f : G_1 \to G_2$ un morphisme de pro-p-groupes. Pour que f soit surjectif, il faut et il suffit que $H^1(f) : H^1(G_2) \to H^1(G_1)$ soit injectif.*

La nécessité est claire. Inversement, supposons que $f(G_1) \neq G_2$. Il existe alors un quotient fini P_2 de G_2 tel que l'image P_1 de $f(G_1)$ dans P_2 soit distincte de P_2. On sait (cf. par exemple Bourbaki A I.73, prop. 12) qu'il existe un sous-groupe distingué de P_2, d'indice p, contenant P_1. En d'autres termes, il existe un morphisme non nul $\pi : P_2 \to \mathbf{Z}/p\mathbf{Z}$ qui applique P_1 sur 0. Si l'on considère π comme un élément de $H_1(G_2)$, on a $\pi \in \mathrm{Ker}\, H^1(f)$, cqfd.

Remarque.

Soit G un pro-p-groupe. Notons G^* le sous-groupe de G intersection des noyaux des homomorphismes continus $\pi : G \to \mathbf{Z}/p\mathbf{Z}$. On voit facilement que $G^* = G^p \cdot \overline{(G, G)}$, où $\overline{(G, G)}$ désigne l'adhérence du groupe des commutateurs de G. Les groupes G/G^* et $H^1(G)$ sont duaux l'un de l'autre (le premier étant compact et le second discret). La prop. 23 peut donc se reformuler ainsi:

Proposition 23 bis. *Pour qu'un morphisme $G_1 \to G_2$ soit surjectif, il faut et il suffit qu'il en soit même du morphisme $G_1/G_1^* \to G_2/G_2^*$ qu'il définit.*

Ainsi, G^* joue le rôle d'un "radical", et la proposition précédente est analogue au "lemme de Nakayama", si utile en algèbre commutative.

Exemple.

Si G est le groupe libre $F(I)$ défini au n° 1.5, la prop. 5 montre que $H^1(G)$ s'identifie à la somme directe $(\mathbf{Z}/p\mathbf{Z})^{(I)}$, et G/G^* au groupe produit $(\mathbf{Z}/p\mathbf{Z})^I$.

Proposition 24. *Soit G un pro-p-groupe et soit I un ensemble. Soit*

$$\theta : H^1(G) \longrightarrow (\mathbf{Z}/p\mathbf{Z})^{(I)}$$

un homomorphisme.

(a) *Il existe un morphisme $f : F(I) \to G$ tel que $\theta = H^1(f)$.*

(b) *Si θ est injectif, un tel morphisme f est surjectif.*

(c) *Si θ est bijectif, et si $\mathrm{cd}(G) \leq 1$, un tel morphisme f est un isomorphisme.*

Par dualité, θ définit un morphisme $\theta' : (\mathbf{Z}/p\mathbf{Z})^I \to G/G^*$ de groupes compacts, d'où en composant un morphisme $F(I) \to G/G^*$. Comme $F(I)$ a la propriété de relèvement (cf. n° 3.4), on en déduit un morphisme $f : F(I) \to G$ qui répond évidemment à la question. Si θ est injectif, la prop. 23 montre que f est surjectif. Si en outre $\mathrm{cd}(G) \leq 1$, la prop. 16 montre qu'il existe un morphisme $g : G \to F(I)$ tel que $f \circ g = 1$. On a $H^1(g) \circ H^1(f) = 1$. Si $\theta = H^1(f)$ est bijectif, il s'ensuit que $H^1(g)$ est bijectif, donc que g est surjectif. Comme $f \circ g = 1$, ceci montre que f et g sont des isomorphismes, et achève la démonstration.

Corollaire 1. *Pour qu'un pro-p-groupe G soit isomorphe à un quotient du pro-p-groupe libre $F(I)$, il faut et il suffit que $H^1(G)$ ait une base dont le cardinal soit $\leq \mathrm{Card}(I)$.*

En effet, si cette condition est remplie, on peut plonger $H^1(G)$ dans $(\mathbf{Z}/p\mathbf{Z})^{(I)}$, et appliquer (b).

En particulier, *tout pro-p-groupe est quotient d'un pro-p-groupe libre.*

Corollaire 2. *Pour qu'un pro-p-groupe soit libre, il faut et il suffit que sa dimension cohomologique soit ≤ 1.*

C'est nécessaire, on le sait. Réciproquement, si $\mathrm{cd}(G) \leq 1$, on choisit une base $(e_i)_{i \in I}$ de $H^1(G)$; cela donne un isomorphisme

$$\theta : H^1(G) \longrightarrow (\mathbf{Z}/p\mathbf{Z})^{(I)} \ ,$$

et la prop. 24 montre que G est isomorphe à $F(I)$.

Indiquons deux cas particuliers du corollaire précédent:

Corollaire 3. *Soit G un pro-p-groupe, et soit H un sous-groupe fermé de G.*
(a) *Si G est libre, H est libre.*
(b) *Si G est sans torsion et si H est libre, et ouvert dans G, alors G est libre.*

L'assertion (a) est immédiate. L'assertion (b) résulte de la prop. 14′.

Corollaire 4. *Les pro-p-groupes $F_s(I)$ définis au n° 1.5 sont libres.*

En effet, ces groupes vérifient la *propriété de relèvement* de la prop. 16. Ils sont donc de dimension cohomologique ≤ 1.

On va préciser un peu le corollaire 1 dans le cas particulier où I est fini. Si $g_1, \ldots, g_n$ sont des éléments de G, nous dirons que les g_i *engendrent G* (topologiquement) si le sous-groupe qu'ils engendrent (au sens algébrique) est dense dans G; il revient au même de dire que tout quotient G/U, avec U ouvert, est engendré par les images des g_i.

Proposition 25. *Soient $g_1, \ldots, g_n$ des éléments d'un pro-p-groupe G. Les conditions suivantes sont équivalentes:*
(a) *$g_1, \ldots, g_n$ engendrent G.*
(b) *L'homomorphisme $g : F(n) \to G$ défini par les g_i (cf. prop. 5) est surjectif.*
(c) *Les images dans G/G^* des g_i engendrent ce groupe.*
(d) *Tout $\pi \in H^1(G)$ qui s'annule sur les g_i est égal à 0.*

L'équivalence (a)⇔(b) se voit directement (elle résulte aussi de la prop. 24). L'équivalence (b)⇔(c) résulte de la prop. 23 bis, et (c)⇔(d) se déduit de la dualité reliant $H^1(G)$ et G/G^*.

Corollaire. *Le nombre minimum de générateurs de G est égal à la dimension de $H^1(G)$.*

C'est clair.

Le nombre ainsi défini est appelé le *rang* de G.

Exercices.

1) Montrer que, si I est un ensemble infini, $F_s(I)$ est isomorphe à $F(2^I)$.

2) Pour qu'un pro-p-groupe G soit métrisable, il faut et il suffit que $H^1(G)$ soit dénombrable.

3) Soit G un pro-p-groupe. Posons $G_1 = G$, et définissons par récurrence G_n au moyen de la formule $G_n = (G_{n-1})^*$. Montrer que les G_n forment une suite décroissante de sous-groupes distingués fermés de G, d'intersection réduite à $\{1\}$. Montrer que les G_n sont ouverts si et seulement si G est de rang fini.

4) On note $n(G)$ le rang d'un pro-p-groupe G.
(a) Soit F un pro-p-groupe libre de rang fini, et soit U un sous-groupe ouvert de F. Montrer que U est un pro-p-groupe de rang fini, et que l'on a l'égalité:

$$n(U) - 1 = (F : U)(n(F) - 1) .$$

[Utiliser l'exercice du n° 4.1 en notant que $E(F) = 1 - n(F)$.]
(b) Soit G un pro-p-groupe de rang fini. Montrer que, si U est un sous-groupe ouvert de G, U est aussi de rang fini. Démontrer l'inégalité:

$$n(U) - 1 \le (G : U)(n(G) - 1) .$$

[Ecrire G comme quotient d'un pro-p-groupe libre F de même rang, et appliquer (a) à l'image réciproque U' de U dans F.]
Montrer que, s'il y a égalité dans cette formule pour tout U, le groupe G est libre. [Même méthode que ci-dessus. Comparer les filtrations (F_n) et (G_n) définies dans l'exercice 3; montrer par récurrence sur n que la projection $F \to G$ définit par passage au quotient un isomorphisme de F/F_n sur G/G_n. En déduire que c'est un isomorphisme.]

5) Soit G un groupe nilpotent engendré par une famille finie d'éléments $\{x_1, \ldots, x_n\}$.
(a) Montrer que tout élément de (G, G) s'écrit sous la forme:

$$(x_1, y_1) \cdots (x_n, y_n) , \quad \text{avec } y_i \in G.$$

[Raisonner par récurrence sur la classe de nilpotence de G, et utiliser la filtration centrale descendante $C^m(G)$, cf. Bourbaki LIE II.44.]
Enoncer (et démontrer) un résultat analogue pour les $C^m(G)$, $m > 2$.
(b) On suppose que G est un p-groupe fini. Montrer que tout élément du groupe $G^* = G^p(G, G)$ s'écrit sous la forme

$$y_0^p(x_1, y_1) \cdots (x_n, y_n) , \quad \text{avec } y_i \in G.$$

6) Soit G un pro-p-groupe de rang fini n, et soit $\{x_1, \ldots, x_n\}$ une famille d'éléments engendrant topologiquement G.
(a) Soit $\varphi : G^n \to G$ l'application $(y_1, \ldots, y_n) \mapsto (x_1, y_1) \cdots (x_n, y_n)$. Montrer que l'image de φ est égale au groupe dérivé (G, G) de G. [Se ramener au cas où G est fini et utiliser l'exerc. 5.] En déduire que (G, G) est *fermé* dans G. Même énoncé pour les autres termes de la suite centrale descendante de G.
(b) Montrer (par la même méthode) que tout élément de G^* s'écrit sous la forme $y_0^p(x_1, y_1) \cdots (x_n, y_n)$, avec $y_i \in G$.

(c) Soit F un groupe fini, et soit $f : G \to F$ un homomorphisme de groupes (non nécessairement continu). Montrer que f est continu, i.e. que $\mathrm{Ker}(f)$ est ouvert dans G. [Utiliser l'exerc. 1 du n° 1.3 pour montrer que F est un p-groupe si f est surjectif. Raisonner ensuite par récurrence sur l'ordre de F. Si cet ordre est égal à p, utiliser (b) pour montrer que G^* est contenu dans $\mathrm{Ker}(f)$, qui est donc ouvert. Si cet ordre est $> p$, appliquer l'hypothèse de récurrence à la restriction de f à G^*.]

(d) Déduire de (c) que *tout sous-groupe d'indice fini de G est ouvert.* [J'ignore si cette propriété s'étend à tous les groupes profinis G qui sont topologiquement de type fini.]

4.3. Interprétation de H^2: relations

Soit F un pro-p-groupe, et soit R un sous-groupe fermé *distingué* de F. Soient $r_1, \ldots, r_n \in R$. Nous dirons que les r_i *engendrent* R (comme sous-groupe distingué de F) si les conjugués des r_i engendrent (au sens algébrique) un sous-groupe dense de R. Il revient au même de dire que R est le plus petit sous-groupe fermé distingué de F contenant les r_i.

Proposition 26. *Pour que les r_i engendrent R (comme sous-groupe distingué de F), il faut et il suffit que tout élément $\pi \in H^1(R)^{F/R}$ qui s'annule sur les r_i soit égal à 0.*

[On a $H^1(R) = \mathrm{Hom}(R/R^*, \mathbf{Z}/p\mathbf{Z})$ et le groupe F/R opère sur R/R^* par automorphismes intérieurs. Il opère donc sur $H^1(R)$ – c'est un cas particulier des résultats du n° 2.6.]

Supposons que les conjugués $g\, r_i\, g^{-1}$ des r_i engendrent un sous-groupe dense de R, et soit π un élément du groupe $H^1(R)^{F/R}$ tel que $\pi(r_i) = 0$ pour tout i. Puisque π est invariant par F/R, on a $\pi(g\, x\, g^{-1}) = \pi(x)$ pour $g \in F$ et $x \in R$. On en conclut que π s'annule sur les $g\, r_i\, g^{-1}$, donc sur R, d'où $\pi = 0$.

Inversement, supposons cette condition vérifiée, et soit R' le plus petit sous-groupe fermé distingué de F contenant les r_i. L'injection $R' \to R$ définit un homomorphisme $f : H^1(R) \to H^1(R')$, d'où par restriction un homomorphisme $\bar{f} : H^1(R)^F \to H^1(R')^F$. Si $\pi \in \mathrm{Ker}(\bar{f})$, π s'annule sur R', donc sur les r_i, et $\pi = 0$ par hypothèse. On en conclut que $\mathrm{Ker}(f)$ ne contient aucun élément non nul invariant par F. Vu le corollaire à la prop. 20, ceci entraîne $\mathrm{Ker}(f) = 0$, et la prop. 23 montre que $R' \to R$ est surjectif, d'où $R' = R$, cqfd.

Corollaire. *Pour que R puisse être engendré par n éléments (comme sous-groupe distingué de F), il faut et il suffit que*

$$\dim H^1(R)^{F/R} \leq n \ .$$

C'est évidemment nécessaire. Inversement, si $\dim H^1(R)^{F/R} \leq n$, la dualité existant entre $H^1(R)$ et R/R^* montre qu'il existe n éléments $r_i \in R$ tels que $\langle r_i, \pi \rangle = 0$ pour tout i entraîne $\pi = 0$. D'où le résultat cherché.

Remarque.
La dimension de $H^1(R)^{F/R}$ sera appelée le *rang* du sous-groupe *distingué* R.

On va appliquer ce qui précède au cas où F est égal au pro-p-groupe libre $F(n)$, et on posera $G = F/R$ (le groupe G est donc décrit "par générateurs et relations").

Proposition 27. *Les deux conditions suivantes sont équivalentes:*
   (a) *Le sous-groupe R est de rang fini* (comme sous-groupe distingué de $F(n)$).
   (b) $H^2(G)$ *est de dimension finie.*
Si ces conditions sont vérifiées, on a l'égalité:

$$r = n - h_1 + h_2 \ ,$$

où r est le rang du sous-groupe distingué R, et $h_i = \dim H^i(G)$. (Noter que h_1 est le *rang* du groupe G.)

On applique la suite exacte du n° 2.6, en tenant compte de $H^2(F(n)) = 0$. On trouve:

$$0 \longrightarrow H^1(G) \longrightarrow H^1(F(n)) \longrightarrow H^1(R)^G \xrightarrow{\delta} H^2(G) \longrightarrow 0 \ .$$

Cette suite exacte montre que $H^1(R)^G$ et $H^2(G)$ sont simultanément finis ou infinis, d'où la première partie de la proposition. La deuxième partie résulte aussi de cette suite exacte (former la somme alternée des dimensions).

Corollaire. *Soit G un pro-p-groupe tel que $H^1(G)$ et $H^2(G)$ soient finis. Soit $x_1, \ldots, x_n$ un système minimal de générateurs de G. Le nombre r des relations entre les x_i est alors égal à la dimension de $H^2(G)$.*

[Les x_i définissent un morphisme surjectif $F(n) \to G$, de noyau R, et le rang de R (comme sous-groupe distingué) est par définition, le "nombre des relations entre les x_i".]
   En effet, l'hypothèse suivant laquelle les x_i forment un système *minimal* de générateurs équivaut à dire que $n = \dim H^1(G)$, cf. corollaire à la prop. 25. La proposition montre que $r = h_2$, cqfd.

Remarque.
   La démonstration de la prop. 27 utilise de façon essentielle l'homomorphisme $\delta : H^1(R)^G \to H^2(G)$, défini au moyen de la suite spectrale, i.e. par "transgression". On peut en donner une définition plus élémentaire (cf. Hochschild-Serre [72]): on part de l'extension

$$1 \longrightarrow R/R^* \longrightarrow F/R^* \longrightarrow G \longrightarrow 1 \ ,$$

à noyau abélien R/R^*. Si $\pi : R/R^* \to \mathbf{Z}/p\mathbf{Z}$ est un élément de $H^1(R)^G$, π transforme cette extension en une extension E_π de G par $\mathbf{Z}/p\mathbf{Z}$. La classe de E_π dans $H^2(G)$ est alors égale à $-\delta(\pi)$. En particulier, sous les hypothèses du corollaire, on obtient une définition directe de l'isomorphisme

$$\delta : H^1(R)^G \longrightarrow H^2(G) \ .$$

4.4. Un théorème de Šafarevič

Soit G un p-groupe fini. Soit $n(G)$ le nombre minimum de générateurs de G, et $r(G)$ le nombre de relations entre ces générateurs (dans le pro-p-groupe libre correspondant). On vient de voir que $n(G) = \dim H^1(G)$ et $r(G) = \dim H^2(G)$.

[On pourrait aussi faire intervenir le nombre minimum $R(G)$ de relations définissant G *comme groupe discret*. Il est trivial que $R(G) \geq r(G)$, mais je ne vois aucune raison (pas plus en 1994 qu'en 1964) pour qu'il y ait toujours égalité.]

Proposition 28. *Pour tout p-groupe fini G, on a $r(G) \geq n(G)$. La différence $r(G) - n(G)$ est égale au rang du groupe $H^3(G, \mathbf{Z})$.*

La suite exacte $0 \to \mathbf{Z} \to \mathbf{Z} \to \mathbf{Z}/p\mathbf{Z} \to 0$ fournit la suite exacte de cohomologie:

$$0 \longrightarrow H^1(G) \longrightarrow H^2(G, \mathbf{Z}) \overset{p}{\longrightarrow} H^2(G, \mathbf{Z}) \longrightarrow H^2(G) \longrightarrow H^3(G, \mathbf{Z})_p \longrightarrow 0\ ,$$

où $H^3(G, \mathbf{Z})_p$ désigne le sous-groupe de $H^3(G, \mathbf{Z})$ formé des éléments annulés par p. Comme G est fini, tous ces groupes sont finis, et en faisant le produit alterné de leurs ordres, on trouve 1. Ceci donne l'égalité:

$$r(G) = n(G) - t\ , \quad \text{avec } t = \dim H^3(G, \mathbf{Z})_p\ .$$

Il est clair que t est aussi le nombre de facteurs cycliques de $H^3(G, \mathbf{Z})$, i.e. le rang de ce groupe, d'où la proposition.

Le résultat ci-dessus conduit à se poser la question suivante: la différence $r(G) - n(G)$ peut-elle être petite? Par exemple, peut-on avoir $r(G) - n(G) = 0$ pour de grandes valeurs de $n(G)$? [Dans les seuls exemples connus, on a $n(G) = 0$, 1, 2 ou 3, cf. exerc. 2. Il n'en est rien. Dans [135], en 1962, Šafarevič fait la conjecture suivante:

$(*)$ – *La différence $r(G) - n(G)$ tend vers l'infini avec $n(G)$.*

Peu de temps après, Golod et Šafarevič [56] ont démontré cette conjecture. Plus précisément (voir Annexe 3):

Théorème 1. *Si G est un pro-p-groupe fini $\neq 1$, on a $r(G) > n(G)^2/4$.*

(L'inégalité prouvée dans [56] est légèrement moins bonne. Celle donnée ci-dessus est due à Gaschütz et Vinberg, cf. [27], Chap. IX.)

La raison pour laquelle Šafarevič s'intéressait à cette question était:

Théorème 2 (cf. [135], [136]). *Si la conjecture $(*)$ est vraie (ce qui est le cas), le problème classique des "tours de corps de classes" admet une réponse négative, i.e. il existe des "tours" infinies.*

De façon plus précise:

Théorème 2'. *Pour tout p, il existe un corps de nombres k, et une extension galoisienne infinie L/k qui est non ramifiée et dont le groupe de Galois est un pro-p-groupe.*

En particulier:

Corollaire 1. *Il existe un corps de nombres k tel que toute extension finie de k ait un nombre de classes divisible par p.*

Corollaire 2. *Il existe une suite croissante de corps de nombres k_i, de degrés $n_i \to \infty$ et de discriminants D_i, tels que $|D_i|^{1/n_i}$ soit indépendant de i.*

La démonstration du th. $2'$ s'appuie sur le résultat suivant:

Proposition 29. *Soit K/k une extension galoisienne non ramifiée d'un corps de nombres k, dont le groupe de Galois G est un p-groupe fini. On suppose que K n'a aucune extension cyclique non ramifiée de degré p. On note r_1 (resp. r_2) le nombre de conjugués réels (resp. complexes) de k. On a alors:*

$$r(G) - n(G) \leq r_1 + r_2 \ .$$

(Lorsque $p = 2$, la condition de "non ramification" porte aussi sur les places archimédiennes.)

Démonstration de la prop. 29 (d'après K. Iwasawa [77]). Posons:
I_K = groupe des idèles de K,
$C_K = I_K/K^*$, groupe des classes d'idèles de K,
U_K = sous-groupe de I_K formé des éléments (x_v) tels que x_v soit une unité du corps K_v, pour toute v non archimédienne,
$E_K = K^* \cap U_K$, groupe des unités du corps K,
E_k = groupe des unités du corps k,
$\mathrm{Cl}_K = I_K/U_K \cdot K^* = $ groupe des classes d'idéaux de K.
On a les suites exactes de G-modules:

$$0 \longrightarrow U_K/E_K \longrightarrow C_K \longrightarrow \mathrm{Cl}_K \longrightarrow 0$$
$$0 \longrightarrow E_K \longrightarrow U_K \longrightarrow U_K/E_K \longrightarrow 0$$

Le fait que K n'a pas d'extension cyclique non ramifiée de degré p se traduit, *via* la théorie du corps de classes, en disant que Cl_K est d'ordre premier à p; les groupes de cohomologie $\widehat{H}^q(G, \mathrm{Cl}_K)$ sont donc triviaux. Il en est de même des groupes $\widehat{H}^q(G, U_K)$: cela résulte de ce que K/k est non ramifiée. Appliquant la suite exacte de cohomologie, on en déduit des isomorphismes

$$\widehat{H}^q(G, C_K) \longrightarrow \widehat{H}^{q+1}(G, E_K) \ .$$

D'autre part, la théorie du corps de classes montre que $\widehat{H}^q(G, C_K)$ est isomorphe à $\widehat{H}^{q-2}(G, \mathbf{Z})$. En combinant ces isomorphismes, et en prenant $q = -1$, on voit que $\widehat{H}^{-3}(G, \mathbf{Z}) = \widehat{H}^0(G, E_K) = E_k/N(E_K)$. Mais $\widehat{H}^{-3}(G, \mathbf{Z})$ est dual de $H^3(G, \mathbf{Z})$, cf. [25], p. 250, donc a même rang. Appliquant la prop. 28, on voit que $r(G) - n(G)$ est égal au rang de $E_k/N(E_K)$. D'après le théorème de Dirichlet, le groupe E_k peut être engendré par $r_1 + r_2$ éléments. Le rang de $E_k/N(E_K)$ est donc $\leq r_1 + r_2$, ce qui démontre la proposition. (Si k ne contient pas de racine primitive p-ième de l'unité, on peut même majorer $r(G) - n(G)$ par $r_1 + r_2 - 1$.)

Revenons maintenant au théorème 2′. Soit k un corps de nombres algébriques (totalement imaginaire si $p = 2$) et soit $k(p)$ la plus grande extension galoisienne non ramifiée de k dont le groupe de Galois G soit un pro-p-groupe. Il s'agit de prouver l'existence de corps k tels que $k(p)$ soit infini. Supposons en effet que $k(p)$ soit fini. En appliquant la proposition précédente à $k(p)/k$, on voit que l'on a:

$$r(G) - n(G) \leq r_1 + r_2 \leq [k : \mathbf{Q}] \ .$$

Or $n(G)$ est facile à évaluer, grâce à la théorie du corps de classes: c'est le rang de la composante p-primaire du groupe Cl_k. On peut construire des corps k, de degrés bornés, tels que $n(G) \to \infty$. Cela contredit la conjecture $(*)$, cqfd.

Exemple.

Prenons $p = 2$. Soient $p_1, \ldots, p_N$ des nombres premiers, deux à deux distincts, et congrus à 1 mod 4. Soit $k = \mathbf{Q}(\sqrt{-p_1 \cdots p_N})$. Le corps k est un corps imaginaire quadratique. On a $r_1 = 0$, $r_2 = 1$. D'autre part, il est facile de voir que les extensions quadratiques de k engendrées par les $\sqrt{p_i}$, avec $1 \leq i \leq N$, sont non ramifiées et indépendantes. On a donc $n(G) \geq N$ et $r(G) - n(G) \leq 1$.

Remarque.

Il y a des résultats analogues pour les corps de fonctions d'une variable sur un corps fini $\mathbf{F}_q$ (on considère des "tours" où certaines places fixées se décomposent complètement – comme le font les places archimédiennes pour les corps de nombres). Cela permet, pour tout q, de construire des courbes projectives irréductibles lisses X_i sur $\mathbf{F}_q$ ayant les propriétés suivantes (cf. [153], ainsi que Schoof [142]):

(a) *Le genre g_i de X_i tend vers l'infini.*

(b) *Le nombre des $\mathbf{F}_q$-points de X_i est $\geq c(q)(g_i - 1)$, où $c(q)$ est une constante > 0 ne dépendant que de q (par exemple $c(q) = 2/9$ si $q = 2$, cf. [142]).*

Exercices.

1) Démontrer l'inégalité $r(G) \geq n(G)$ de la prop. 28 en passant au quotient par le groupe des commutateurs de G.

2) Soit n un entier. On considère des systèmes $c(i, j, k)$ d'entiers, avec $i, j, k \in [1, n]$, qui sont alternés en (i, j).

(a) Montrer que, pour tout $n \geq 3$, il existe un tel système jouissant de la propriété suivante:

$(*)$ – Si des éléments $x_1, \ldots, x_n$ d'une algèbre de Lie $\mathfrak{g}$ de caractéristique p vérifient les relations

$$[x_i, x_j] = \sum_k c(i, j, k) x_k \ ,$$

on a $x_i = 0$ pour tout i.

(b) A tout système $c(i, j, k)$, on associe le pro-p-groupe G_c défini par n générateurs x_i, et par les relations

$$(x_i, x_j) = \prod_k x_k^{p \cdot c(i,j,k)} \ , \quad i < j,$$

avec $(x, y) = x\, y\, x^{-1}\, y^{-1}$.

Montrer que $\dim H^1(G_c) = n$ et $\dim H^2(G_c) = n(n - 1)/2$.

(c) On suppose $p \neq 2$. Montrer que, si le système $c(i, j, k)$ vérifie la propriété $(*)$ de (a), le groupe G_c correspondant est *fini*.

[Filtrer G en posant $G_1 = G$, $G_{n+1} = G_n^p \cdot \overline{(G, G_n)}$. Le gradué associé $\mathrm{gr}(G)$ est une algèbre de Lie sur $\mathbf{Z}/p\mathbf{Z}[\pi]$, où $\deg(\pi) = 1$. Montrer que l'on a $[x_i, x_j] = \sum c(i,j,k)\pi \cdot x_k$ dans $\mathrm{gr}(G)$.

En déduire que $\mathrm{gr}(G)[\frac{1}{\pi}] = 0$, d'où la finitude de $\mathrm{gr}(G)$, et celle de G.]

(d) Comment faut-il modifier ce que précède lorsque $p = 2$?

(e) Montrer que le pro-p-groupe engendré par trois générateurs x, y, z liés par les trois relations

$$x\,y\,x^{-1} = y^{1+p} , \quad y\,z\,y^{-1} = z^{1+p} , \quad z\,x\,z^{-1} = x^{1+p}$$

est un groupe fini (cf. J. Mennicke, [106]).

4.5. Groupes de Poincaré

Soit n un entier ≥ 1, et soit G un pro-p-groupe. Nous dirons que G est un *groupe de Poincaré de dimension n* si G vérifie les conditions suivantes:

(i) $H^i(G) = H^i(G, \mathbf{Z}/p\mathbf{Z})$ *est fini pour tout i.*

(ii) $\dim H^n(G) = 1$.

(iii) *Le cup-produit*

$$H^i(G) \times H^{n-i}(G) \longrightarrow H^n(G) , \quad i \geq 0 \ \textit{quelconque,}$$

est une forme bilinéaire non dégénérée.

On peut exprimer plus brièvement ces conditions en disant que l'algèbre $H^*(G)$ est de dimension finie, et vérifie la dualité de Poincaré. Noter que la condition (iii) entraîne que $H^i(G) = 0$ pour $i > n$. On a donc $\mathrm{cd}(G) = n$.

Exemples.

1) Le seul groupe de Poincaré de dimension 1 est $\mathbf{Z}_p$ (à isomorphisme près).

2) Un groupe de Poincaré de dimension 2 est appelé un *groupe de Demuškin* (cf. [147]). Pour un tel groupe, on a $\dim H^2(G) = 1$, ce qui montre (cf. n° 4.3) que G peut être défini par une seule relation

$$R(x_1, \ldots, x_d) = 1 , \qquad \text{où} \quad d = \mathrm{rang}(G) = \dim H^1(G) .$$

Cette relation n'est d'ailleurs pas quelconque. On peut la mettre sous forme canonique, cf. Demuškin [43], [44], [45] ainsi que Labute [92]. Par exemple, si $p \neq 2$, on peut prendre:

$$R = x_1^{p^h}(x_1, x_2)(x_3, x_4) \cdots (x_{2m-1}, x_{2m}) , \quad m = \tfrac{1}{2}\dim H^1(G), \ h = 1, 2, \cdots, \infty,$$

en convenant que $x_1^{p^h} = 1$ si $h = \infty$.

3) M. Lazard [102] a montré que, si G est un groupe analytique p-adique de dimension n, compact et sans torsion, alors G est un groupe de Poincaré de dimension n. Cela fournit une bonne provision de tels groupes (autant – et même plus – que d'algèbres de Lie de dimension n sur $\mathbf{Q}_p$).

Si G est un groupe de Poincaré de dimension n, la condition (i), jointe au corollaire à la prop. 20, montre que les $H^i(G, A)$ sont finis, pour tout A fini. Comme d'autre part, on a $\mathrm{cd}(G) = n$, le *module dualisant* I de G est défini (cf. n° 3.5). On va voir qu'il fournit une vraie "dualité de Poincaré":

Proposition 30. *Soit G un pro-p-groupe de Poincaré de dimension n, et soit I son module dualisant. Alors:*

(a) *I est isomorphe à $\mathbf{Q}_p/\mathbf{Z}_p$ comme groupe abélien.*

(b) *L'homomorphisme canonique $i : H^n(G, I) \to \mathbf{Q}/\mathbf{Z}$ est un isomorphisme de $H^n(G, I)$ sur $\mathbf{Q}_p/\mathbf{Z}_p$ (identifié à un sous-groupe de $\mathbf{Q}/\mathbf{Z}$).*

(c) *Pour tout $A \in C_G^f$ et tout entier i, le cup-produit*

$$H^i(G, A) \times H^{n-i}(G, \widetilde{A}) \longrightarrow H^n(G, I) = \mathbf{Q}_p/\mathbf{Z}_p$$

met en dualité les deux groupes finis $H^i(G, A)$ et $H^{n-i}(G, \widetilde{A})$.

[On note C_G^f la catégorie des G-modules discrets finis qui sont p-primaires. Si A est un G-module, on pose $\widetilde{A} = \mathrm{Hom}(A, I)$, cf. n° 3.5.]

La démonstration se fait en plusieurs étapes:

(1) – *Dualité lorsque A est annulé par p.*

C'est alors un $\mathbf{Z}/p\mathbf{Z}$-espace vectoriel. Son dual sera noté A^* (on verra plus tard qu'il s'identifie à $\widetilde{A}$). Le cup-produit définit pour tout i une forme bilinéaire

$$H^i(G, A) \times H^{n-i}(G, A^*) \longrightarrow H^n(G) = \mathbf{Z}/p\mathbf{Z} .$$

Cette forme est *non dégénérée*. En effet, c'est vrai lorsque $A = \mathbf{Z}/p\mathbf{Z}$ par définition même des groupes de Poincaré. Vu le corollaire à la prop. 20, il suffit donc de montrer que, si l'on a une suite exacte $0 \to B \to A \to C \to 0$, et si notre assertion est vraie pour B et pour C, elle est vraie pour A. Cela résulte d'un petit diagramme de type standard. Plus précisément, la forme bilinéaire écrite ci-dessus équivaut à la donnée d'un homomorphisme

$$\alpha_i : H^i(G, A) \longrightarrow H^{n-i}(G, A^*)^* ,$$

et dire qu'elle est non dégénérée signifie que α_i est un isomorphisme. D'autre part, on a la suite exacte:

$$0 \longrightarrow C^* \longrightarrow A^* \longrightarrow B^* \longrightarrow 0 .$$

En passant aux suites exactes de cohomologie, et en dualisant, on obtient le diagramme:

$$\cdots \to H^{i-1}(G, C) \to H^i(G, B) \to H^i(G, A) \to H^i(G, C) \to \cdots$$
$$\downarrow \quad - \quad \downarrow \quad + \quad \downarrow \quad + \quad \downarrow$$
$$\cdots \to H^{j+1}(G, C^*)^* \to H^j(G, B^*)^* \to H^j(G, A^*)^* \to H^i(G, C^*)^* \to \cdots$$

avec $j = n - i$.

On vérifie, par un simple calcul de cochaînes, que les carrés extraits de ce diagramme sont commutatifs au signe près [de façon plus précise, les carrés marqués $+$ sont commutatifs, et le carré marqué $-$ a pour signature $(-1)^i$]. Comme les flèches verticales relatives à B et C sont des isomorphismes, il en est de même de celles relatives à A, ce qui démontre notre assertion.

(2) – *Le sous-groupe I_p de I formé des éléments annulés par p est isomorphe à $\mathbf{Z}/p\mathbf{Z}$.*

Prenons A annulé par p. Le résultat que l'on vient de démontrer prouve que $H^n(G, A)^*$ est fonctoriellement isomorphe à $\operatorname{Hom}^G(A, \mathbf{Z}/p\mathbf{Z})$. D'autre part, la définition même du module dualisant montre qu'il est aussi isomorphe à $\operatorname{Hom}^G(A, I_p)$. Vu l'unicité de l'objet représentant un foncteur donné, on a bien $I_p = \mathbf{Z}/p\mathbf{Z}$.

(3) – *Le module dualisant I est isomorphe (comme groupe abélien) à $\mathbf{Z}/p^k\mathbf{Z}$ ou à $\mathbf{Q}_p/\mathbf{Z}_p$.*

Cela résulte de la relation $I_p = \mathbf{Z}/p\mathbf{Z}$, et des propriétés élémentaires des groupes de torsion p-primaires.

(4) – *Si U est un sous-groupe ouvert de G, U est un groupe de Poincaré de dimension n, et $\operatorname{Cor} : H^n(U) \to H^n(G)$ est un isomorphisme.*

Soit $A = M_G^U(\mathbf{Z}/p\mathbf{Z})$. On vérifie facilement que A^* est isomorphe à A et la dualité démontrée dans (1) prouve que $H^i(U)$ et $H^{n-i}(U)$ sont duaux l'un de l'autre. En particulier, $\dim H^n(U) = 1$, et comme $\operatorname{Cor} : H^n(U) \to H^n(G)$ est surjectif (n° 3.3, lemme 4), c'est un isomorphisme. Enfin, il n'est pas difficile de montrer que la dualité entre $H^i(U)$ et $H^{n-i}(U)$ est bien celle du cup-produit.

(5) – *Pour tout $A \in C_G^f$, posons $T^i(A) = \varprojlim H^i(U, A)$, pour U ouvert dans G (les homomorphismes étant ceux de corestriction). On a alors $T^i(A) = 0$ pour $i \neq n$, et $T^n(A)$ est un foncteur exact en A (à valeurs dans la catégorie des groupes profinis abéliens).*

Il est clair que les T^i forment un foncteur cohomologique (le foncteur $\varprojlim$ étant exact sur la catégorie des groupes profinis). Pour montrer que $T^i = 0$ pour $i \neq n$, il suffit donc de le prouver pour $A = \mathbf{Z}/p\mathbf{Z}$. Mais alors les $H^i(U)$ sont duaux des $H^{n-i}(U)$, et on est ramené à prouver que $\varprojlim H^j(U) = 0$ pour $j \neq 0$, les homomorphismes étant ceux de *restriction*, ce qui est trivial (et vrai pour tout groupe profini et tout module).

Une fois démontrée la nullité des T^i, $i \neq n$, l'exactitude de T^n est automatique.

(6) – *Le groupe I est isomorphe à $\mathbf{Q}_p/\mathbf{Z}_p$, comme groupe abélien.*

On sait que $H^n(U, A)$ est dual de $\operatorname{Hom}^U(A, I)$. En passant à la limite, on en déduit que $T^n(A) = \varprojlim H^n(U, A)$ est dual de $\varprojlim \operatorname{Hom}^U(A, I)$. Vu (5), le foncteur $\operatorname{Hom}(A, I)$ est exact; cela signifie que I est $\mathbf{Z}$-divisible, et, en comparant avec (3), on voit qu'il est isomorphe à $\mathbf{Q}_p/\mathbf{Z}_p$.

(7) – *L'homomorphisme $H^n(G, I) \to \mathbf{Q}_p/\mathbf{Z}_p$ est un isomorphisme.*

Le groupe des $\mathbf{Z}$-endomorphismes de I est isomorphe à $\mathbf{Z}_p$ (opérant de façon évidente). Comme ces opérations commutent à l'action de G, on voit que $\mathrm{Hom}^G(I, I) = \mathbf{Z}_p$. Mais d'autre part, $\mathrm{Hom}^G(I, I)$ est aussi égal au dual de $H^n(G, I)$, cf. n° 3.5. On a donc un isomorphisme canonique $H^n(G, I) \to \mathbf{Q}_p/\mathbf{Z}_p$, et il n'est pas difficile de voir que c'est l'homomorphisme i.

(8) – *Fin de la démonstration.*

Il reste la partie (c), autrement dit la dualité entre $H^i(G, A)$ et $H^{n-i}(G, \tilde{A})$. Cette dualité est vraie pour $A = \mathbf{Z}/p\mathbf{Z}$, par hypothèse. A partir de là, on procède par dévissage, exactement comme dans (1). Il suffit simplement d'observer que, si $0 \to A \to B \to C \to 0$ est une suite exacte dans C_G^f, la suite $0 \to \tilde{C} \to \tilde{B} \to \tilde{A} \to 0$ est aussi exacte (cela provient de ce que I est divisible): on peut utiliser le même genre de diagramme.

Corollaire. *Tout sous-groupe ouvert d'un groupe de Poincaré est un groupe de Poincaré de même dimension.*

On l'a vu en cours de route.

Remarques.

1) Le fait que I soit isomorphe à $\mathbf{Q}_p/\mathbf{Z}_p$ montre que $\tilde{\tilde{A}}$ *est canoniquement isomorphe à A* (comme G-module). On a une excellente dualité.

2) Notons $\mathbf{U}_p$ le groupe des unités p-adiques (éléments inversibles de $\mathbf{Z}_p$). C'est le groupe des automorphismes de I. Comme G opère sur I, on voit que cette opération est donnée par un *homomorphisme canonique*

$$\chi : G \longrightarrow \mathbf{U}_p \ .$$

Cet homomorphisme est continu; il détermine I (à isomorphisme près); on peut dire qu'il joue le rôle de l'homomorphisme d'orientation $\pi_1 \to \{\pm 1\}$ de la topologie. Noter que, puisque G est un pro-p-groupe, χ prend ses valeurs dans le sous-groupe $\mathbf{U}_p^{(1)}$ de $\mathbf{U}_p$ formé des éléments $\equiv 1 \bmod p$. L'homomorphisme χ est l'un des invariants les plus intéressants du groupe G:

a) Lorsque G est un groupe de Demuškin (i.e. $n = 2$), G est déterminé à isomorphisme près par les deux invariants suivants: son rang, et l'image de χ dans $\mathbf{U}_p$, cf. Labute [92], th. 2.

b) La dimension cohomologique stricte de G dépend de $\mathrm{Im}(\chi)$:

Proposition 31. *Soit G un pro-p-groupe de Poincaré de dimension n, et soit $\chi : G \to \mathbf{U}_p$ l'homomorphisme qui lui est associé. Pour que $\mathrm{scd}(G)$ soit égal à $n + 1$, il faut et il suffit que l'image de χ soit finie.*

Dire que $\mathrm{Im}(\chi)$ est finie revient à dire qu'il existe un sous-groupe ouvert U de G tel que $\chi(U) = \{1\}$. Or cette dernière condition signifie que I^U contient (et est en fait égal à) $\mathbf{Q}_p/\mathbf{Z}_p$. D'où le résultat, en vertu de la prop. 19.

Remarque.

La structure du groupe $\mathbf{U}_p^{(1)}$ est bien connue: si $p \neq 2$, il est isomorphe à $\mathbf{Z}_p$, et si $p = 2$, il est isomorphe à $\{\pm 1\} \times \mathbf{Z}_2$ (cf. par exemple [145], p. 220). La prop. 31 peut donc se reformuler ainsi:

Pour $p \neq 2$, $\mathrm{scd}(G) = n + 1$ équivaut à dire que χ est trivial.

Pour $p = 2$, $\mathrm{scd}(G) = n + 1$ équivaut à dire que $\chi(G) = \{1\}$ ou $\{\pm 1\}$.

Exemple.

Supposons que G soit un groupe analytique p-adique de dimension n, et soit $L(G)$ son algèbre de Lie. D'après Lazard ([102], V.2.5.8), la caractère χ associé à G est donné par:

$$\chi(s) = \det \mathrm{Ad}(s) \quad (s \in G),$$

où $\mathrm{Ad}(s)$ désigne l'automorphisme de $L(G)$ défini par $t \mapsto sts^{-1}$. En particulier, on a $\mathrm{scd}_p(G) = n + 1$ si et seulement si $\mathrm{Tr}\,\mathrm{ad}(x) = 0$ pour tout $x \in L(G)$; c'est le cas si $L(G)$ est une algèbre de Lie réductive.

La proposition suivante est utile dans l'étude des groupes de Demuškin:

Proposition 32. *Soit G un pro-p-groupe, et soit n un entier ≥ 1. Supposons que $H^i(G)$ soit fini pour $i \leq n$, que $\dim H^n(G) = 1$, et que le cup-produit $H^i(G) \times H^{n-i}(G) \to H^n(G)$ soit non dégénéré pour $i \leq n$. Si en outre G est infini, c'est un groupe de Poincaré de dimension n.*

Il suffit évidemment de prouver que $H^{n+1}(G) = 0$. Pour cela, il faut d'abord établir quelques propriétés de dualité:

(1) *Dualité pour les G-modules finis A annulés par p.*

On procède comme dans le (1) de la démonstration de la prop. 30. Le cup-produit définit des homomorphismes

$$\alpha_i : H^i(G, A) \longrightarrow H^{n-i}(G, A^*)^* , \qquad\qquad 0 \leq i \leq n.$$

Par hypothèse, ce sont des isomorphismes pour $A = \mathbf{Z}/p\mathbf{Z}$. Par dévissage on en conclut facilement que ce sont des isomorphismes pour $1 \leq i \leq n - 1$, que α_0 est surjectif, et que α_n est injectif [la différence avec la situation de la prop. 30 est qu'on ignore si les H^{n+1} sont nuls, ce qui donne de légers ennuis aux extrémités des suites exactes].

(2) *Le foncteur $H^0(G, A)$ est coeffaçable.*

C'est une propriété générale des groupe profinis dont l'ordre est divisible par p^∞:

Si A est annulé par p^k (ici $k = 1$, mais peu importe), on choisit un sous-groupe ouvert U de G opérant trivialement sur A, puis un sous-groupe ouvert V de U d'indice divisible par p^k. On pose $A' = M_G^V(A)$, et l'on considère l'homomorphisme surjectif $\pi : A' - A$, défini au n° 2.5. Par passage à H^0, on obtient $\mathrm{Cor} : H^0(V, A) \to H^0(G, A)$. Cet homomorphisme est nul; en effet, il est égal à $N_{G/V}$, lequel est égal à $(U : V) \cdot N_{G/U}$. L'homomorphisme $H^0(G, A') \to H^0(G, A)$ est donc nul, ce qui entraîne que H^0 est coeffaçable.

(3) *La dualité vaut en dimensions* 0 *et* n.

Il s'agit de prouver que α_0 et α_n sont bijectifs pour tout A annulé par p. Il suffit (par transposition) de le faire pour α_0. On choisit une suite exacte $0 \to B \to C \to A \to 0$, telle que $H^0(G, C) \to H^0(G, A)$ soit nul, cf. (2). On a alors le diagramme:

$$
\begin{array}{ccccccc}
0 & \longrightarrow & H^0(G,A) & \longrightarrow & H^1(G,B) & \longrightarrow & H^1(G,C) \\
& & \downarrow & & \downarrow & & \downarrow \\
H^n(G,C^*)^* & \longrightarrow & H^n(G,A^*)^* & \longrightarrow & H^{n-1}(G,B^*)^* & \longrightarrow & H^{n-1}(G,C^*)^* \; .
\end{array}
$$

Les flèches relatives aux H^1 sont des isomorphismes. Il s'ensuit que α_0 est injectif, d'où le résultat puisqu'on sait déjà qu'il est surjectif.

(4) *Le foncteur* H^n *est exact à droite.*

Cela résulte par dualité de ce que H^0 est exact à gauche.

(5) *Fin de la démonstration.*

Le résultat que l'on vient de démontrer entraîne que $cd(G) \le n$. En effet, si $x \in H^{n+1}(G, A)$, x induit 0 sur un sous-groupe ouvert U de G, et donne donc 0 dans $H^{n+1}(G, M_G^U(A))$. En utilisant la suite exacte, et le fait que H^n est exact à droite, on voit que $x = 0$, cqfd.

Exercices.

1) Soit G un pro-p-groupe commutatif. Montrer l'équivalence de:
(a) $cd_p(G) = n$;
(b) G est isomorphe à $(\mathbf{Z}_p)^n$;
(c) G est un groupe de Poincaré de dimension n.

2) Soit G le groupe fondamental d'une surface compacte S de genre g; on suppose $g \ge 1$ si S est orientable et $g \ge 2$ sinon. Soit $\widehat{G}_p$ le p-complété de G. Montrer que c'est un groupe de Demuškin, et que, pour tout $\widehat{G}_p$-module fini et p-primaire A, $H^i(\widehat{G}_p; A) \to H^i(G, A)$ est un isomorphisme. Montrer que la dimension cohomologique stricte de $\widehat{G}_p$ est égale à 3, et expliciter l'invariant χ de $\widehat{G}_p$.

3) Soit G le pro-p-groupe défini par deux générateurs x, y liés par la relation $x y x^{-1} = y^q$, avec $q \in \mathbf{Z}_p$, $q \equiv 1 \bmod p$. Montrer que G est un groupe de Demuškin, et que son invariant χ est donné par les formules:

$$
\chi(y) = 1 \, , \qquad \chi(x) = q \, .
$$

Dans quel cas ce groupe est-il de dimension cohomologique stricte égale à 3?

Application au p-groupe de Sylow du groupe affine $ax + b$ sur $\mathbf{Z}_p$.

4) Soit G un pro-p-groupe de Poincaré de dimension n, et soit I son module dualisant. Soit $J = \mathrm{Hom}(\mathbf{Q}_p/\mathbf{Z}_p, I)$. Le G-module J est isomorphe à $\mathbf{Z}_p$ comme groupe compact, le groupe G opérant au moyen de χ.
(a) Soit A un G-module fini p-primaire. On pose $A_0 = A \otimes J$, le produit tensoriel étant pris sur $\mathbf{Z}_p$. Montrer que $\tilde{A}_0$ est canoniquement isomorphe au dual A^* de A.
(b) Pour tout entier $i \ge 0$, on considère la limite projective $H_i(G, A)$ des groupes d'homologie $H_i(G/U, A)$, où U est ouvert distingué dans G et opère trivialement dans A. Etablir un isomorphisme canonique

$$H_i(G, A) = H^{n-i}(G, A_0) \ .$$

[On utilisera la dualité existant entre $H_i(G/U, A)$ et $H^i(G/U, A^*)$, cf. [25], p. 249–250.]

5) Soit G un pro-p-groupe de Poincaré de dimension $n > 0$.
(a) Soit H un sous-groupe fermé de G, distinct de G. Montrer que

$$\text{Res} : H^n(G) \longrightarrow H^n(H)$$

est 0. [Se ramener au cas où H est ouvert, et utiliser la partie (4) de la démonstration de la prop. 30.]
(b) On suppose que $(G : H) = \infty$, i.e. que H n'est pas ouvert. Montrer que $\text{cd}(H) \le n - 1$.

En particulier, tout sous-groupe fermé d'indice infini d'un groupe de Demuškin est un pro-p-groupe libre.

6) Soient G un groupe de Demuškin et H un sous-groupe ouvert de G. Soient r_G et r_H leurs rangs. Montrer que l'on a:

$$r_H - 2 = (G : H)(r_G - 2) \ .$$

[Utiliser l'exerc. du n° 4.1, en remarquant que $E(G) = 2 - r_G$ et $E(H) = 2 - r_H$.]

Inversement, cette propriété *caractérise* les groupes de Demuškin, cf. Dummit-Labute [48].

§ 5. Cohomologie non abélienne

Dans tout ce paragraphe, G désigne un groupe profini.

5.1. Définition de H^0 et de H^1

Un *G-ensemble* E est un espace topologique discret sur lequel G opère continûment; comme dans le cas des G-modules, cela revient à dire que $E = \bigcup E^U$, pour U parcourant l'ensemble des sous-groupes ouverts de G (on note E^U le sous-ensemble de E formé des éléments invariants par U). Si $s \in G$ et $x \in E$, le transformé $s(x)$ de x par s sera souvent noté ${}^s x$ [mais jamais x^s, pour éviter l'horrible formule $x^{(st)} = (x^t)^s)$]. Si E et E' sont deux G-ensembles, un *morphisme* de E dans E' est une application $f : E \to E'$ qui commute à l'action de G; lorsqu'on voudra préciser G, on dira "G-morphisme". Les G-ensembles forment une catégorie.

Un *G-groupe* A est un groupe dans la catégorie précédente; cela revient à dire que c'est un G-ensemble, muni d'une structure de groupe invariante par G (i.e. ${}^s(xy) = {}^s x \, {}^s y$). Lorsque A est commutatif, on retrouve la notion de *G-module*, utilisée dans les paragraphes précédents.

Si E est un G-ensemble, on pose $H^0(G, E) = E^G$, ensemble des éléments de E invariants par G. Si E est un G-groupe, $H^0(G, E)$ est un groupe.

Si A est un G-groupe, on appelle 1-*cocycle* (ou simplement *cocycle*) *de G dans A* une application $s \mapsto a_s$ de G dans A qui est continue et telle que:

$$a_{st} = a_s \, {}^s a_t \quad (s, t \in G).$$

L'ensemble de ces cocycles est noté $Z^1(G, A)$. Deux cocycles a et a' sont dits *cohomologues* s'il existe $b \in A$ tel que $a'_s = b^{-1} a_s \, {}^s b$. C'est là une relation d'équivalence dans $Z^1(G, A)$, et l'ensemble quotient est noté $H^1(G, A)$. C'est le "premier ensemble de cohomologie de G dans A"; il possède un élément distingué (appelé "élément neutre" bien qu'il n'y ait pas de loi de composition sur $H^1(G, A)$ dans le cas général): la classe du cocycle unité; on le note indifféremment 0 ou 1. On vérifie immédiatement que

$$H^1(G, A) = \varinjlim H^1(G/U, A^U) ,$$

pour U parcourant l'ensemble des sous-groupes ouverts distingués de G; de plus, les applications $H^1(G/U, A^U) \to H^1(G, A)$ sont injectives.

Les ensembles de cohomologie $H^0(G, A)$ et $H^1(G, A)$ sont fonctoriels en A, et coïncident avec les groupes de cohomologie de dimension 0 et 1 lorsque A est commutatif.

Remarques.

1) On aurait envie de définir aussi $H^2(G, A)$, $H^3(G, A)$, ... Je ne m'y risquerai pas; le lecteur que cela intéresse pourra consulter Dedecker [38], [39] et Giraud [54].

2) Les H^1 non abéliens sont des ensembles *pointés*; la notion de suite exacte a donc un sens (l'image d'une application est égale à l'image réciproque de l'élément neutre); toutefois, une telle suite exacte ne donne aucun renseignement sur la *relation d'équivalence* définie par une application; on remédiera à ce défaut (particulièrement sensible dans [145], p. 131–134), grâce à la notion de "torsion", développée au n° 5.3.

Exercices.

1) Soit A un G-groupe, et soit $A \cdot G$ le produit semi-direct de G par A (défini de telle sorte que $sas^{-1} = {}^s a$ pour $a \in A$ et $s \in G$).

Un cocycle $a = (a_s) \in Z^1(G, A)$ définit un relèvement continu

$$f_a : G \longrightarrow A \cdot G$$

par $f_a(s) = a_s \cdot s$, et réciproquement. Montrer que les relèvements f_a et $f_{a'}$ associés à des cocycles a et a' sont conjugués par un élément de A si et seulement si a et a' sont cohomologues.

2) Soit $G = \widehat{\mathbf{Z}}$; on note σ le générateur canonique de G.

(a) Si E est un G-ensemble, σ définit une permutation de E dont toutes les orbites sont finies; inversement, une telle permutation définit une structure de G-ensemble.

(b) Soit A un G-groupe. Soit (a_s) un cocycle de G dans A, et soit $a = a_\sigma$. Montrer qu'il existe $n \geq 1$ tel que $\sigma^n(a) = a$ et que $a \cdot \sigma(a) \cdots \sigma^{n-1}(a)$ soit d'ordre fini. Inversement, tout $a \in A$ pour lequel il existe un tel n correspond à un cocycle et à un seul. Si a et a' sont deux tels éléments, les cocycles correspondants sont cohomologues si et seulement s'il existe $b \in A$ tel que $a' = b^{-1} \cdot a \cdot \sigma(b)$.

(c) Comment faut-il modifier ce qui précède lorsqu'on remplace $\widehat{\mathbf{Z}}$ par $\mathbf{Z}_p$?

5.2. Espaces principaux homogènes sur A – nouvelle définition de $H^1(G, A)$

Soit A un G-groupe, et soit E un G-ensemble. On dit que A *opère à gauche* sur E (de façon compatible avec l'action de G) s'il opère sur E au sens usuel et si ${}^s(a \cdot x) = {}^s a \cdot {}^s x$ pour $a \in A$, $x \in E$ (ce qui revient à dire que l'application canonique de $A \times E$ dans E est un G-morphisme). On écrit aussi ${}_A E$ pour rappeler que A opère à gauche (notation évidente pour les opérations à droite).

Un espace *principal homogène* sur A est un G-ensemble non vide P, sur lequel A opère à droite (de façon compatible avec G) de façon à en faire un "espace affine" sur A (i.e. pour tout couple $x, y \in P$, il existe un $a \in A$ et un seul tel que $y = x \cdot a$). La notion d'isomorphisme entre deux tels espaces se définit de façon évidente.

Proposition 33. *Soit A un G-groupe. Il y a une correspondance bijective entre l'ensemble des classes d'espaces principaux homogènes sur A et l'ensemble $H^1(G, A)$.*

Soit $P(A)$ le premier ensemble. On définit une application

$$\lambda : P(A) \longrightarrow H^1(G, A)$$

de la manière suivante:

Si $P \in P(A)$, on choisit un point $x \in P$. Si $s \in G$, on a $^sx \in P$, donc il existe $a_s \in A$ tel que $^sx = x \cdot a_s$. On vérifie tout de suite que $s \mapsto a_s$ est un cocycle. Changer x en $x \cdot b$ change ce cocycle en $s \mapsto b^{-1} a_s {}^s b$, qui lui est cohomologue. On peut donc définir λ en convenant que $\lambda(P)$ est la classe de a_s.

En sens inverse, on définit $\mu : H^1(G, A) \to P(A)$ ainsi:

Si $a_s \in Z^1(G, A)$, on note P_a le groupe A sur lequel G opère par la formule "tordue" suivante:

$$^{s\prime}x = a_s \cdot {}^s x \ .$$

Si l'on fait opérer A à droite sur P_a par translations, on obtient un espace principal homogène. Deux cocycles cohomologues conduisent à des espaces isomorphes. Cela définit l'application μ, et l'on vérifie sans mal que $\lambda \circ \mu = 1$ et $\mu \circ \lambda = 1$.

Remarque.

Les principaux considérés ci-dessus sont des principaux à *droite*. On définit de même la notion de principal à *gauche*; on laisse au lecteur le soin de définir une correspondance bijective entre les deux notions.

5.3. Torsion

Soit A un G-groupe, et soit P un espace principal homogène sur A. Soit F un G-ensemble où A opère à gauche (de façon compatible avec G). Sur $P \times F$, considérons la relation d'équivalence qui identifie un élément (p, f) aux éléments $(p \cdot a, a^{-1} f)$, $a \in A$. Cette relation est compatible avec l'action de G, et le quotient est un G-ensemble, noté $P \times {}^A F$, ou $_P F$. Un élément de $P \times {}^A F$ s'écrit sous la forme $p \cdot f$, $p \in P$, $f \in F$, et l'on a $(pa)f = p(af)$, ce qui justifie la notation. Noter que, pour tout $p \in P$, l'application $f \mapsto p \cdot f$ est une bijection de F sur $_P F$; pour cette raison, on dit que $_P F$ est obtenu à partir de F en *tordant au moyen de P*.

L'opération de torsion peut aussi se définir du point de vue des cocycles. Si $(a_s) \in Z^1(G, A)$, on note $_a F$ l'ensemble F sur lequel G opère par la formule

$$^{s\prime} f = a_s \cdot {}^s f \ .$$

On dit que $_a F$ s'obtient *en tordant F au moyen du cocycle a_s*.

La liaison entre ces deux points de vue est facile à faire: si $p \in P$, on a vu que p définit un cocycle a_s par la formule $^s p = p \cdot a_s$. L'application $f \mapsto p \cdot f$ de tout à l'heure est *un isomorphisme du G-ensemble* $_aF$ *sur le G-ensemble* $_pF$; on a en effet

$$p \cdot {}^{s'}f = p \cdot a_s \cdot {}^sf = {}^sp \cdot {}^sf = {}^s(p \cdot f) \ .$$

Ceci montre en particulier que $_aF$ *est isomorphe à* $_bF$ *si* a *et* b *sont cohomologues.*

Remarque.

Il faut observer qu'il n'y a pas en général d'isomorphisme canonique entre $_aF$ et $_bF$, et que par suite il est *impossible d'identifier* ces deux ensembles, comme on serait tenté de le faire. En particulier, la notation $_\alpha F$, avec $\alpha \in H^1(G, A)$, est dangereuse (bien que commode. . .). Inutile de dire qu'une telle difficulté existe tout aussi bien en topologie dans la théorie des espaces fibrés (que nous sommes d'ailleurs en train de démarquer).

L'opération de torsion jouit d'un certain nombre de propriétés élémentaires:

(a) $_aF$ est fonctoriel en F (pour des A-morphismes $F \to F'$),
(b) On a $_a(F \times F') = {}_aF \times {}_aF'$.
(c) Si un G-groupe B opère à droite sur F (de façon à commuter à l'action de A), B opère aussi sur $_aF$.
(d) Si F est muni d'une structure de G-groupe invariante par A, cette même structure sur $_aF$ est encore une structure de G-groupe.

Exemples.

1) On prend pour F le groupe A lui-même, les opérations étant les translations à gauche. Comme les translations à droite commutent aux translations à gauche, la propriété (c) ci-dessus montre que A opère à droite sur $_aF$, et l'on voit tout de suite que l'on obtient ainsi un espace principal homogène sur A (c'est celui noté $_aP$ au n° précédent).

Dans la notation $P \times {}^AF$, cela s'écrit:

$$P \times {}^A A = P \ ,$$

formule de simplification que l'on rapprochera de $E \otimes_A A = E$.

2) On prend encore pour F le groupe A, les opérations étant cette fois données par les *automorphismes intérieurs*. Comme ceux-ci respectent la structure de groupe de A, la propriété (d) montre que $_aA$ *est un G-groupe* [on pourrait tordre de même tout sous-groupe distingué de A]. Par définition, $_aA$ a même ensemble sous-jacent que A, et les opérations de G sur $_aA$ sont données par la formule

$$^{s'}x = a_s \cdot {}^sx \cdot a_s^{-1} \qquad\qquad (s \in G, \ x \in A).$$

Proposition 34. *Soit* F *un G-ensemble où* A *opère à gauche* (de façon compatible avec G), *et soit* a *un cocycle de* G *dans* A. *Alors le groupe tordu* $_aA$ *opère sur* $_aF$, *de façon compatible avec* G.

Il faut voir que l'application $(a, x) \mapsto ax$ de $_aA \times {}_aF$ dans $_aF$ est un G-morphisme. C'est un calcul immédiat.

Corollaire. *Si P est un principal homogène sur A, le groupe $_PA$ opère à gauche sur P, et fait de P un espace principal homogène à gauche sur $_PA$.*

Le fait que $_PA$ opère sur P est un cas particulier de la prop. 34 (ou se voit directement, au choix). Il est clair que cela définit sur P une structure d'espace homogène principal à gauche sur $_PA$.

Remarque.

Si A et A' sont deux G-groupes, on définit de manière évidente la notion d'espace (A, A')-principal: c'est un espace principal sur A (à gauche), et sur A' (à droite), les opérations de A et A' commutant. Si P est un tel espace, le corollaire précédent montre que A s'identifie à $_PA'$. Si Q est un espace (A', A'')-principal (A'' étant un autre G-groupe), l'espace $P \circ Q = P \times ^{A'} Q$ est muni d'une structure canonique d'espace (A', A'')-principal. On obtient ainsi une loi de composition (non partout définie) sur l'ensemble des espaces "biprincipaux".

Proposition 35. *Soit P un espace principal à droite sur un G-groupe A, et soit $A' = {}_PA$ le groupe correspondant. Si l'on associe à tout espace principal homogène Q (à droite) sur A' le composé $Q \circ P$, on obtient une bijection de $H^1(G, A')$ sur $H^1(G, A)$ qui transforme l'élément neutre de $H^1(G, A')$ en la classe de P dans $H^1(G, A)$.*

[Plus brièvement: si l'on tord un groupe A par un cocycle de A lui-même, on trouve un groupe A' qui a même cohomologie que A en dimension 1.]

On définit l'opposé $\overline{P}$ de P ainsi: c'est un espace (A, A')-principal, identique à P comme G-ensemble, le groupe A opérant à gauche par $a \cdot p = p \cdot a^{-1}$, et le groupe A' à droite par $p \cdot a' = a'^{-1} \cdot p$. En faisant correspondre à tout principal à droite R sur A le composé $R \circ \overline{P}$, on obtient par passage aux classes une application réciproque de celle donnée par $Q \mapsto Q \circ P$, d'où la proposition.

Proposition 35 bis. *Soit $a \in Z^1(G, A)$, et soit $A' = {}_aA$. A tout cocycle a'_s dans A' associons $a'_s \cdot a_s$; on obtient un cocycle de G dans A, d'où une bijection*

$$t_a : Z^1(G, A') \longrightarrow Z^1(G, A) .$$

Par passage au quotient, t_a définit une bijection

$$\tau_a : H^1(G, A') \longrightarrow H^1(G, A)$$

transformant l'élément neutre de $H^1(G, A')$ en la classe α de a.

C'est essentiellement une transcription de la proposition précédente en termes de cocycles. On peut aussi la démontrer par calcul direct.

Remarques.

1) Lorsque A est *abélien*, on a $A' = A$ et τ_a est simplement la *translation par la classe α de a.*

2) Les prop. 35 et 35 bis, pour évidentes qu'elles soient, n'en sont pas moins utiles. Ce sont elles, on le verra, qui permettent de déterminer les relations d'équivalence qui interviennent dans les diverses "suites exactes de cohomologie".

Exercice.

Soit A un G-groupe. Soit $E(A)$ l'ensemble des classes d'espaces (A, A)-principaux. Montrer que la composition fait de $E(A)$ un *groupe*, et que ce groupe opère sur $H^1(G, A)$. Si A est abélien, $E(A)$ est produit semi-direct de $\text{Aut}(A)$ par le groupe $H^1(G, A)$. Dans le cas général, montrer que $E(A)$ contient comme sous-groupe le quotient de $\text{Aut}(A)$ par les automorphismes intérieurs définis par les éléments de A^G. Comment peut-on définir $E(A)$ au moyen de cocycles?

5.4. Suite exacte de cohomologie associée à un sous-groupe

Soient A et B deux G-groupes, et soit $u : A \to B$ un G-homomorphisme. Cet homomorphisme définit une application

$$v : H^1(G, A) \longrightarrow H^1(G, B) \,.$$

Soit $\alpha \in H^1(G, A)$. Supposons que l'on veuille décrire la fibre de α pour v, c'est-à-dire l'ensemble $v^{-1}(v(\alpha))$. Choisissons un cocycle a représentatif de α, et soit b son image dans B. Si l'on pose $A' = {}_aA$, $B' = {}_bB$, il est clair que u définit un homomorphisme

$$u' : A' \longrightarrow B' \,,$$

d'où $v' : H^1(G, A') \to H^1(G, B')$.

On a en outre le diagramme commutatif suivant (où les lettres τ_a et τ_b désignent les bijections définies au n° précédent):

$$
\begin{array}{ccc}
H^1(G, A) & \xrightarrow{\ v\ } & H^1(G, B) \\
\tau_a \big\uparrow & & \tau_b \big\uparrow \\
H^1(G, A') & \xrightarrow{\ v'\ } & H^1(G, B') \,.
\end{array}
$$

Comme τ_b transforme l'élément neutre de $H^1(G, B')$ en $v(\alpha)$, on en déduit que *τ_a est une bijection du noyau de v' sur la fibre $v^{-1}(v(\alpha))$ de α.* En d'autres termes, la torsion permet de transformer toute fibre de v en un noyau – et ces noyaux eux-mêmes peuvent figurer dans des suites exactes (cf. [145], *loc. cit.*).

On va appliquer ce principe au cas le plus simple, celui où A *est un sous-groupe de B.*

On introduit l'espace homogène B/A des *classes à gauche* de B suivant A; c'est un G-ensemble, et $H^0(G, B/A)$ est défini. De plus, si $x \in H^0(G, B/A)$, l'image réciproque X de x dans B est un espace principal homogène (à droite) sur A; sa classe dans $H^1(G, A)$ sera notée $\delta(x)$. Le cobord ainsi défini jouit de la propriété suivante:

Proposition 36. *La suite d'ensembles pointés:*

$$1 \to H^0(G, A) \to H^0(G, B) \to H^0(G, B/A) \xrightarrow{\delta} H^1(G, A) \to H^1(G, B)$$

est exacte.

Le plus simple consiste à traduire la définition de δ en termes de cocycles; si $c \in (B/A)^G$, on choisit $b \in B$ se projetant sur c, et on pose $a_s = b^{-1} \cdot {}^s b$; c'est un cocycle dont la classe est $\delta(c)$. Son expression même montre qu'il est cohomologue à 0 dans B, et que tout cocycle de G dans A cohomologue à 0 dans B est de cette forme. D'où la proposition.

Corollaire 1. *Le noyau de* $H^1(G, A) \to H^1(G, B)$ *s'identifie à l'espace quotient de* $(B/A)^G$ *par l'action du groupe* B^G.

L'identification se fait grâce à δ; il faut voir que $\delta(c) = \delta(c')$ si et seulement si il existe $b \in B^G$ tel que $bc = c'$; c'est facile.

Corollaire 2. *Soit* $\alpha \in H^1(G, A)$, *et soit* a *un cocycle représentant* α. *Les éléments de* $H^1(G, A)$ *ayant même image que* α *dans* $H^1(G, B)$ *correspondent bijectivement aux éléments du quotient de* $H^0(G, {}_aB/{}_aA)$ *par l'action du groupe* $H^0(G, {}_aB)$.

Cela résulte par "torsion" du corollaire 1, suivant ce qui a été expliqué plus haut.

Corollaire 3. *Pour que* $H^1(G, A)$ *soit dénombrable* (resp. *fini*, resp. *réduit à un élément*), *il faut et il suffit qu'il en soit de même de son image dans* $H^1(G, B)$, *ainsi que de tous les quotients* $({}_aB/{}_aA)^G/({}_aB)^G$, *pour* $a \in Z^1(G, A)$.

Cela résulte du corollaire 2.

Il se trouve que l'on peut décrire explicitement *l'image* de $H^1(G, A)$ dans $H^1(G, B)$ [tout comme si $H^1(G, B/A)$ avait un sens]:

Proposition 37. *Soit* $\beta \in H^1(G, B)$ *et soit* $b \in Z^1(G, B)$ *un représentant de* β. *Pour que* β *appartienne à l'image de* $H^1(G, A)$, *il faut et il suffit que l'espace* ${}_b(B/A)$, *obtenu en tordant* B/A *au moyen de* b, *ait un point invariant par* G.
[Combiné avec le cor. 2 à la prop. 36, ceci montre que l'ensemble des éléments de $H^1(G, A)$ ayant pour image β est en correspondance bijective avec le quotient $H^0(G, {}_b(B/A))/H^0(G, {}_bB)$.]

Pour que β appartienne à l'image de $H^1(G, A)$, il faut et il suffit qu'il existe $b \in B$ tel que $b^{-1}b_s \cdot {}^s b$ appartienne à A pour tout $s \in G$. Si c désigne l'image de b dans B/A, ceci signifie que $c = b_s \cdot {}^s c$, c'est-à-dire que $c \in H^0(G, {}_b(B/A))$, cqfd.

Remarque.
La prop. 37 est analogue au classique théorème d'Ehresmann: pour que le groupe structural d'un fibré principal puisse être réduit à un sous-groupe donné de celui-ci, il faut et il suffit que l'espace fibré en espaces homogènes associé ait une section.

5.5. Suite exacte de cohomologie associée à un sous-groupe distingué

On suppose A distingué dans B, et l'on pose $C = B/A$; ici, C est un G-groupe.

Proposition 38. *La suite d'ensembles pointés:*

$$0 \longrightarrow A^G \longrightarrow B^G \longrightarrow C^G \overset{\delta}{\longrightarrow} H^1(G, A) \longrightarrow H^1(G, B) \longrightarrow H^1(G, C)$$

est exacte.

La vérification est immédiate (cf. [145], p. 133).

Les fibres de l'application $H^1(G, A) \to H^1(G, B)$ ont été décrites au n° 5.4. Toutefois, le fait que A soit distingué dans B simplifie cette description. On note tout d'abord ceci:

Le groupe C^G opère de façon naturelle (à droite) sur $H^1(G, A)$. En effet, soit $c \in C^G$, et soit $X(c)$ son image réciproque dans B; le G-ensemble $X(c)$ est muni, de façon naturelle, d'une structure d'espace (A, A)-principal; si P est principal pour A, le produit $P \circ X(c)$ est encore principal pour A, d'où l'opération cherchée. [Traduction en termes de cocycles: on relève c en $b \in B$; on a ${}^s b = b \cdot x_s$, avec $x_s \in A$; à tout cocycle a_s de G dans A, on associe le cocycle $b^{-1} a_s b \, x_s = b^{-1} a_s {}^s b$; sa classe de cohomologie est la transformée de celle de (a_s) par c.]

Proposition 39. (i) *Si $c \in C^G$, on a $\delta(c) = 1 \cdot c$, où 1 représente l'élément neutre de $H^1(G, A)$.*

(ii) *Deux éléments de $H^1(G, A)$ ont même image dans $H^1(G, B)$ si et seulement si ils sont transformés l'un de l'autre par un élément de C^G.*

(iii) *Soit $a \in Z^1(G, A)$, soit α son image dans $H^1(G, A)$, et soit $c \in C^G$. Pour que $\alpha \cdot c = \alpha$, il faut et il suffit que c appartienne à l'image de l'homomorphisme $H^0(G, {}_a B) \to H^0(G, C)$.*

[On note ${}_a B$ le groupe obtenu en tordant B au moyen du cocycle a – étant entendu que A opère sur B par automorphismes intérieurs.]

L'équation $\delta(c) = 1 \cdot c$ résulte de la définition même de δ. D'autre part, si deux cocycles a_s et a'_s de A sont cohomologues dans B, il existe $b \in B$ tel que $a'_s = b^{-1} a_s {}^s b$; si c est l'image de b dans C, on en déduit ${}^s c = c$, d'où $c \in C^G$, et il est clair que c transforme la classe de a_s en celle de a'_s. La réciproque est triviale, ce qui démontre (ii). Enfin, si $b \in B$ relève c, et si $\alpha \cdot c = \alpha$, il existe $x \in A$ tel que $a_s = x^{-1} b^{-1} a_s {}^s b \, {}^s x$, ce qui s'écrit aussi $bx = a_s {}^s (bx) a_s^{-1}$, i.e. $bx \in H^0(G, {}_a B)$. D'où (iii).

Corollaire 1. *Le noyau de $H^1(G, B) \to H^1(G, C)$ s'identifie au quotient de $H^1(G, A)$ par l'action du groupe C^G.*

C'est clair.

Corollaire 2. *Soit* $\beta \in H^1(G, B)$, *et soit* b *un cocycle représentant* β. *Les éléments de* $H^1(G, B)$ *ayant même image que* β *dans* $H^1(G, C)$ *correspondent bijectivement aux éléments du quotient de* $H^1(G, {}_bA)$ *par l'action du groupe* $H^0(G, {}_bC)$.

[Le groupe B opère sur lui-même par automorphismes intérieurs, et laisse stable A; cela permet de *tordre* la suite exacte $1 \to A \to B \to C \to 1$ par le cocycle b.]

Cela résulte du cor. 1 par torsion, comme on l'a expliqué au n° précédent.

Remarque.

La Proposition 35 montre que $H^1(G, {}_bB)$ s'identifie à $H^1(G, B)$, et de même $H^1(G, {}_bC)$ s'identifie à $H^1(G, C)$. Par contre, $H^1(G, {}_bA)$ *n'a en général aucune relation avec* $H^1(G, A)$.

Corollaire 3. *Pour que* $H^1(G, B)$ *soit dénombrable (resp. fini, resp. réduit à un élément), il faut et il suffit qu'il en soit de même de son image dans* $H^1(G, C)$, *ainsi que de tous les quotients* $H^1(G, {}_bA)/({}_bC)^G$, *pour* $b \in Z^1(G, B)$.

Cela résulte du cor. 2.

Exercice.

Montrer que, si l'on associe à tout $c \in C^G$ la classe de l'espace (A, A)-principal $X(c)$, on obtient un homomorphisme de C^G dans le groupe $E(A)$ défini dans l'exercice du n° 5.3.

5.6. Cas d'un sous-groupe abélien distingué

On suppose A abélien et distingué dans B. On conserve les notations du n° précédent. On note additivement $H^1(G, A)$, qui est maintenant un groupe abélien. Si $\alpha \in H^1(G, A)$, et $c \in C^G$, on note α^c le transformé de α par c, défini comme on l'a vu plus haut. On se propose d'expliciter cette opération

Pour cela, on remarque que l'homomorphisme évident $C^G \to \text{Aut}(A)$ fait opérer C^G (à gauche) sur le groupe $H^1(G, A)$; le transformé de α par c (pour cette nouvelle action) sera noté $c \cdot \alpha$.

Proposition 40. *On a* $\alpha^c = c^{-1} \cdot \alpha + \delta(c)$ *pour* $\alpha \in H^1(G, A)$ *et* $c \in C^G$.

C'est un simple calcul: si l'on relève c en $b \in B$, on a ${}^sb = b \cdot x_s$, et la classe de x_s est $\delta(c)$. D'autre part, si a_s est un cocycle de la classe α, on peut prendre pour représentant de α^c le cocycle $b^{-1}a_s{}^sb$, et pour représentant de $c^{-1} \cdot \alpha$ le cocycle $b^{-1}a_sb$. On a $b^{-1}a_s{}^sb = b^{-1}a_sb \cdot x_s$, d'où la formule.

Corollaire 1. *On a* $\delta(c'c) = \delta(c) + c^{-1} \cdot \delta(c')$.

On écrit que $\alpha^{c'c} = (\alpha^{c'})^c$. En développant, cela donne la formule voulue.

Corollaire 2. *Si* A *est dans le centre de* B, $\delta : C^G \to H^1(G, A)$ *est un homomorphisme, et* $\alpha^c = \alpha + \delta(c)$.

C'est clair.

On va maintenant se servir du groupe $H^2(G, A)$. *A priori*, on aurait envie de définir un cobord: $H^1(G, C) \to H^2(G, A)$. Sous cette forme, ce n'est possible que lorsque A est contenu dans le centre de B (cf. n° 5.7). On a cependant un résultat partiel, qui est le suivant:

Soit $c \in Z^1(G, C)$ un cocycle de G dans C. Puisque A est abélien, C *opère sur* A, et le groupe tordu ${}_cA$ est bien défini. On va associer à c une classe de cohomologie $\Delta(c) \in H^2(G, {}_cA)$. Pour cela, on relève c_s en une application continue $s \mapsto b_s$ de G dans B, et l'on forme l'expression:

$$a_{s,t} = b_s\,{}^s b_t\, b_{st}^{-1} \ .$$

La 2-cochaîne ainsi obtenue est un *cocycle* à valeurs dans ${}_cA$. En effet, si l'on tient compte de la façon dont G opère sur ${}_cA$, on voit que cela revient à l'identité:

$$a_{s,t}^{-1} \cdot b_s\,{}^s a_{t,u} b_s^{-1} \cdot a_{s,tu} \cdot a_{st,u}^{-1} = 1 \ , \quad (s, t, u \in G),$$

ou, en explicitant:

$$b_{st}\,{}^s b_t^{-1} b_s^{-1} \cdot b_s\,{}^s b_t\,{}^{st} b_u\,{}^s b_{tu}^{-1} b_s^{-1} \cdot b_s\,{}^s b_{tu} b_{stu}^{-1} \cdot b_{stu}\,{}^{st} b_u^{-1} b_{st}^{-1} = 1 \ ,$$

ce qui est bien exact (tous les termes se détruisent).

D'autre part, si l'on remplace le relèvement b_s par le relèvement $a'_s b_s$, le cocycle $a_{s,t}$ est remplacé par le cocycle $a'_{s,t} \cdot a_{s,t}$, avec

$$a'_{s,t} = (\delta a')_{s,t} = a'_s \cdot b_s\,{}^s a'_t b_s^{-1} \cdot a'_{st}{}^{-1} \ ;$$

cela se vérifie par un calcul analogue au précédent (et plus simple). Ainsi, la classe du cocycle $a_{s,t}$ est bien déterminée; on la note $\Delta(c)$.

Proposition 41. *Pour que la classe de cohomologie de c appartienne à l'image de $H^1(G, B)$ dans $H^1(G, C)$, il faut et il suffit que $\Delta(c)$ soit nul.*

C'est évidemment nécessaire. Réciproquement, si $\Delta(c) = 0$, ce qui précède montre que l'on peut choisir b_s de telle sorte que $b_s\,{}^s b_t b_{st}^{-1} = 1$, et b_s est un cocycle de G dans B d'image égale à c. D'où la proposition.

Corollaire. *Si $H^2(G, {}_cA) = 0$ pour tout $c \in Z^1(G, C)$, l'application*

$$H^1(G, B) \longrightarrow H^1(G, C)$$

est surjective.

Exercices.
1) Retrouver la prop. 40 en utilisant l'exercice du n° 5.5 et le fait que $E(A)$ est produit semi-direct de $\mathrm{Aut}(A)$ par $H^1(G, A)$.

2) Soient c et $c' \in Z^1(G, C)$ deux cocycles cohomologues. Comparer $\Delta(c)$ et $\Delta(c')$.

5.7. Cas d'un sous-groupe central

On suppose maintenant que A est *contenu dans le centre* de B. Si $a = (a_s)$ est un cocycle de G dans A, et $b = (b_s)$ un cocycle de G dans B, on vérifie aussitôt que $a \cdot b = (a_s \cdot b_s)$ est un cocycle de G dans B. De plus, la classe de $a \cdot b$ ne dépend que des classes de a et de b. On en conclut que le groupe abélien $H^1(G, A)$ *opère sur l'ensemble* $H^1(G, B)$.

Proposition 42. *Deux éléments de $H^1(G, B)$ ont même image dans $H^1(G, C)$ si et seulement si ils sont transformés l'un de l'autre par un élément de $H^1(G, A)$.*

La démonstration est immédiate.

Soit maintenant $c \in Z^1(G, C)$. Comme C opère trivialement sur A, le groupe tordu $_cA$ utilisé au n° 5.6 s'identifie canoniquement à A, et l'élément $\Delta(c)$ appartient à $H^2(G, A)$. Un calcul facile (cf. [145], p. 132) montre que $\Delta(c) = \Delta(c')$ si c et c' sont cohomologues. Ceci définit une application $\Delta : H^1(G, C) \to H^2(G, A)$. En combinant les prop. 38 et 41, on obtient:

Proposition 43. *La suite*

$$1 \longrightarrow A^G \longrightarrow B^G \longrightarrow C^G$$

$$\xrightarrow{\delta} H^1(G, A) \longrightarrow H^1(G, B) \longrightarrow H^1(G, C) \xrightarrow{\Delta} H^2(G, A)$$

est exacte.

Comme d'habitude, cette suite ne fournit de renseignements que sur le noyau de $H^1(G, C) \to H^2(G, A)$, et pas sur la relation d'équivalence correspondante. Pour en obtenir, il faut "tordre" les groupes considérés. Plus précisément, observons que C opère par automorphismes sur B et que ces automorphismes sont triviaux sur A. Si $c = (c_s)$ est un cocycle de G dans C, on peut donc tordre la suite exacte $1 \to A \to B \to C \to 1$ au moyen de c, et l'on obtient la nouvelle suite exacte

$$1 \longrightarrow A \longrightarrow {}_cB \longrightarrow {}_cC \longrightarrow 1 \ .$$

D'où un nouvel opérateur cobord $\Delta_c : H^1(G, {}_cC) \to H^2(G, A)$. Comme on a en outre une bijection canonique $\tau_c : H^1(G, {}_cC) \to H^1(G, C)$, on peut s'en servir pour comparer Δ et Δ_c. Le résultat est le suivant:

Proposition 44. *On a $\Delta \circ \tau_c(\gamma') = \Delta_c(\gamma') + \Delta(\gamma)$, où $\gamma \in H^1(G, C)$ désigne la classe de c, et où γ' parcourt $H^1(G, {}_cC)$.*

Soit c'_s un cocycle représentant γ'. On choisit comme ci-dessus une cochaîne b_s (resp. b'_s) dans B (resp. dans $_cB$) relevant c_s (resp. c'_s). On peut représenter $\Delta(\gamma)$ par le cocycle

$$a_{s,t} = b_s \, {}^s b_t b_{st}^{-1} \ ,$$

et $\Delta_c(\gamma')$ par le cocycle

$$a'_{s,t} = b'_s \cdot b_s {}^s b'_t b_s^{-1} \cdot b'_{st}{}^{-1} \ .$$

D'autre part $\tau_c(\gamma')$ peut être représenté par $c'_s c_s$, que l'on relève en $b'_s b_s$. On peut donc représenter $\Delta \circ \tau_c(\gamma')$ par le cocycle

$$a''_{s,t} = b'_s b_s \cdot {}^s b'_t {}^s b_t \cdot b_{st}^{-1} b'_{st}{}^{-1} \ .$$

Comme $a_{s,t}$ est dans le centre de B, on peut écrire:

$$a'_{s,t} \cdot a_{s,t} = b'_s b_s {}^s b'_t b_s^{-1} a_{s,t} b'_{st}{}^{-1} \ .$$

En remplaçant $a_{s,t}$ par sa valeur et en simplifiant, on constate qu'on trouve $a''_{s,t}$, d'où la proposition.

Corollaire. *Les éléments de $H^1(G, C)$ avant même image que γ par Δ correspondent bijectivement aux éléments du quotient de $H^1(G, {}_cB)$ par l'action de $H^1(G, A)$.*

En effet, la bijection τ_c^{-1} transforme ces éléments en ceux du noyau de

$$\Delta_c : H^1(G, {}_cC) \longrightarrow H^2(G, A) \ ,$$

et les prop. 42 et 43 montrent que ce noyau s'identifie au quotient de $H^1(G, {}_cB)$ par l'action de $H^1(G, A)$.

Remarques.

1) Ici encore, il est faux en général que $H^1(G, {}_cB)$ soit en correspondance bijective avec $H^1(G, B)$.

2) On laisse au lecteur le soin de formuler les critères de dénombrabilité, finitude, etc., qui résultent du corollaire précédent.

Exercice.

Comme C^G opère sur B par automorphismes intérieurs, il opère aussi sur $H^1(G, B)$. Notons

$$(c, \beta) \mapsto c * \beta \quad (c \in C^G, \ \beta \in H^1(G, B))$$

cette action. Montrer que l'on a:

$$c * \beta = \delta(c)^{-1} \cdot \beta \ ,$$

où $\delta(c)$ est l'image de c dans $H^1(G, A)$, cf. n° 5.4, et où le produit $\delta(c)^{-1} \cdot \beta$ est relatif à l'action de $H^1(G, A)$ sur $H^1(G, B)$.

5.8. Compléments

On laisse au lecteur le soin de traiter les points suivants:

a) Extensions de groupes

Soit H un sous-groupe fermé distingué de G, et soit A un G-groupe. Le groupe G/H opère sur A^H, ce qui fait que $H^1(G/H, A^H)$ est défini. D'autre part, si $(a_h) \in Z^1(H, A)$ et si $s \in G$, on peut définir le transformé $s(a)$ du cocycle $a = (a_h)$ par la formule:

$$s(a)_h = s(a_{s^{-1}hs}) \ .$$

Par passage au quotient, le groupe G opère sur $H^1(H, A)$, et l'on vérifie que H opère trivialement. On peut donc dire que G/H *opère sur* $H^1(H, A)$, tout comme dans le cas abélien. On a une suite exacte:

$$1 \longrightarrow H^1(G/H, A^H) \longrightarrow H^1(G, A) \longrightarrow H^1(H, A)^{G/H} \ ,$$

et l'application $H^1(G/H, A^H) \to H^1(G, A)$ est injective.

b) Induction

Soit H un sous-groupe fermé de G, et soit A un H-groupe. Soit $A^* = M_G^H(A)$ le groupe des applications continues $a^* : G \to A$ telles que $a^*(^h x) = {}^h a^*(x)$ pour $h \in H$ et $x \in G$. On fait opérer G sur A^* par la formule $(^g a^*)(x) = a^*(xg)$. On obtient ainsi un G-groupe A^* et l'on a des bijections canoniques

$$H^0(G, A^*) = H^0(H, A) \qquad \text{et} \qquad H^1(G, A^*) = H^1(H, A) \ .$$

5.9. Une propriété des groupes de dimension cohomologique ≤ 1

Le résultat suivant aurait pu figurer au n° 3.4:

Proposition 45. *Soit I un ensemble de nombres premiers, et supposons que* $\mathrm{cd}_p(G) \leq 1$ *pour tout $p \in I$. Le groupe G possède alors la propriété de relèvement pour les extensions $1 \to P \to E \to W \to 1$, où E est fini, et où l'ordre de P n'est divisible que par des nombres premiers appartenant à I.*

On raisonne par récurrence sur l'ordre de P, le cas où $\mathrm{Card}(P) = 1$ étant trivial. Supposons donc $\mathrm{Card}(P) > 1$, et soit p un diviseur premier de $\mathrm{Card}(P)$. Par hypothèse, on a $p \in I$. Soit R un p-groupe de Sylow de P. Nous allons distinguer deux cas:

a) R est distingué dans P. C'est alors l'unique p-groupe de Sylow de P, et il est distingué dans E. On a les extensions:

$$1 \longrightarrow R \longrightarrow E \longrightarrow E/R \longrightarrow 1$$

$$1 \longrightarrow P/R \longrightarrow E/R \longrightarrow W \longrightarrow 1 \ .$$

Comme $\mathrm{Card}(P/R) < \mathrm{Card}(P)$, l'hypothèse de récurrence montre que l'homomorphisme $f : G \to W$ donné se relève en $g : G \to E/R$. D'autre part, puisque R est un p-groupe, la prop. 16 du n° 3.4 montre que g se relève en $h : G \to E$. On a bien ainsi relevé f.

b) R n'est pas distingué dans P. Soit E' le normalisateur de R dans E, et soit P' le normalisateur de R dans P. On a $P' = E' \cap P$. D'autre part, l'image de E' dans W est égale à W tout entier. En effet, si $x \in E$, il est clair que $x\,R\,x^{-1}$ est un p-groupe de Sylow de P, et la conjugaison des groupes de Sylow entraîne l'existence d'un $y \in P$ tel que $x\,R\,x^{-1} = y\,R\,y^{-1}$. On a alors $y^{-1}x \in E'$, ce qui montre que $E = P \cdot E'$, d'où notre assertion. On déduit de là l'extension:

$$1 \longrightarrow P' \longrightarrow E' \longrightarrow W \longrightarrow 1 \ .$$

Comme $\mathrm{Card}(P') < \mathrm{Card}(P)$, l'hypothèse de récurrence montre que le morphisme $f : G \to W$ se relève en $h : G \to E'$, et comme E' est un sous-groupe de E, cela achève la démonstration.

Corollaire 1. *Toute extension de G par un groupe profini P dont l'ordre n'est divisible que par des nombres premiers appartenant à I est scindée.*

Le cas où P est fini se déduit directement de la proposition précédente et du lemme 2 du n° 1.2. On passe de là au cas général par Zornification, comme au n° 3.4 (voir aussi exerc. 3).

Remarque.

Le corollaire précédent redonne le fait qu'une extension d'un groupe fini A par un groupe fini B est scindée lorsque les ordres de A et de B sont premiers entre eux (cf. Zassenhaus, [189], Chap. IV, § 7).

Un groupe profini G est dit *projectif* (dans la catégorie des groupes profinis) s'il a la propriété de relèvement pour toute extension; cela revient à dire que, pour tout morphisme surjectif $f : G' \to G$, où G' est profini, il existe un morphisme $r : G \to G'$ tel que $f \circ r = 1$.

Corollaire 2. *Si G est un groupe profini, les propriétés suivantes sont équivalentes:*
(i) *G est projectif.*
(ii) *$\mathrm{cd}(G) \leq 1$.*
(iii) *Pour tout nombre premier p, les p-groupes de Sylow de G sont des pro-p-groupes libres.*

L'équivalence (ii) $\Leftrightarrow$ (iii) est connue. L'implication (i) $\Rightarrow$ (ii) est claire (cf. prop. 16). L'implication (ii) $\Rightarrow$ (i) résulte du cor. 1, appliqué au cas où I est l'ensemble de tous les nombres premiers.

Exemples de groupes projectifs: (a) le complété d'un groupe libre (discret) pour la topologie des sous-groupes d'indice fini; (b) un produit direct $\prod_p F_p$, où chaque F_p est un pro-p-groupe libre.

Proposition 46. *Les hypothèses étant celles de la prop.* 45, *soit*

$$1 \longrightarrow A \longrightarrow B \longrightarrow C \longrightarrow 1$$

une suite exacte de G-groupes. Supposons que A soit fini, et que tout nombre premier divisant l'ordre de A appartienne à I. Alors l'application canonique $H^1(G, B) \to H^1(G, C)$ *est surjective.*

Soit (c_s) un cocycle de G à valeurs dans C. Si π désigne l'homomorphisme $B \to C$, soit E l'ensemble des couples (b, s), avec $b \in B$, $s \in G$, tels que $\pi(b) = c_s$. On munit E de la loi de composition suivante (cf. exerc. 1 du n° 5.1):

$$(b, s) \cdot (b', s') = (b \cdot {}^s b', ss') \, .$$

Le fait que $c_{ss'} = c_s \cdot {}^s c_{s'}$ montre que $\pi(b \cdot {}^s b') = c_{ss'}$, ce qui rend licite la définition précédente. On vérifie tout de suite que E, muni de cette loi de composition et de la topologie induite par celle du produit $B \times G$, est un groupe compact. On a des morphismes évidents $A \to E$ et $E \to G$, qui font de E *une extension de G par A*. Vu le corollaire 1 à la prop. 45, cette extension est scindée. Il existe donc une section continue $s \mapsto e_s$ qui est un morphisme de G dans E. Si l'on écrit $e_s \in E$ sous la forme (b_s, s), le fait que $s \mapsto e_s$ soit un morphisme se traduit par le fait que b_s est un cocycle de G dans B relevant le cocycle c_s donné. D'où la proposition.

Corollaire. *Soit* $1 \to A \to B \to C \to 1$ *une suite exacte de G-groupes. Si A est fini, et si* cd$(G) \le 1$, *l'application canonique* $H^1(G, B) \to H^1(G, C)$ *est surjective.*

C'est le cas particulier où I est l'ensemble de tous les nombres premiers.

Exercices.

1) Soit $1 \to A \to B \to C \to 1$ une suite exacte de G-groupes, avec A abélien fini. Le procédé utilisé dans la démonstration de la prop. 46 attache à tout $c \in Z^1(G, C)$ une extension E_c de G par A. Montrer que l'action de G sur A déduite de cette extension est celle de ${}_c A$, et que l'image de E_c dans $H^2(G, {}_c A)$ est égale à l'élément $\Delta(c)$ défini au n° 5.6.

2) Soit A un G-groupe fini, d'ordre premier à l'ordre de G. Montrer que l'on a $H^1(G, A) = 0$. [Se ramener au cas fini, où le résultat est connu: c'est une conséquence du théorème de Feit-Thompson disant que les groupes d'ordre impair sont résolubles.]

3) Soit $1 \to P \to E \to G \to 1$ une extension de groupes profinis, où G et P satisfont aux hypothèses du cor. 1 à la prop. 45. Soit E' un sous-groupe fermé de E se projetant sur G, et minimal pour cette propriété (cf. n° 1.2, exerc. 2); soit $P' = P \cap E'$. Montrer que $P' = 1$. [Sinon, il existerait un sous-groupe ouvert P'' de P', normal dans E', avec $P'' \ne P'$. En appliquant la prop. 45 à l'extension $1 \to P'/P'' \to E'/P'' \to G \to 1$, on en déduirait un relèvement de G dans E'/P'', d'où un sous-groupe fermé E'' de E', se projetant sur G, et tel que $E'' \cap P' = P''$; cela contredirait le caractère minimal de E'.] En déduire une autre démonstration du cor. 1 à la prop. 45.

4) (a) Soit P un groupe profini. Démontrer l'équivalence des propriétés suivantes:
(i) P est limite projective de groupes nilpotents finis.
(ii) P est produit direct de pro-p-groupes.

(iii) Pour tout p premier, P a un seul p-groupe de Sylow.

Un tel groupe est dit *pronilpotent*.

(b) Soit $f : G \to P$ un morphisme surjectif de groupes profinis. On suppose que P est pronilpotent. Montrer qu'il existe un sous-groupe pronilpotent P' de G tel que $f(P') = P$. [Ecrire P comme quotient d'un produit $F = \prod_p F_p$, où les F_p sont des pro-p-groupes libres, et relever $F \to G$ en $F \to G$ grâce au cor. 2 de la prop. 45.]

Lorsque P et G sont des groupes finis, on retrouve un résultat connu, cf. Huppert [74], III.3.10.)

5) Montrer que tout sous-groupe fermé d'un groupe projectif est projectif.

Indications bibliographiques sur le Chapitre I

La presque totalité des résultats des §§ 1, 2, 3, 4 est due à Tate. Tate lui-même n'a rien publié; toutefois, certains de ses résultats ont été rédigés par Lang, puis par Douady (cf. [47], [97], [98]). D'autres (notamment les démonstrations reproduites au n° 4.5) m'ont été communiqués directement.

Exceptions: le n° 3.5 (module dualisant), et le n° 4.4 (théorème de Šafarevič).

Le § 5 (cohomologie non abélienne) est tiré d'un article de Borel-Serre [18]; il est directement inspiré de la cohomologie non abélienne des faisceaux; sous ce rapport, l'exposé fait par Grothendieck à Kansas [58] est particulièrement utile.

Annexe 1. (J. Tate) – Quelques théorèmes de dualité

Traduction libre d'une lettre datée du 28 mars 1963

... Tu es inutilement prudent en ce qui concerne le module dualisant: aucune hypothèse de finitude n'est nécessaire. De façon générale, soit R un anneau topologique dans lequel les idéaux bilatères ouverts forment un système fondamental de voisinages de 0. Si I est un tel idéal et si M est un R-module, soit $M_I = \mathrm{Hom}_R(R/I, M)$ le sous-module de M formé des éléments annulés par I. Soit $C(R)$ la catégorie des R-modules M qui sont réunions des M_I. Soit $T : C(R)^0 \to$ (Ab) un foncteur additif contravariant transformant limites inductives en limites projectives. *Un tel foncteur T est exact à gauche si et seulement si il est représentable.* Lorsque R est discret, ce résultat est bien connu: l'application $M = \mathrm{Hom}_R(R, M) \to \mathrm{Hom}(T(M), T(R))$ définit un morphisme de foncteurs

$$a_M : T(M) \longrightarrow \mathrm{Hom}_R(M, T(R))$$

qui est bijectif lorsque M est libre, donc aussi pour tout M si T est exact à gauche (utiliser une résolution libre de M). Dans le cas général, si I est un idéal bilatère ouvert de R, la catégorie $C(R/I)$ est une sous-catégorie pleine de $C(R)$, et le foncteur d'inclusion $C(R/I) \to C(R)$ est exact et commute à $\varinjlim$. Il s'ensuit que, si T est exact à gauche, il en est de même de sa restriction à $C(R/I)$, et, pour tout $M \in C(R/I)$, on a un isomorphisme foncteriel

$$(*) \qquad\qquad T(M) \longrightarrow \mathrm{Hom}_R(M, T(R/I)) \ .$$

Si l'on applique ceci à $M = R/I_0$, où $I_0 \supset I$, on voit que $T(R/I_0) = T(R/I)_{I_0}$. En posant $E = \lim_{I \to 0} T(R/I)$, on en déduit $T(R/I_0) = E_{I_0}$; appliquant la formule $(*)$ à I_0, on en tire

$$T(M) = \mathrm{Hom}_R(M, E) \quad \text{pour tout } M \in C(R/I_0).$$

Enfin, si M est arbitraire, on a:

$$T(M) = \varprojlim T(M_{I_0}) = \varprojlim \mathrm{Hom}_R(M_{I_0}, E) = \mathrm{Hom}_R(M, E) \ .$$

Bien entendu, l'additivité de T suffit à définir le morphisme foncteriel

$$a_M : T(M) \longrightarrow \mathrm{Hom}_R(M, E) \ ,$$

et le bon énoncé consiste à dire que les trois propriétés suivantes sont équivalentes:

(i) T exact à gauche, $T \circ \varinjlim = \varprojlim \circ T$
(ii) T semi-exact, $(T \circ \varinjlim) \to (\varprojlim \circ T)$ surjectif, et a_M est injectif pour tout M
(iii) a_M est bijectif pour tout M.

$$* * *$$

Soit maintenant G un groupe profini. Si $A \in C_G$ et si S est un sous-groupe fermé de G, on posera:

$$D_r(S, A) = \varinjlim_{V \supset S} H^r(V, A)^* \, ,$$

la limite étant prise sur les sous-groupes ouverts V de G contenant S, et par rapport aux transposés Cor^* des homomorphismes de corestriction. [On rappelle que, si B est un groupe abélien, on note B^* le groupe $\mathrm{Hom}(B, \mathbf{Q}/\mathbf{Z})$.] Les $D_r(S, A)$ forment un foncteur homologique contravariant: à toute suite exacte $0 \to A' \to A \to A'' \to 0$ correspond une suite exacte:

$$\cdots \longrightarrow D_r(S, A) \longrightarrow D_r(S, A') \longrightarrow D_{r-1}(S, A'') \longrightarrow D_{r-1}(S, A) \longrightarrow \cdots$$

On pose $D_r(A) = D_r(\{1\}, A)$; du fait que G/U opère sur $H^r(U, A)$, on a $D_r(A) \in C_G$. En particulier, posons:

$$E_r = D_r(\mathbf{Z}) = \varinjlim H^r(G, \mathbf{Z}[G/U])^*$$
$$E'_r = \varinjlim_m D_r(\mathbf{Z}/m\mathbf{Z}) = \varinjlim_{U,m} H^r(G, (\mathbf{Z}/m\mathbf{Z})[G/U])^* \, .$$

On peut appliquer ce qu'on a dit au début aux anneaux topologiques

$$R = \mathbf{Z}[G] = \varprojlim \mathbf{Z}[G/U] \quad \text{et} \quad R' = \widehat{\mathbf{Z}}[G] = \varprojlim (\mathbf{Z}/m\mathbf{Z})[G/U] \, .$$

On a $C(R) = C_G$, $C(R') = C_G^t$. D'où (en prenant pour T le foncteur $H^r(G, \ )^*$) des morphismes fonctoriels

$$a_M : H^r(G, M)^* \longrightarrow \mathrm{Hom}_G(M, E_r) \quad \text{pour } M \in C_G$$
$$a'_M : H^r(G, M)^* \longrightarrow \mathrm{Hom}_G(M, E'_r) \quad \text{pour } M \in C_G^t.$$

Comme T transforme $\varinjlim$ en $\varprojlim$, on en déduit l'équivalence des trois conditions suivantes:

a_M est bijectif pour tout $M \in C_G$,
a_M est injectif pour tout $M \in C_G$,
$\mathrm{scd}(G) \le r$.

Même chose en remplaçant a_M par a'_M, C_G par C_G^t, et $\mathrm{scd}(G)$ par $\mathrm{cd}(G)$.

Supposons maintenant $\mathrm{cd}(G) \le r$. On a alors:

$$E_{r+1} = D_{r+1}(\mathbf{Z}) = D_r(\mathbf{Q}/\mathbf{Z}) = \varinjlim H^r(U, \mathbf{Q}/\mathbf{Z})^*$$
$$= \varinjlim \mathrm{Hom}_U(\mathbf{Q}/\mathbf{Z}, E'_r) = \bigcup \mathrm{Hom}(\mathbf{Q}/\mathbf{Z}, E'_r)^U \, .$$

On retrouve ainsi ton critère:

$$\mathrm{scd}_p(G) = r + 1 \iff (E'_r)^U \text{ contient un sous-groupe isomorphe à } \mathbf{Q}_p/\mathbf{Z}_p.$$

Exemple: $G = \widehat{\mathbf{Z}}$, $E'_1 = \mathbf{Q}/\mathbf{Z}$, d'où $E_2 = \mathrm{Hom}(\mathbf{Q}/\mathbf{Z}, \mathbf{Q}/\mathbf{Z}) = \widehat{\mathbf{Z}}$. On en conclut que, pour tout $M \in C_G$, on a:

$$H^2(G, M)^* = \mathrm{Hom}_G(M, \widehat{\mathbf{Z}}) \, .$$

Si $\mathrm{cd}(G) = \mathrm{scd}(G) = r$, alors bien sûr E'_r est le sous-module de torsion de E_r. Exemple: si $G = G(\overline{\mathbf{Q}}_p/\mathbf{Q}_p)$, la théorie du corps de classes local montre que $E_2 = \varprojlim \widehat{K}^*$, où $\widehat{K}^*$ désigne la compactification naturelle du groupe multiplicatif K^*, le corps K parcourant l'ensemble des extensions finies de $\mathbf{Q}_p$; le groupe $\mu = E'_2$ est bien le sous-groupe de torsion de E_2.

***

Passons à un *théorème de dualité*. Le mieux que je puisse faire est le drôle de fourbi suivant:

Définition. Si $A \in C_G$, on dit que $cd(G, A) \leq n$ si $H^r(S, A) = 0$ pour tout $r > n$ et tout sous-groupe fermé S de G.

Lemme 1. *Soit $A \in C_G$. Les trois propriétés suivantes sont équivalentes:*

(i) $cd(G, A) = 0$.

(ii) *Pour tout sous-groupe ouvert distingué U de G, le G/U-module A^U est cohomologiquement trivial.*

(iii) *Pour tout couple U, V, avec $V \supset U$, formé de sous-groupes ouverts distingués de G, l'homomorphisme*

$$N : H_0(V/U, A^U) \longrightarrow H^0(V, U, A^U)$$

défini par la trace est bijectif.

L'équivalence de (ii) et (iii) résulte du th. 8, p. 152, de [145], appliqué à $q = -1, 0$. D'autre part, si (i) est vérifié, la suite spectrale $H^p(V/U, H^q(U, A)) \Rightarrow H(V, A)$ dégénère; comme sa limite est triviale, on en conclut que $H^p(V/U, A^U) = 0$ pour $p \neq 0$, d'où (ii). Inversement, si (ii) est vérifié, on a:

$$H^p(V, A) = \varprojlim H^p(V/U, A^U) = 0 \quad \text{pour } p \neq 0,$$

d'où $H^p(S, A) = \varinjlim_{V \supset S} H^p(V, A) = 0$ pour tout sous-groupe fermé S de G, ce qui démontre (i).

Soit maintenant $A \in C_G$, et soit

$$0 \longrightarrow A \longrightarrow X^0 \longrightarrow X^1 \longrightarrow \cdots$$

une résolution canonique de A, par exemple celle donnée par les cochaînes homogènes continues (non nécessairement "équivariantes"). Soit Z^n le groupe des cocycles de X^n. On a la suite exacte:

$$(1) \qquad 0 \longrightarrow A \longrightarrow X^0 \longrightarrow X^1 \longrightarrow \cdots \longrightarrow X^{n-1} \longrightarrow Z^n \longrightarrow 0 .$$

Lemme 2. $cd(G, A) \leq n \iff cd(G, Z^n) = 0$.

En effet, pour tout $r \neq 0$, on a:

$$H^r(S, Z^n) = H^{r+1}(S, Z^{n-1}) = \cdots = H^{r+n}(S, A) .$$

Théorème 1. *Si $cd(G, A) \leq n$, on a une suite spectrale de type homologique:*

$$(2) \qquad E^2_{pq} = H_p(G/U, H^{n-q}(U, A)) \Longrightarrow H_{p+q} = H^{n-(p+q)}(G, A) ,$$

associée à tout sous-groupe ouvert distingué U de G.

De plus cette suite spectrale est fonctorielle en U: si $V \subset U$, l'homomorphisme $H_p(G/V, H^{n-q}(V, A)) \to H_p(G/U, H^{n-q}(U, A))$ à considérer est celui qui provient de $G/V \to G/U$ et de l'homomorphisme $\text{Cor} : H^{n-q}(V, A) \to H^{n-q}(U, A)$.

Corollaire. *Si $cd(G, A) \leq n$, pour tout sous-groupe fermé distingué N de G il existe une suite spectrale de type cohomologique:*

$$(3) \qquad E_2^{pq} = H^p(G/N, D_{n-q}(N, A)) \Longrightarrow H^{n-(p+q)}(G, A)^* .$$

En particulier, pour $N = \{1\}$:

$$(4) \qquad H^p(G, D_{n-q}(A)) \Longrightarrow H^{n-(p+q)}(G, A)^* .$$

Le corollaire se déduit du théorème 1 en appliquant le foncteur dualité *, en utilisant la dualité pour la cohomologie des groupes finis [i.e. la formule $H_p(G/U, B)^* = H^p(G/U, B^*)$, cf. [25], p. 249–250], et en prenant la limite inductive pour les U contenant N.

Le théorème 1 lui-même n'est pas difficile à démontrer. On considère le complexe:

$$(5) \qquad 0 \longrightarrow (X^0)^U \longrightarrow (X^1)^U \longrightarrow \cdots \longrightarrow (X^{n-1})^U \longrightarrow (Z^n)^U \longrightarrow 0$$

déduit de (1). On le récrit sous forme homologique:

$$(6) \qquad 0 \longrightarrow Y_n \longrightarrow Y_{n-1} \longrightarrow \cdots \longrightarrow Y_1 \longrightarrow Y_0 \longrightarrow 0 \,.$$

On a donc $H_q(Y.) = H^{n-q}(U, A)$ pour tout q.

Appliquons maintenant à $Y.$ le foncteur "chaînes par rapport à G/U". On obtient un complexe double $C..$ de type homologique:

$$C_{p,q} = C_p(G/U, Y_q) \,.$$

Passant à l'homologie "dans la direction de q", on trouve $C_p(G/U, H^{n-q}(U, A))$ puisque C_p est un foncteur exact. Prenant ensuite l'homologie dans la direction de p, on obtient le terme $E^2_{pq} = H_p(G/U, H^{n-q}(U, A))$ cherché. D'autre part, si l'on prend d'abord l'homologie par rapport à p, on trouve $H_p(G/U, Y_q)$. Ces groupes sont nuls pour $p \neq 0$ à cause des lemmes 1 et 2; les mêmes lemmes montrent que, pour $p = 0$, on a:

$$H_0(G/U, Y_q) = H^0(G/U, Y_q) = Y_q^{G/U} = ((X^{n-q})^U)^{G/U} = (X^{n-q})^G \,.$$

On obtient ainsi un complexe dont la (co)homologie est $H^{n-q}(G, A)$, comme on le désirait. D'où le théorème.

Applications:

Théorème 2. *Soit G un groupe profini et soit n un entier ≥ 0. Les conditions suivantes sont équivalentes:*

   (i) $\mathrm{scd}(G) = n$, $E_n = D_n(\mathbf{Z})$ *est divisible, et* $D_q(\mathbf{Z}) = 0$ *pour* $q < n$.
   (ii) $\mathrm{scd}(G) = n$, $D_q(A) = 0$ *pour* $q < n$ *lorsque* $A \in C_G$ *est de type fini sur* $\mathbf{Z}$.
   (iii) $H^r(G, \mathrm{Hom}(A, E_n)) = H^{n-r}(G, A)^*$ *pour tout* r, *et pour tout* $A \in C_G$ *de type fini sur* $\mathbf{Z}$.

De même:

Théorème 3. *Les conditions suivantes sont équivalentes:*

   (i) $\mathrm{cd}(G) = n$, $D_q(\mathbf{Z}/p\mathbf{Z}) = 0$ *pour* $q < n$ *et tout nombre premier* p.
   (ii) $\mathrm{cd}(G) = n$, $D_q(A) = 0$ *pour* $q < n$ *et tout* $A \in C_G^f$.
   (iii) $H^r(G, \mathrm{Hom}(A, E_n')) = H^{n-r}(G, A)^*$ *pour tout* r *et tout* $A \in C_G^f$.

Note que $D_1(\mathbf{Z})$ est toujours nul et que $D_0(\mathbf{Z}) = 0$ si l'ordre de G est divisible par p^∞ pour tout p. Ainsi, si $\mathrm{scd}(G) = 2$, le groupe G vérifie les conditions du théorème 2 (pour $n = 2$) si et seulement si E_2 est divisible. C'est le cas pour $G(\overline{\mathbf{Q}}_p/\mathbf{Q}_p)$ par exemple. Ce n'est *pas* le cas pour $G(\overline{k}/k)$, où k est un corps de nombres totalement imaginaire. Too bad ...

Voici une application du théorème 3:

Si G est un pro-p-groupe analytique tel que $\mathrm{cd}_p(G) < \infty$, le théorème de dualité (iii) s'applique [i.e. G est un *groupe de Poincaré* dans la terminologie du n° 4.5]. En effet, on sait d'après Lazard que G contient un sous-groupe ouvert U qui est un groupe de Poincaré; comme les D_q sont les mêmes pour U et pour G, on en conclut que $D_q(\mathbf{Z}/p\mathbf{Z}) = 0$ pour $q < n$ et on applique (i) $\Rightarrow$ (iii) [Cet argument démontre en fait ceci: si G est un pro-p-groupe de dimension cohomologique finie contenant un sous-groupe ouvert qui est un groupe de Poincaré, alors G est lui-même un groupe de Poincaré.]

Annexe 2. (J-L. Verdier) – Dualité dans la cohomologie des groupes profinis

§ 1.   Modules induits et co-induits

Définitions 1.1. Soient G un groupe profini, V un sous-groupe ouvert, Y un V-module discret topologique. Le module induit $M_V^G(Y)$ a été défini au chap. 1, § 2, n° 5 (où il a été noté $M_G^V(Y) \ldots$). Le module co-induit ${}_G^V M(Y)$ est défini par:

$$ {}_G^V M(Y) = \mathbf{Z}(G) \otimes_{\mathbf{Z}(V)} Y \ . $$

C'est un G-module par l'intermédiaire du premier facteur. On vérifie que c'est un G-module discret topologique (c'est le module induit dans la terminologie de [145]).

Soit X un G-module discret, topologique. Désignant par X^0 le V-module sous-jacent, on posera $X_V = {}_G^V M(X^0)$ et ${}_V X = M_V^G(X^0)$. X_V est un foncteur en X. C'est aussi un foncteur covariant en V. Si V' est un sous-groupe ouvert de G contenu dans V, on définit de manière évidente une application $X_{V'} \to X_V$. De même ${}_V X$ est un foncteur covariant en X et contravariant en V.

On se propose d'étudier les foncteurs X_V et ${}_V X$.

Proposition 1.2. *Le bi-foncteur* $(V, X) \mapsto X_V$ *est canoniquement isomorphe au bi-foncteur:* $(V, X) \mapsto \mathbf{Z}(G/V) \otimes_{\mathbf{Z}} X$.

L'opération de G sur ce dernier module est:

$$ g : z \otimes x \mapsto gz \otimes gx \qquad\qquad g \in G, \ x \in X, \ z \in \mathbf{Z}(G/V). $$

De même le bi-foncteur ${}_V X$ est isomorphe au bi-foncteur:

$$ (V, X) \mapsto \mathrm{Hom}_{\mathbf{Z}}(\mathbf{Z}(G/V), X) \ , $$

où l'opération de G sur ce dernier module est:

$$ (ga)(z) = g(a(g^{-1}z)) \qquad a \in \mathrm{Hom}_{\mathbf{Z}}(\mathbf{Z}(G/V), X), \ z \in \mathbf{Z}(G/V), \ g \in G. $$

Indiquons simplement comment on définit les isomorphismes. Soit g^0 la classe, dans G/V, d'un élément de g de G. A tout élément $g \otimes x$ de X_V associons l'élément $g^0 \otimes gx$ de $\mathbf{Z}(G/V) \otimes_{\mathbf{Z}} X$. On vérifie qu'on définit ainsi un isomorphisme de X_V sur $\mathbf{Z}(G/V^0 \otimes_{\mathbf{Z}} X$, fonctoriel en X et en V. De même, à tout élément a de ${}_V X$, i.e. à toute application continue $a : G \to X$ vérifiant

$$ a(vg) = va(g) \qquad\qquad v \in V, \ g \in G, $$

associons l'application $\widehat{a} : G \to X : g \mapsto ga(g^{-1})$. On vérifie que l'application $\widehat{a}$ se factorise par G/V et que par suite elle définit un élément de $\mathrm{Hom}_{\mathbf{Z}}(\mathbf{Z}(G/V), X)$. On vérifie ensuite facilement que l'application ainsi définie est un isomorphisme fonctoriel en X et en V.

Par abus de notation, nous noterons encore X_V et ${}_V X$ les foncteurs $\mathbf{Z}(G/V) \otimes_{\mathbf{Z}} X$ et $\mathrm{Hom}_{\mathbf{Z}}(\mathbf{Z}(G/V), X)$. Les propriétés de ces foncteurs sont résumées dans la proposition suivante:

Proposition 1.3. 1) *Il existe des isomorphismes tri-fonctoriels*:

$$\mathrm{Hom}_G(X_V, Y) \xrightarrow{\sim} \mathrm{Hom}_G(X, {}_V Y) \xrightarrow{\sim} \mathrm{Hom}_V(X, Y) \ .$$

2) *Pour un sous-groupe ouvert V donné, il existe un isomorphisme fonctoriel en X:* $i_V : X_V \to {}_V X$. (Cet isomorphisme ne saurait évidemment pas être fonctoriel en V.)

3) *Les foncteurs $X \mapsto X_V$ et $X \mapsto {}_V X$ sont exacts en X et commutent aux limites inductives et projectives quelconques.*

4) *Lorsque X est un G-module injectif, les G-modules X_V et ${}_V X$ sont injectifs.*

5) *Soit V' un sous-groupe ouvert de G, contenant V et normalisant V. V' opère à droite sur $X_V \simeq \mathbf{Z}(G/V) \otimes_{\mathbf{Z}} X$ par l'intermédiaire de V'/V. Cette structure de V'-module à droite est fonctorielle en X. Elle est aussi fonctorielle en V au sens suivant. Soit U un sous-groupe ouvert de G contenu dans V et invariant dans V'. L'application canonique: $X_U \to X_V$ est compatible avec les structures de V'-modules.*

De même, V' opère à gauche sur ${}_V X = \mathrm{Hom}_{\mathbf{Z}}(\mathbf{Z}(G/V), X)$ par l'intermédiaire de V'/V. Les opérations de V' commutent aux opérations de G. Cette structure de V'-module à gauche est fonctorielle en X et en V.

De plus, si nous transformons le V'-module à droite X_V en un V'-module à gauche en posant: $v' * x = x v'^{-1}$, l'isomorphisme i_V de (2) est un isomorphisme de V'-modules.

6) *Pour la structure de V'/V-module à droite de X_V, on a:*

$$H_i(V'/V, X_V) = 0 \quad pour \quad i \neq 0 \quad et \quad H_0(V'/V, X_V) = X_{V'} \ ,$$

6)' *Pour la structure de V'/V-module à gauche de ${}_V X$, on a:*

$$H_i(V'/V, {}_V X) = 0 \quad pour \quad i \neq 0 \quad et \quad H^0(V'/V, {}_V X) = {}_{V'} X \ .$$

Démonstration. La première assertion est triviale à partir de la deuxième définition des foncteurs X_V et ${}_V X$. L'isomorphisme i_V de la deuxième assertion s'obtient en considérant la base canonique de $\mathbf{Z}(G/V)$. Les propriétés (3) et (4) se déduisent alors formellement des propriétés (1) et (2). La démonstration de (5) n'est qu'une suite de vérifications triviales. Démontrons les propriétés (6) et (6)'. $\mathbf{Z}(G/V)$ est un V'/V-module à droite induit. Donc X_V et ${}_V X$ sont des V'/V-modules induits. Reste à voir que $H_0(V'/V, X_V) = X_{V'}$ et que $H^0(V'/V, {}_V X) = {}_{V'} X$ ce qui est évident.

Nous utiliserons les modules induits pour construire des résolutions. De manière précise, soient X un G-module discret, X^0 le groupe abélien sous-jacent, $K^0(X) = M_G(X^0)$ le module induit correspondant, $\varepsilon(X) : X \to K^0(X)$ l'injection canonique, $Z^1(X) = \mathrm{coker}(\varepsilon(X))$, et $j^1(X) : K^0(X) \to Z^1(X)$ le morphisme canonique. Définissons alors par récurrence pour tout entier $i \geq 1$:

$$K^i(X) = K^0(Z^i(X)) \ , \quad \varepsilon^i = \varepsilon(Z^i(X)) \ ,$$
$$Z^{i+1}(X) = \mathrm{coker}(\varepsilon^i) \ , \quad j^{i+1} = j^1(Z^i(X)) \ ,$$
$$d^{i-1} = \varepsilon^i \circ j^i \ .$$

On a défini ainsi un complexe $K^*(X)$ fonctoriel en X, et un morphisme fonctoriel $\varepsilon : \mathrm{id} \to K^*$ faisant de $K^*(X)$ une résolution de X.

Proposition 1.4. K^* *est un foncteur covariant, additif, exact, commutant aux limites inductives filtrantes. Pour tout entier positif i et pour tout G-module discret X, le G-module $K^i(X)$ est cohomologiquement trivial (i.e. $\mathrm{cd}(G, K^i(X)) = 0$, cf. Annexe 1).*

La dernière assertion est évidente car les $K^i(X)$ sont des modules induits. Pour prouver la première assertion, il suffit de prouver que $K^0(X)$ est un foncteur exact en X et qu'il commute aux limites inductives filtrantes. Soit:

$$0 \longrightarrow X' \longrightarrow X \longrightarrow X'' \longrightarrow 0$$

une suite exacte de G-modules discrets. La suite:

$$0 \longrightarrow X'^0 \longrightarrow X^0 \longrightarrow X''^0 \longrightarrow 0$$

des groupes abéliens sous-jacents, est exacte.

On en déduit immédiatement que la suite:

$$0 \longrightarrow M_G(X'^0) \longrightarrow M_G(X^0) \longrightarrow M_G(X''^0) \longrightarrow 0$$

est exacte. Soit de même X_α un système inductif filtrant de G-modules discrets et $X = \varinjlim_\alpha X_\alpha$. Soit m le morphisme canonique

$$\varinjlim_\alpha (K^0(X_\alpha)) \longrightarrow K^0(X) \ .$$

Le morphisme m est évidemment injectif; montrons qu'il est surjectif. Pour cela, il suffit de montrer que toute application continue: $a : G \to X$, se factorise par un X_α. Or G étant compact et X discret, l'image de G par a est finie. Cette image est donc contenue dans l'image, dans X, d'un X_α.

Définition 1.5. Toute résolution de X, fonctorielle en X, possédant les propriétés de la proposition 1.4, sera appelée *foncteur résolvant* (cf. Tôhoku [59]).

Proposition 1.6. *Soient* (K_1^*, ε_1) *et* (K_2^*, ε_2) *deux foncteurs résolvants. Il existe un foncteur résolvant* (K_3^*, ε_3) *et deux morphismes de foncteurs résolvants*

$$m_1^3 : K_1^* \longrightarrow K_3^* \ , \qquad m_2^3 : K_2^* \longrightarrow K_3^* \ ,$$

tels que le diagramme suivant soit commutatif:

$$
\begin{array}{ccc}
\text{id} & \xrightarrow{\varepsilon_1} & K_1^* \\
\varepsilon_2 \downarrow & \searrow{\scriptstyle \varepsilon_3} \downarrow {\scriptstyle m_1^3} & \\
K_2^* & \xrightarrow{m_2^3} & K_3^*
\end{array}
$$

Soit $K_3^*(X)$ le complexe simple associé au double complexe: $K_1^i(K_2^j(X))$. Le foncteur K_1^* étant exact, le complexe $K_3^*(X)$ est acyclique sauf en dimension zéro. Le foncteur $X \mapsto K_3^*(X)$ est exact et commute aux limites inductives filtrantes. De plus pour tout entier $i \geq 0$, $K_3^i(X)$ est cohomologiquement trivial car il est somme directe de G-modules cohomologiquement triviaux. Enfin les morphismes d'injection des complexes $K_1^*(X)$ et $K_2^*(X)$ dans le double complexe $K_1^i(K_2^j(X))$ définissent des morphismes de complexes

$$m_1^3 : K_1^* \longrightarrow K_3^*$$

$$m_2^3 : K_2^* \longrightarrow K_3^*$$

fonctoriels en X, qui induisent un isomorphisme sur les objets de cohomologie, tels que le diagramme suivant soit commutatif:

$$
\begin{array}{ccc}
X & \xrightarrow{\varepsilon_1} & K_1^*(X) \\
\varepsilon_2 \downarrow & & \downarrow m_1^3 \\
K_2^*(X) & \xrightarrow{m_2^3} & K_3^*(X)
\end{array}
$$

ce qui permet de définir le morphisme ε_3 et achève la démonstration.

§ 2.   Homomorphismes locaux

Définition 2.1. Soient S un sous-groupe fermé de G, X et Y deux G-modules discrets. On posera:

$$\mathrm{Hom}_S(X,Y) = \varinjlim_{V \supset S} \mathrm{Hom}_V(X,Y) \xrightarrow{\sim} \varinjlim_{V \supset S} \mathrm{Hom}_G(X_V,Y) \xrightarrow{\sim} \varinjlim_{V \supset S} \mathrm{Hom}_G(X, {}_VY) \ ,$$

les limites inductives étant prises suivant le système projectif des sous-groupes ouverts V contenant S.

Le groupe $\mathrm{Hom}_S(X,Y)$ sera appelé le *groupe des homomorphismes locaux* en S. Lorsque $S = \{1\}$, on posera $\mathrm{Hom}_S(X,Y) = \mathrm{Hom}(X,Y)$.

Proposition 2.2. *Soit U un sous-groupe fermé de G, contenant S et normalisant S.*

1) *Le groupe U/S opère sur $\mathrm{Hom}_S(X,Y)$, faisant de $\mathrm{Hom}_S(X,Y)$ un U/S-module discret topologique; de plus:* $H^0(U/S, \mathrm{Hom}_S(X,Y)) = \mathrm{Hom}_U(X,Y)$.

2) *Si Y est injectif, on a* $\mathrm{cd}_{U/S}(\mathrm{Hom}_S(X,Y)) = 0$.

3) *Les foncteurs dérivés droits de $Y \mapsto \mathrm{Hom}_S(X,Y)$ (à valeurs dans la catégorie des U/S-modules) sont:*

$$\mathrm{Ext}_S^i(X,Y) = \varinjlim_{V \supset S} \mathrm{Ext}_V^i(X,Y) \xrightarrow{\sim} \varinjlim_{V \supset S} \mathrm{Ext}_G^i(X_V,Y) \xrightarrow{\sim} \varinjlim_{V \supset S} \mathrm{Ext}_G^i(X, {}_VY) \ .$$

Démonstration. 1) On vérifie sans difficultés que $\mathrm{Hom}(X,Y)$ est le plus grand sous-module de $\mathrm{Hom}_{\mathbf{Z}}(X,Y)$ sur lequel G opère continûment et que

$$\mathrm{Hom}(X,Y)^S = \mathrm{Hom}_S(X,Y) \ .$$

L'assertion s'en déduit immédiatement.

2) Il faut montrer que, pour tout sous-groupe U et tout entier $i > 0$,

$$H^i(U/S, \mathrm{Hom}_S(X,Y)) = 0 \ .$$

Or tout sous-groupe ouvert V' contenant S contient un sous-groupe ouvert V, contenant S et normalisé par U. On en déduit que

$$H^0(U/S, \mathrm{Hom}_S(X,Y)) = \varinjlim_{V \supset S} H^0(U \cdot V/V, \mathrm{Hom}_V(X,Y)) \ ,$$

la limite étant prise sur les sous-groupes V normalisés par U. Par suite, d'après chap. I, § 1, prop. 8, on peut supposer que S est ouvert.

Soit $Z^\bullet$ une résolution (indexée par les entiers négatifs) du U/S-module $\mathbf{Z}$, par des U/S-modules libres de type fini. On a alors:

$$H^*(U/S, \mathrm{Hom}_S(X,Y)) = H^*(\mathrm{Hom}_{U/S}^\bullet(Z^\bullet, \mathrm{Hom}_S(X,Y)))^{\,1} \ .$$

Mais, S étant ouvert, on a $\mathrm{Hom}_S(X,Y) = \mathrm{Hom}_S(X,Y)$. Il vient alors en utilisant les isomorphismes canoniques:

$$H^*(U/S, \mathrm{Hom}_S(X,Y)) = H^*(\mathrm{Hom}_U^\bullet(X, \mathrm{Hom}_{\mathbf{Z}}^\bullet(Z^\bullet, Y))) \ .$$

Les termes du complexe $Z^\bullet$ sont des sommes directes de modules isomorphes à $\mathbf{Z}(U/S)$. Par suite, les termes du complexe $\mathrm{Hom}_{\mathbf{Z}}^\bullet(Z^\bullet, Y)$ sont des sommes directes de modules

---

[1] $\mathrm{Hom}_{U/S}^\bullet$ désigne le complexe des morphismes.

isomorphes à $\mathrm{Hom}_{\mathbf{Z}}(\mathbf{Z}(U/S), Y)$. Or Y est G-injectif, donc U-injectif. Par suite, d'après la prop. 1.3, le U-module $\mathrm{Hom}_{\mathbf{Z}}(\mathbf{Z}(U/S), Y)$ est injectif. Les termes du complexe $\mathrm{Hom}_{\mathbf{Z}}^{\bullet}(Z^{\bullet}, Y)$ sont donc des U-modules injectifs. De plus, les modules de cohomologie de ce complexe sont tout nuls, sauf en dimension zéro où l'on a $H^0(\mathrm{Hom}_{\mathbf{Z}}^{\bullet}(Z^{\bullet}, Y)) = Y$. Le complexe $\mathrm{Hom}_{\mathbf{Z}}^{\bullet}(Z^{\bullet}, Y)$ est donc une résolution injective du U-module Y. On a donc

$$H^{*}(U/S, \mathrm{Hom}_{S}(X, Y)) = \mathrm{Ext}_{U}^{*}(X, Y) .$$

Mais Y, étant G-injectif, est U-injectif, c.q.f.d.

3) L'assertion est claire.

Corollaire 2.3. *Il existe une suite spectrale*:

$$E_{2}^{p,q} = H^{p}(U/S, \mathrm{Ext}_{S}^{q}(X, Y)) \Longrightarrow \mathrm{Ext}_{U}^{p+q}(X, Y) .$$

C'est la suite spectrale des foncteurs composés (prop. 2.2, (1)) qui s'applique ici à cause de la prop. 2.2, (2).

Proposition 2.4. *Lorsque X est de type fini* (en tant que groupe abélien ou bien en tant que G-module, c'est la même chose), *ou bien lorsque S est ouvert, on a*:

$$\mathrm{Hom}_{S}(X, Y) = \mathrm{Hom}_{S}(X, Y) \qquad et \qquad \mathrm{Ext}_{S}^{i}(X, Y) = \mathrm{Ext}_{S}^{i}(X, Y) .$$

Le cas S ouvert est trivial. Supposons que X soit de type fini. Le groupe G opère alors sur X, par l'intermédiaire de G/V' où V' est un sous-groupe ouvert invariant assez petit. On en déduit que pour tout sous-groupe ouvert V assez petit:

$$\mathrm{Hom}_{V}(X, Y) = \mathrm{Hom}_{\mathbf{Z}}(X, Y^{V})$$

et par suite, X étant de type fini en tant que groupe abélien:

$$\mathrm{Hom}(X, Y) = \mathrm{Hom}_{\mathbf{Z}}(X, Y) .$$

La proposition s'en déduit aisément.

Corollaire 2.5. *Lorsque U est ouvert* (par exemple $U = G$), *la suite spectrale 2.3 devient*:
$$H^{p}(U/S, \mathrm{Ext}_{S}^{q}(X, Y)) \Longrightarrow \mathrm{Ext}_{U}^{p+q}(X, Y) .$$

Lorsque X est de type fini, ou bien lorsque S est ouvert, cette suite spectrale devient:

$$H^{p}(U/S, \mathrm{Ext}_{S}^{q}(X, Y) \Longrightarrow \mathrm{Ext}_{U}^{p+q}(X, Y) .$$

En particulier, lorsque X est de type fini, on a:

$$H^{p}(U, \mathrm{Ext}_{\mathbf{Z}}^{q}(X, Y)) \Longrightarrow \mathrm{Ext}_{U}^{p+q}(X, Y) .$$

Cette suite spectrale fournit la suite exacte illimitée:

$$0 \to H^{1}(U, \mathrm{Hom}_{\mathbf{Z}}(X, Y) \to \mathrm{Ext}_{U}^{1}(X, Y)$$
$$\to H^{0}(U, \mathrm{Ext}_{\mathbf{Z}}(X, Y) \xrightarrow{\delta} H^{2}(U, \mathrm{Hom}_{\mathbf{Z}}(X, Y)) \to \cdots$$
$$\cdots \to H^{p}(U, \mathrm{Hom}_{\mathbf{Z}}(X, Y)) \to \mathrm{Ext}_{U}^{p}(X, Y)$$
$$\to H^{p-1}(U, \mathrm{Ext}_{\mathbf{Z}}(X, Y)) \xrightarrow{\delta} H^{p+1}(U, \mathrm{Hom}_{\mathbf{Z}}(X, Y)) \to \cdots$$

Remarques 2.6.

1) Soit V un sous-groupe ouvert invariant de G. Pour tout couple de G-modules X et Y, le groupe abélien $\text{Ext}_V^i(X, Y)$ est muni d'une structure de G/V-module. Cette structure de G/V-module peut se définir simplement de la manière suivante: $\text{Ext}_V^i(X, Y)$ est fonctoriellement isomorphe à $\text{Ext}_G^i(X_V, Y)$. Or, (prop. 1.3 (5)) X_V est muni d'une structure de G/V-module à droite. On en déduit que, pour tout foncteur contravariant F, à valeur dans la catégorie des groupes abéliens, $F(X_V)$ est un G/V-module à gauche. Soit S un sous-groupe fermé de G, invariant. La remarque précédente nous permet d'obtenir facilement la structure de G/S-module de $\text{Ext}_S^i(X, Y)$. En effet, le G/S-module $\text{Ext}_S^i(X, Y)$ est la limite inductive des G/S-modules $\text{Ext}_V^i(X, Y)$, la limite étant prise sur les sous-groupes ouverts V invariants et contenant S.

2) Lorsque $X = \mathbf{Z}$, $\text{Ext}_V^i(\mathbf{Z}, Y) = H^i(V, Y)$ est donc muni d'une structure de G/V-module. Supposons que G opère trivialement sur Y. La structure de G/V-module de $H^i(V, Y)$ est alors déduite des opérations de G sur V par automorphismes intérieurs.

3) Soient V un sous-groupe ouvert de G, X un G-module. On a alors les isomorphismes:

$$H^i(V, X) \xrightarrow{\sim} H^i(G, {}_V X) \xrightarrow{\sim} H^i(G, X_V) \, ,$$

le premier isomorphisme étant défini à partir des isomorphismes de la prop. 1.3 (1), le second étant défini à l'aide de l'isomorphisme de la prop. 1.3 (2), $i_V : X_V \to {}_V X$. Soit V' un sous-groupe ouvert invariant de G, contenu dans V. L'homomorphisme canonique: ${}_V X \to {}_{V'} X$ définit un homomorphisme canonique: $H^i(V, X) \to H^i(V', X)$, qui n'est autre que la *restriction*. De même, l'homomorphisme canonique: $X_{V'} \to X_V$ définit un homomorphisme: $H^i(V', X) \to H^i(V, X)$ qui n'est autre que la *corestriction*.

§ 3.   Le théorème de dualité

Nous noterons C l'une des catégories:

– C_G catégorie des G-modules discret topologiques,

– C_G^t sous-catégorie pleine de C_G des G-modules de torsion,

– C_G^p sous-catégorie pleine de C_G des G-modules de p-torsion.

Pour simplifier l'écriture, le foncteur $H^0(G, \ )$ sera noté Γ.

Soient $X^\bullet$ et $Y^\bullet$ deux complexes d'une catégorie additive quelconque. $\text{Hom}^\bullet(X^\bullet, Y^\bullet)$ désignera le complexe simple des morphismes de $X^\bullet$ dans $Y^\bullet$.

Lorsqu'on utilisera un foncteur résolvant (Définition 1.5), il s'agira toujours d'un foncteur résolvant à valeur dans C et non pas seulement à valeur dans C_G. Le foncteur $K^\bullet$ de la prop. 1.4 est, lorsque l'argument est un objet de C, à valeur dans C).

Proposition 3.1. *Soient A un groupe abélien, $X \mapsto K^\bullet(X)$ un foncteur résolvant.*

1) *Le foncteur $X \mapsto \text{Hom}_{\text{Ab}}^\bullet(\Gamma K^\bullet(X), A)$ de C à valeur dans les complexes de groupes abéliens, est représentable. En d'autres termes, il existe un complexe $\widetilde{\Gamma}_C(A)$ d'objets de C et un isomorphisme de foncteurs:*

$$\Delta : \text{Hom}_{\text{Ab}}^\bullet(\Gamma K^\bullet(X), A) \xrightarrow{\sim} \text{Hom}_C^\bullet(X, \widetilde{\Gamma}_C(A)) \, .$$

Le complexe $\widetilde{\Gamma}_C(A)$ est fonctoriel en A. Le foncteur: $A \mapsto \widetilde{\Gamma}_C(A)$ est unique à isomorphisme unique près.

2) *Le complexe $\widetilde{\Gamma}_C(A)$ ne dépend pas, à homotopie près, du foncteur résolvant choisi.*

3) *Lorsque A est un groupe abélien injectif, les objets du complexe $\widetilde{\Gamma}_C(A)$ sont injectifs.*

4) *Soit $X \mapsto K^*(X)$ un foncteur résolvant de C_G, qui, lorsque X est un objet de C_G^t (resp. de C_G^p), est à valeur dans C_G^t (resp. C_G^p). $\widetilde{\Gamma}_{C_G^t}(A)$ est le sous-complexe de torsion de $\widetilde{\Gamma}_{C_G}(A)$. Le complexe $\widetilde{\Gamma}_{C_G^p}(A)$ est la partie p-primaire de $\widetilde{\Gamma}_{C_G^t}(A)$.*

5) *Lorsque A est un groupe abélien injectif, les objets de cohomologie de $\widetilde{\Gamma}_C(A)$ sont donnés par les formules suivantes:*

a) $C = C_G$

$$H^{-q}(\widetilde{\Gamma}_{C_G}(A)) = \varinjlim_{V,\mathrm{cor}} \mathrm{Hom}_{\mathbf{Z}}(H^q(V,\mathbf{Z}),A) \ ,$$

la limite inductive étant prise sur les sous-groupes ouverts et les morphismes de core-strictions. La structure de G-module est définie par la structure de G-module à droite de $H^q(V,\mathbf{Z})$ lorsque V est invariant dans G.

b) $C = C_G^t$

$$H^{-q}(\widetilde{\Gamma}_{C_G^t}(A)) = \varinjlim_{V,\mathrm{cor},m} \mathrm{Hom}_{\mathbf{Z}}(H^q(V,\mathbf{Z}/m\mathbf{Z}),A)$$

c) $C = C_G^p$

$$H^{-q}(\widetilde{\Gamma}_{C_G^p}(A)) = \varinjlim_{V,\mathrm{cor},m} \mathrm{Hom}_{\mathbf{Z}}(H^q(V,\mathbf{Z}/p^m\mathbf{Z}),A)$$

Démonstration. 1) D'après les propriétés des foncteurs résolvants (Définition 1.5) le foncteur: $X \mapsto \mathrm{Hom}(\Gamma K^i(X),A)$ est contravariant, exact à gauche, et il transforme limite inductive filtrante en limite projective filtrante. Comme la catégorie C est locale-ment noethérienne (cf. Gabriel [52], chap. 2), ce foncteur est représentable (cf. Gabriel [52], chap. 2, n° 4 ou encore dans ce cours, chap. I, § 3, lemme 6). L'assertion s'en déduit aisément.

2) Soient K_1^* et K_2^* deux foncteurs résolvants; pour démontrer l'assertion, on peut supposer, d'après la prop. 1.6, qu'il existe un morphisme de résolution $m : K_1^* \to K_2^*$. On en déduit un morphisme fonctoriel en A $\widetilde{m} : \widetilde{\Gamma}_{C,1}(A) \to \widetilde{\Gamma}_{C,2}(A)$ qui possède la propriété suivante: pour tout objet X de C le morphisme déduit de m:

$$\mathrm{Hom}_C^\bullet(X,\Gamma_{C,1}(A)) \longrightarrow \mathrm{Hom}_C^\bullet(X,\widetilde{\Gamma}_{C,2}(A))$$

induit un isomorphisme sur les groupes de cohomologie. On en déduit que le morphisme m est un isomorphisme à homotopie près.

3) Clair.

4) Clair.

5) Etudions le cas $C = C_G$. L'isomorphisme Δ induit sur les groupes de cohomologie un isomorphisme:

$$\Delta_{-q} : \mathrm{Hom}_{\mathbf{Z}}(H^q(G,X),A) \longrightarrow H^{-q}(\mathrm{Hom}_G(X,\widetilde{\Gamma}_{C_G}(A)) \ .$$

Prenant $X = \mathbf{Z}_V$ et passant à la limite inductive sur les sous-groupes ouverts, on obtient le résultat annoncé. On procède de même pour les autres cas.

On désignera par $R(\mathrm{Ab})$ (resp. $R(C)$), la catégorie des complexes finis (i.e. ne comportant qu'un nombre fini d'objets non nuls) de groupes abéliens (resp. d'objets de $C)^2$. Lorsque le foncteur Γ est de dimension cohomologique finie sur C, il existe des foncteurs résolvants finis (i.e. tel que pour tout objet X de C, $K^*(X)$ soit un complexe fini): si on considère le foncteur résolvant donné par la prop. 1.4, les Z^i, pour i assez grand, sont cohomologiquement triviaux. Soit donc $X \mapsto K^*(X)$ un foncteur résolvant fini. On le prolonge à la catégorie $R(C)$ de la manière suivante: si $X^\bullet$ est un objet de $R(C)$ on pose:

$$K^*(X^\bullet) = \text{complexe simple associé au complexe double: } K^i(X^j) \ .$$

Proposition 3.2. *Supposons que Γ soit de dimension cohomologique finie sur C. Soient $X \to K^*(X)$ un foncteur résolvant fini, $X^\bullet$ un objet de $R(C)$, $A^\bullet$ un objet de $R(\text{Ab})$.*

1) *Il existe un foncteur $A^\bullet \mapsto \widetilde{\Gamma}_C(A^\bullet)$ à valeur dans $R(C)$ et un isomorphisme bi-fonctoriel:*

$$\Delta : \text{Hom}^\bullet_{\text{Ab}}(\Gamma K^*(X^\bullet), A^\bullet) \xrightarrow{\sim} \text{Hom}^\bullet_C(X^\bullet, \widetilde{\Gamma}_C(A^\bullet)) \ .$$

2) *L'isomorphisme Δ définit un homomorphisme de complexes (i.e. commutant avec la différentielle) de degré zéro:*

$$\varrho : \Gamma K^* \widetilde{\Gamma}_C(A^\bullet) \longrightarrow A^\bullet$$

tel que l'isomorphisme Δ^{-1} soit le composé des homomorphismes:

$$\text{Hom}^\bullet_C(X^\bullet, \widetilde{\Gamma}(A^\bullet)) \xrightarrow{\Gamma K^*} \text{Hom}^\bullet_{\text{Ab}}(\Gamma K^*(X^\bullet), \Gamma K^* \Gamma_C(A^\bullet)) \xrightarrow{\circ \varrho} \text{Hom}^\bullet_{\text{Ab}}(\Gamma K^*(X^\bullet), A) \ .$$

Démonstration. La démonstration de (1) est triviale à partir de la prop. 3.1 (1). Pour démontrer l'assertion (2), on transpose les démonstrations classiques sur les foncteurs adjoints.

Soit $X^\bullet$ un objet de $R(C)$. Nous désignerons par $\underline{H}^i(G, X^\bullet)$ le i-ème groupe d'hypercohomologie de $\Gamma(X^\bullet)$. Soit de plus $Y^\bullet$ un autre objet de $R(C)$; nous désignerons par $\underline{\text{Ext}}^i_G(X^\bullet, Y^\bullet)$ le i-ème hyperext (cf. [25], chap. XVII, n° 2). Cette notation, où C n'intervient pas, n'apporte cependant pas de confusion grâce au

Lemme 3.3. *Un objet I, injectif dans C, est injectif dans C_G.*

Le cas $C = C_G$ étant trivial, étudions par exemple le cas $C = C_G^t$. Soit J un injectif de C_G. Il est clair que le sous-objet de torsion J^t de J est un injectif de C_G^t et que tout objet de C_G^t se plonge dans un injectif de ce type. Il nous suffit donc de montrer que J^t est un injectif de C_G. Mais J, étant injectif, est facteur direct du module induit injectif $M_G(J^0)$ où J^0 est le groupe abélien injectif sous-jacent à J. On en déduit que J^t est facteur direct de $M_G(J^0)^t = M_G(J^{0t})$ qui est injectif dans C_G.

Le cas $C = C_G^p$ se démontre de manière analogue.

Définition 3.4. Un complexe dualisant de C est un complexe fini $D^\bullet$ de C muni de $\varrho : \underline{H}^0(G, D^\bullet) \to \mathbf{Q}/\mathbf{Z}$ un homomorphisme tel que les homomorphismes composés:

$$\underline{H}^i(G, X^\bullet) \times \underline{\text{Ext}}^{-i}_G(X^\bullet, D^\bullet) \xrightarrow{\cup} \underline{H}^0(G, D^\bullet) \xrightarrow{\varrho} \mathbf{Q}/\mathbf{Z}$$

(la première flèche étant définie par le cup-produit), définissent des isomorphismes de foncteurs: $\underline{\text{Ext}}^{-i}_G(X^\bullet, D^\bullet) \xrightarrow{\sim} \text{Hom}_{\mathbf{Z}}(\underline{H}^i(G, X^\bullet), \mathbf{Q}/\mathbf{Z})$.

---

[2] Les morphismes de $R(\text{Ab})$ (resp. $R(C)$) sont les homomorphismes *de complexes*, i.e. conservant le degré et commutant avec la différentielle.

L'unicité du complexe dualisant est explicitée par la proposition ci-dessous. Soit $X^\bullet$ un objet de $R(C)$. Une résolution injective de $X^\bullet$ est un homomorphisme de complexes $X^\bullet \to \mathrm{Inj}(X^\bullet)$ dans un complexe dont tous les objets de degré négatif sont nuls sauf au plus un nombre fini d'entre eux, homomorphisme qui induit un isomorphisme sur les objets de cohomologie. Il existe des résolutions injectives ([25], chap. XVII). Les résolutions injectives sont uniques à homotopie près.

Proposition 3.5. *Soient* $(D_1^\bullet, \varrho_1)$ *et* $(D_2^\bullet, \varrho_2)$ *deux complexes dualisants de* C, $\mathrm{Inj}(D_1^\bullet)$ *et* $\mathrm{Inj}(D_2^\bullet)$ *deux résolutions injectives. Il existe un isomorphisme à homotopie près et un seul:*

$$s : \mathrm{Inj}(D_1^\bullet) \longrightarrow \mathrm{Inj}(D_2^\bullet)$$

qui soit compatible avec ϱ_1 *et* ϱ_2.

Nous ne démontrerons pas cette proposition.

Théorème 3.6. *Soit* G *un groupe profini de dimension cohomologique finie (resp. de* p-*dimension cohomologique finie). Les catégories* C_G, C_G^t, C_G^p *(resp.* C_G^p*) possèdent des complexes dualisants.*

En effet l'isomorphisme Δ de la prop. 3.2 donne, en passant à la cohomologie, des isomorphismes:

$$\Delta_{-q} : \mathrm{Hom}_{\mathbf{Z}}(\underline{H}^q(G, X^\bullet), \mathbf{Q}/\mathbf{Z}) \xrightarrow{\sim} \underline{\mathrm{Ext}}_C^{-q}(X^\bullet, \Gamma_C(\mathbf{Q}/\mathbf{Z})) \ .$$

De plus, le (2) de la prop. 3.2 permet de définir un homomorphisme

$$\varrho : \underline{H}^0(G, \Gamma_C(\mathbf{Q}/\mathbf{Z})) \longrightarrow \mathbf{Q}/\mathbf{Z}$$

et la deuxième partie de l'assertion (2) ainsi que la définition du cup-produit montrent que l'isomorphisme Δ_{-q}^{-1} est défini par l'homomorphisme composé:

$$\underline{\mathrm{Ext}}_G^{-q}(X^\bullet, \Gamma_C(\mathbf{Q}/\mathbf{Z})) \times \underline{H}^q(G, X^\bullet) \xrightarrow{\cup} \underline{H}^0(G, \Gamma_C(\mathbf{Q}/\mathbf{Z})) \xrightarrow{\varrho} \mathbf{Q}/\mathbf{Z} \ .$$

Nous noterons $\widetilde{I}$ (resp. $\widetilde{I}^t$, resp. $\widetilde{I}^p$) le complexe de G-modules injectifs $\widetilde{\Gamma}_{C_G}(\mathbf{Q}/\mathbf{Z})$ (resp. $\widetilde{\Gamma}_{C_G^t}(\mathbf{Q}/\mathbf{Z})$, resp. $\widetilde{\Gamma}_{C_G^p}(\mathbf{Q}/\mathbf{Z})$) obtenu d'après la prop. 3.1 à l'aide d'un foncteur résolvant quelconque[3]. Les objets de cohomologie de ces complexes sont donnés par les formules de la prop. 3.1 (5). Changer de foncteur résolvant revient à remplacer les complexes $\widetilde{I}$, $\widetilde{I}^t$, $\widetilde{I}^p$ par des complexes homotopiquement équivalents. Lorsque, par exemple, G est de dimension cohomologique finie, le complexe $\widetilde{I}$ est homotope à un complexe injectif fini et le théorème 3.6 montre que l'isomorphisme de ∂-foncteurs:

$$\Delta_{-q} : \mathrm{Hom}_{\mathbf{Z}}(H^q(G, X), \mathbf{Q}/\mathbf{Z}) \longrightarrow H^{-q}(\mathrm{Hom}_G^\bullet(X, \widetilde{I})) \qquad X \in \mathrm{ob}(C_G)$$

(défini par la proposition 3.1 sans hypothèse sur G) est défini ici par un cup-produit.

Proposition 3.7. *Soit* G *un groupe profini et soit* H *un groupe opérant sur* G, *possédant la propriété suivante: pour tout sous-groupe ouvert* V *de* G, *il existe un sous-groupe ouvert* V' *contenu dans* V, *invariant par* H *et par* G.

Alors, pour tout entier q, H *opère sur* $H^{-q}(\widetilde{I})$ *et si on désigne par* h_q *l'opération d'un* $h \in H$ *sur* $H^{-q}(\widetilde{I})$, *on a la formule:*

$$h_q(g_\alpha) = h(g)h_q(\alpha) \qquad\qquad g \in G, \ \alpha \in H^{-q}(\widetilde{I}).$$

---

[3] Lorsqu'aucune confusion n'en résultera on écrira simplement I (resp. I^t, I^p).

En d'autres termes, H opère sur le G-module $H^{-q}(\widetilde{I})$ de façon compatible avec les automorphismes de H sur G.

De plus, si H = G et si G opère sur lui-même par automorphismes intérieurs, l'opération de G sur $H^{-q}(\widetilde{I})$ n'est autre que l'opération naturelle de G sur $H^{-q}(\widetilde{I})$.

Enfin on a les mêmes résultats pour les complexes $\widetilde{I}^t$ et $\widetilde{I}^p$.

En effet, d'après la prop. 3.1

$$H^{-q}(\widetilde{I}) = \varinjlim_{V,\mathrm{cor}} \mathrm{Hom}_{\mathbf{Z}}(H^q(V,\mathbf{Z}),\mathbf{Q}/\mathbf{Z}) \ .$$

Lorsque V est invariant par H et par G, H opère sur $\mathrm{Hom}_{\mathbf{Z}}(H^{-q}(V,\mathbf{Z}),\mathbf{Q}/\mathbf{Z})$ de façon compatible avec les opérations de G qui, elles, s'obtiennent à partir des opérations de G sur V par automorphismes intérieurs. D'où le résultat en passant à la limite inductive. On refait le même raisonnement pour les complexes $\widetilde{I}^t$ et $\widetilde{I}^p$.

Proposition 3.8. *Soient G un groupe profini, V un sous-groupe ouvert invariant.*

1) *Le V-module $H^{-q}(\widetilde{I}_V)$ est canoniquement isomorphe au V-module obtenu en restreignant les scalaires dans le G-module $H^{-q}(\widetilde{I}_G)$.*

2) *Réciproquement, G opère sur V par automorphismes intérieurs et vérifie la condition de la prop. 3.7. Il opère donc sur $H^{-q}(I_V)$. Le G-module ainsi obtenu est canoniquement isomorphe à $H^{-q}(I_G)$.*

On a des résultats analogues avec les complexes $\widetilde{I}^t$ et $\widetilde{I}^p$.

Démonstration. La première assertion est évidente à partir des formules de la prop. 3.1. La deuxième assertion se déduit immédiatement de la prop. 3.7.

Les deux dernières propositions nous serviront à déterminer le complexe dualisant de G connaissant celui de V.

§ 4.   Application du théorème de dualité

Définition 4.1. Soient G un groupe profini, p un nombre premier. Le groupe G est dit *de Cohen-Macaulay strict en p* si:
1) G est de p-dimension cohomologique finie.
2) Le complexe $\widetilde{I}_G^p$ n'a qu'un seul objet de cohomologie non nul.
3) Les objets de cohomologie de $\widetilde{I}_G^p$ sont injectifs en tant que groupes abéliens.

Remarques 4.2.
1) Si G est de Cohen-Macaulay strict en p et si $\mathrm{cd}_p(G) = n$, l'objet de cohomologie non nul de $\widetilde{I}_G^p$ est $H^{-n}(\widetilde{I}_G^p)$. C'est donc le module dualisant de G (chap. I, § 3, n° 5).

2) Par analogie avec la théorie de la dualité dans les anneaux locaux, on dit que G est un groupe *de Cohen-Macaulay en p* s'il possède les deux premières propriétés de la définition 4.1. Je ne connais pas de groupe de Cohen-Macaulay qui ne soit pas de Cohen-Macaulay strict.

Soit G un groupe de Cohen-Macaulay en p. Nous noterons $\widehat{I}^p = H^{-n}(\widetilde{I_G^p})$ ($n = \mathrm{cd}_p(G)$) le module dualisant de G. Le théorème de dualité s'écrit alors:

$$\Delta_{-q} : \mathrm{Hom}_{\mathbf{Z}}(H^q(G,X), \mathbf{Q}/\mathbf{Z}) \xrightarrow{\sim} \mathrm{Ext}_G^{n-q}(X, \widehat{I}^p) \qquad X \in \mathrm{ob}(C_G^p).$$

En effet, on peut prendre comme complexe dualisant le complexe réduit au seul objet $\widehat{I}^p$ en degré $-n$ et zéro ailleurs. L'isomorphisme de dualité est défini à l'aide du cup-produit et de l'homomorphisme canonique $\varrho : H^n(G, I^p) \to \mathbf{Q}/\mathbf{Z}$.

Nous poserons $H^q(G) = H^q(G, \mathbf{Z}/p\mathbf{Z})$.

Proposition 4.3. *Soit G un groupe profini tel que $\mathrm{cd}_p(G) = n$. Les deux propriétés suivantes sont équivalentes:*

1) *G est de Cohen-Macaulay strict en p.*

2) *Pour tout $q \neq n$, $\varprojlim_{V, \mathrm{cor}} \mathrm{Hom}_{\mathbf{Z}}(H^q(V), \mathbf{Q}/\mathbf{Z}) = \{0\}$.*

Démonstration. 1) $\Rightarrow$ 2). En effet en posant $X = \mathbf{Z}/p\mathbf{Z}_V$ dans la formule de dualité on obtient l'isomorphisme:

$$\mathrm{Hom}_{\mathbf{Z}}(H^q(V), \mathbf{Q}/\mathbf{Z}) \xrightarrow{\sim} \mathrm{Ext}_V^{n-q}(\mathbf{Z}/p\mathbf{Z}, \widehat{I}^p) \ .$$

En passant à la limite inductive sur les sous-groupes ouverts, on obtient le résultat. (On utilise la prop. 2.4.)

2) $\Rightarrow$ 1). Les foncteurs $X \mapsto \varinjlim_{V,\mathrm{cor}} \mathrm{Hom}_{\mathbf{Z}}(H^q(V,X), \mathbf{Q}/\mathbf{Z})$ forment un ∂-foncteur. Le G-module $\mathbf{Z}/p^m\mathbf{Z}$ admettant une suite de composition à quotients $\mathbf{Z}/p\mathbf{Z}$, on en déduit que pour tout entier m:

$$\varinjlim_{V,\mathrm{cor}} \mathrm{Hom}_{\mathbf{Z}}(H^q(V, \mathbf{Z}/p^m\mathbf{Z}), \mathbf{Q}/\mathbf{Z}) = \{0\} \qquad\qquad q \neq n$$

d'où, en utilisant la prop. 3.1 (5), le fait que G est de Cohen-Macaulay. Reste à montrer que le module dualisant $\widehat{I}^p$ est divisible. Or le théorème de dualité nous donne, encore une fois en passant à la limite sur les sous-groupes ouverts, l'isomorphisme:

$$\mathrm{Ext}_{\mathbf{Z}}^1(\mathbf{Z}/p\mathbf{Z}, I^p) \longrightarrow \varinjlim_{V,\mathrm{cor}} \mathrm{Hom}_{\mathbf{Z}}(H^{n-1}(V), \mathbf{Q}/\mathbf{Z})$$

d'où le résultat (on suppose $n > 0$, le cas $n = 0$ étant trivial).

Soit G un groupe de Cohen-Macaulay strict en p. Soit X un G-module fini de p-torsion. On posera $\widetilde{X} = \mathrm{Hom}_{\mathbf{Z}}(X, \widehat{I}^p)$. C'est un G-module discret de p-torsion. Le foncteur $X \mapsto \widetilde{X}$ est exact ($\widehat{I}^p$ est divisible).

Proposition 4.4. *L'isomorphisme de dualité définit un isomorphisme de ∂-foncteurs:*

$$\mathrm{Hom}_{\mathbf{Z}}(H^q(G,X), \mathbf{Q}/\mathbf{Z}) \xrightarrow{\sim} H^{n-q}(G, \widetilde{X}) \ ,$$

l'isomorphisme étant défini par le cup-produit:

$$H^q(G,X) \times H^{n-q}(G, \widetilde{X}) \xrightarrow{\cup} H^n(G, \widehat{I}^p)$$

et l'homomorphisme canonique:

$$\varrho : H^n(G, \widehat{I}^p) \longrightarrow \mathbf{Q}/\mathbf{Z} \ .$$

Démonstration. En effet, le théorème de dualité s'écrit:

$$\text{Hom}_{\mathbf{Z}}(H^q(G,X),\mathbf{Q}/\mathbf{Z}) \xrightarrow{\sim} \text{Ext}_G^{n-q}(X,\widehat{I^p}) \ .$$

Mais X est de type fini et $\widehat{I^p}$ est divisible. Le corollaire 2.5 nous fournit alors un isomorphisme:

$$\text{Ext}_G^{n-q}(X,\widehat{I^p}) \xrightarrow{\sim} H^{n-q}(G,\text{Hom}_{\mathbf{Z}}(X,\widehat{I^p})) = H^{n-q}(G,\widetilde{X})$$

d'où l'isomorphisme annoncé. Le fait que l'isomorphisme de dualité soit défini par le cup-produit fournit la seconde partie de la proposition.

Définition 4.5. Un groupe profini G est dit *de Poincaré en p* si G est de Cohen-Macaulay strict en p et si le module dualisant de G est isomorphe, en tant que groupe abélien, à $\mathbf{Q}_p/\mathbf{Z}_p$.

Proposition 4.6. *Soit G un pro-p-groupe tel que $\text{cd}_p(G) = n$. Les propriétés suivantes sont équivalentes:*

1) *G est un groupe de Poincaré en p.*

2) *Les $H^q(G)$ sont des espaces vectoriels de dimension finie; $H^n(G)$ est de dimension 1; le cup produit: $H^q(G) \times H^{n-q}(G) \xrightarrow{\cup} H^n(G)$ est une forme bilinéaire non dégénérée.*

1) $\Rightarrow$ 2). Remarquons d'abord que le sous-G-module de $\widehat{I^p}$: noyau de la multiplication par p, est isomorphe à $\mathbf{Z}/p\mathbf{Z}$ en tant que groupe abélien et que G y opère trivialement (G est un pro-p-groupe). Ecrivons l'isomorphisme de dualité:

$$\text{Hom}_{\mathbf{Z}}(H^n(G),\mathbf{Q}/\mathbf{Z}) \xrightarrow{\sim} \text{Hom}_G(\mathbf{Z}/p\mathbf{Z},\widehat{I^p}) \xrightarrow{\sim} \mathbf{Z}/p\mathbf{Z} \ ,$$

ce qui montre que $H^n(G)$ est de dimension 1. Ensuite le G-module $\widetilde{\mathbf{Z}/p\mathbf{Z}}$ étant isomorphe au G-module $\mathbf{Z}/p\mathbf{Z}$, la prop. 4.4 fournit un isomorphisme:

$$\text{Hom}_{\mathbf{Z}}(H^q(G),\mathbf{Z}/p\mathbf{Z}) \xrightarrow{\sim} H^{n-q}(G) \ ,$$

ce qui montre que les espaces vectoriels $H^q(G)$ sont isomorphes à leurs biduaux et que par suite ils sont de dimension finie. De plus, on vérifie aisément, à l'aide de la prop. 4.4, que l'isomorphisme précédent est défini par le cup-produit:

$$H^q(G) \times H^{n-q}(G) \xrightarrow{\cup} H^n(G) \ ,$$

et que par suite ce cup-produit est non dégénéré.

2) $\Rightarrow$ 1). Cette implication a déjà été démontrée (chap. I, § 4, n° 5, démonstration de la prop. 30).

Proposition 4.7. *Soit G un groupe profini de p-dimension cohomologique finie. Supposons qu'il existe un sous-groupe ouvert V de G qui soit de Cohen-Macaulay en p (resp. de Cohen-Macaulay strict en p, resp. de Poincaré en p). Alors G est de Cohen-Macaulay en p (resp. ...). La réciproque est vraie i.e. si G est de Cohen-Macaulay en p (resp. ...), tout sous-groupe ouvert V de G est de Cohen-Macaulay en p (resp. ...).*

Ces énoncés sont triviaux à partir des définitions et de la prop. 3.8.

Lazard a montré que, si G est un groupe analytique de dimension n sur $\mathbf{Q}_p$, tous les sous-groupes ouverts de G assez petits sont des groupes de Poincaré. On a donc:

Corollaire 4.8. *Soit G un groupe analytique de dimension n sur $\mathbf{Q}_p$, compact, de p-dimension cohomologique finie. Alors G est un groupe de Poincaré en p de dimension n.*

Exercices.

1) Soit G un groupe profini dont l'ordre est divisible par p^∞. Montrer que

$$H^0(\widetilde{I}_G^p) = \{0\} .$$

2) Soit G un groupe de Cohen-Macaulay en p et soit $n = \mathrm{cd}_p(G)$. Montrer l'équivalence:

$$G \text{ de Cohen-Macaulay strict en } p \Longleftrightarrow \varinjlim_{V,\mathrm{cor}} \mathrm{Hom}_{\mathbf{Z}}(H^{n-1}(V), \mathbf{Q}/\mathbf{Z}) = \{0\} .$$

3) Soit G un groupe de p-dimension cohomologique 1. Alors G est un groupe de Cohen-Macaulay strict en p.

4) Soient $F(J)$ un p-groupe libre, $\{\sigma_i\}_{i \in J}$ les générateurs, $\langle \sigma_i \rangle$ les sous-groupes fermés engendrés par les générateurs. Montrer que le module dualisant de $F(J)$ est

$$\bigoplus_{i \in J} M_G^{\langle \sigma_i \rangle}(\mathbf{Q}_p/\mathbf{Z}_p) .$$

Annexe 3. – L'inégalité de Golod-Šafarevič

Il s'agit de prouver l'énoncé suivant (cf. n° 4.4):

Théorème 1. *Si G est un p-groupe $\neq 1$, on a $r > d^2/4$, avec*

$$d = \dim H^1(G, \mathbf{Z}/p\mathbf{Z}) \quad et \quad r = \dim H^2(G, \mathbf{Z}/p\mathbf{Z}) \ .$$

On va voir que ce théorème provient d'un résultat général sur les algèbres locales.

§ 1. Enoncé

Soit R une algèbre de dimension finie sur un corps k, et soit I un idéal bilatère de R. On fait les hypothèses suivantes:

(a) $R = k \oplus I$.

(b) I est nilpotent.

Ces hypothèses entraînent que R est un *anneau local* (non nécessairement commutatif) de radical I et de corps résiduel k, cf. Bourbaki AC II, n° 3.1.

Si P est un R-module (à gauche), de type fini, les $\mathrm{Tor}_i^R(P, k)$ sont des k-espaces vectoriels de dimension finie. On posera:

$$t_i(P) = \dim_k \mathrm{Tor}_i^R(P, k) \ .$$

Soit $m = t_0(P) = \dim_k P/I \cdot P$. Si $\bar{x}_1, \ldots, \bar{x}_m$ est une k-base de $P/I \cdot P$, soient $x_1, \ldots, x_m$ des relèvements dans P de $\bar{x}_1, \ldots, \bar{x}_m$. D'après le lemme de Nakayama, les x_i engendrent P. Ils définissent donc un morphisme surjectif

$$x : R^m \longrightarrow P \ ,$$

et l'on a $\mathrm{Ker}(x) \subset I \cdot R^m$.

Ceci s'applique notamment à $P = k$, avec $m = 1$, $x_1 = 1$ et $\mathrm{Ker}(x) = I$. On a:

$$t_0(k) = 1 \ ,$$
$$t_1(k) = \dim_k \mathrm{Tor}_1^R(k, k) = \dim_k I/I^2 \ ,$$
$$t_2(k) = \dim_k \mathrm{Tor}_2^R(k, k) = \dim_k \mathrm{Tor}_1^R(I, k) \ .$$

Nous allons démontrer:

Théorème 1'. *Si $I \neq 0$, on a $t_2(k) > t_1(k)^2/4$.*

Cet énoncé *entraîne le* th. 1. En effet, si l'on prend $k = \mathbf{F}_p$ et $R = \mathbf{F}_p[G]$, l'algèbre R est une algèbre locale dont le radical I est l'idéal d'augmentation de R (cela résulte, par exemple, de la prop. 20 du n° 4.1). De plus, on a $\mathrm{Tor}_i^R(k, k) = H_i(G, \mathbf{Z}/p\mathbf{Z})$, d'où

$$t_i(k) = \dim H_i(G, \mathbf{Z}/p\mathbf{Z}) = \dim H^i(G, \mathbf{Z}/p\mathbf{Z}) \ ,$$

puisque $H_i(G, \mathbf{Z}/p\mathbf{Z})$ et $H^i(G, \mathbf{Z}/p\mathbf{Z})$ sont duaux l'un de l'autre. D'où le th. 1.

§ 2.   Démonstration

Posons $d = t_1(k)$ et $r = t_2(k)$. On a:

$$d = t_1(k) = t_0(I) = \dim_k I/I^2 \quad \text{et} \quad r = t_2(k) = t_1(I) .$$

L'hypothèse $I \neq 0$ équivaut à $d \geq 1$. D'après ce qui a été dit plus haut, il existe une suite exacte

$$0 \longrightarrow J \longrightarrow R^d \longrightarrow I \longrightarrow 0 ,$$

avec $J \subset I \cdot R^d$. Comme $r = t_1(I) = t_0(J)$, on voit que J est isomorphe à un quotient de R^r. D'où une suite exacte

$$R^r \xrightarrow{\ \varepsilon\ } R^d \longrightarrow I \longrightarrow 0 ,$$

avec $\text{Im}(\varepsilon) = J \subset I \cdot R^d$ (début d'une *résolution minimale* de I, cf. e.g. [24], [66]).
  En faisant le produit tensoriel de cette suite exacte par R/I^n, où n est un entier > 0, on obtient la suite exacte

$$(R/I^n)^r \longrightarrow (R/I^n)^d \longrightarrow I/I^{n+1} \longrightarrow 0 .$$

Mais le fait que l'image de ε soit contenue dans $I \cdot R^d$ montre que l'homomorphisme $(R/I^n)^r \to (R/I^n)^d$ se factorise par $(R/I^{n-1})^r$. On obtient ainsi une suite exacte

$$(R/I^{n-1})^r \longrightarrow (R/I^n)^d \longrightarrow I/I^{n+1} \longrightarrow 0 .$$

D'où l'inégalité

$$d \cdot \dim_k R/I^n \leq r \cdot \dim_k R/I^{n-1} + \dim_k I/I^{n+1} ,$$

valable pour tout $n \geq 1$. Si l'on pose $a(n) = \dim_k R/I^n$, ceci s'écrit:

$$(*_n) \qquad\qquad d \cdot a(n) \leq r \cdot a(n-1) + a(n+1) - 1 \qquad\qquad (n \geq 1).$$

  Une première conséquence de $(*_n)$ est l'inégalité $r \geq 1$. En effet, si $r = 0$, on a $d \cdot a(n) \leq a(n+1) - 1$ d'où $a(n) < a(n+1)$, ce qui est impossible puisque $a(n) = \dim_k R/I^n$ est constant pour n grand (I étant nilpotent).
  Supposons que $d^2 - 4r$ soit ≥ 0. On peut factoriser le polynôme $X^2 - dX + r$ en $(X - \lambda)(X - \mu)$, où λ et μ sont réels > 0, avec $\mu \geq \lambda$ (d'où $\mu \geq 1$, puisque $\lambda\mu = r$). Posons

$$A(n) = a(n) - \lambda a(n-1) .$$

On a

$$\begin{aligned}
A(n+1) - \mu A(n) &= a(n+1) - (\lambda + \mu)a(n) + \lambda\mu a(n-1) \\
&= a(n+1) - d \cdot a(n) + r \cdot a(n-1) ,
\end{aligned}$$

ce qui permet de récrire $(*_n)$ sous la forme:

$$(*'_n) \qquad\qquad A(n+1) - \mu A(n) \geq 1 \qquad\qquad \text{pour } n \geq 1.$$

Or on a $a(0) = 0$, $a(1) = 1$, $a(2) = d+1$, d'où $A(0) = 0$, $A(1) = 1$, $A(2) = d+1-\lambda = 1 + \mu$. On déduit alors de $(*'_n)$, par récurrence sur n, que

$$A(n) \geq 1 + \mu + \cdots + \mu^{n-1} \qquad\qquad (n \geq 1).$$

  Comme $\mu \geq 1$, ceci entraîne $A(n) \geq n$. C'est absurde puisque $a(n)$, donc aussi $A(n)$, est constant pour n grand. On a donc bien $d^2 - 4r < 0$, cqfd.

Exercice.

Soit G un pro-p-groupe. On pose $d = \dim H^1(G, \mathbf{Z}/p\mathbf{Z})$, $r = \dim H^2(G, \mathbf{Z}/p\mathbf{Z})$ et l'on suppose que d et r sont finis (de sorte que G est "de présentation finie").

(a) Soit R la limite projective des algèbres $\mathbf{F}_p[G/U]$, où U parcourt l'ensemble des sous-groupes ouverts normaux de G. Montrer que R est une $\mathbf{F}_p$-algèbre locale, de radical $I = \mathrm{Ker} : R \to \mathbf{F}_p$.

(b) Montrer que I^n est de codimension finie dans R. On pose $a(n) = \dim R/I^n$. Montrer que $\dim I/I^2 = d$, et que, si on écrit I sous la forme R^d/J, on a $\dim J/IJ = r$, cf. Brumer [24] et Haran [66]. En déduire que l'inégalité $(*_n)$ est encore valable (même démonstration).

(c) On suppose $d > 2$ et $r \leq d^2/4$. Déduire de $(*_n)$ qu'il existe une constante $c > 1$ telle que $a(n) > c^n$ pour n assez grand. D'après Lazard ([102], A.3.11), ceci entraîne que G *n'est pas un groupe analytique p-adique.*

Chapitre II

Cohomologie galoisienne – cas commutatif

§ 1. Généralités

1.1. Cohomologie galoisienne

Soit k un corps, et soit K une extension galoisienne de k. Le groupe de Galois $G(K/k)$ de l'extension K/k est un groupe profini (cf. Chap. I, n° 1.1), et on peut lui appliquer les méthodes et les résultats du Chapitre I; en particulier, si $G(K/k)$ opère sur un groupe discret $A(K)$, les $H^q(G(K,k), A(K))$ sont bien définis (si $A(K)$ n'est pas commutatif, on se limite à $q = 0, 1$).

En fait, on travaille rarement avec une extension K/k fixe. La situation est la suivante:

On dispose d'un *corps de base* k, et d'un *foncteur* $K \mapsto A(K)$ défini sur la catégorie des extensions algébriques séparables de k, à valeurs dans la catégorie des groupes (resp. des groupes abéliens), ce foncteur vérifiant les axiomes suivants:

(1) $A(K) = \varinjlim A(K_i)$, pour K_i parcourant l'ensemble des sous-extensions de K de type fini sur k.

(2) Si $K \to K'$ est une injection, le morphisme $A(K) \to A(K')$ correspondant est une injection.

(3) Si K'/K est une extension galoisienne, $A(K)$ s'identifie à $H^0(G(K'/K), A(K'))$.

[Cela a un sens, car le groupe $G(K'/K)$ opère – par fonctorialité – sur $A(K')$. De plus, l'axiome (1) entraîne que cette action est continue.]

Remarques.

1) Si k_s désigne une clôture séparable de k, le groupe $A(k_s)$ est bien défini, et c'est un $G(k_s/k)$-groupe. Sa connaissance *équivaut* (à un isomorphisme de foncteurs près) à celle du foncteur A.

2) Il arrive souvent que le foncteur A puisse être défini pour *toutes les extensions de* k (non nécessairement algébriques, ni séparables), et cela de façon à vérifier (1), (2), (3). L'exemple le plus important est fourni par les "schémas en groupes": si A est un schéma en groupes sur k, localement de type fini sur k, les points de A à valeurs dans une extension K/k forment un groupe $A(K)$ dépendant fonctoriellement de K, et ce foncteur vérifie les axiomes (1), (2), (3) [l'axiome (1) résulte de ce que A est localement de type fini]. Ceci s'applique

notamment aux "groupes algébriques", c'est-à-dire aux schémas en groupes de type fini sur k.

Soit A un foncteur vérifiant les axiomes ci-dessus. Si K'/K est une extension galoisienne, les $H^q(G(K'/K), A(K'))$ sont définis (si A n'est pas commutatif, on se limite à $q = 0, 1$). On les note $H^q(K'/K, A)$.

Soient K_1'/K_1 et K_2'/K_2 deux extensions galoisiennes, de groupes de Galois G_1 et G_2. On suppose donnée une injection $K_1 \xrightarrow{i} K_2$. Supposons qu'il existe une injection $K_1' \xrightarrow{j} K_2'$ prolongeant l'inclusion i. On définit au moyen de j un homomorphisme $G_2 \to G_1$ et un morphisme $A(K_1') \to A(K_2')$; ces deux applications sont compatibles, et définissent des applications

$$H^q(G_1, A(K_1')) \longrightarrow H^q(G_2, A(K_2')) \; ;$$

ces applications *ne dépendent pas du choix de* j (cf. [145], p. 164). On a donc des applications

$$H^q(K_1'/K_1, A) \longrightarrow H^q(K_2'/K_2, A)$$

ne dépendant que de i (et de *l'existence* de j).

En particulier, on voit que deux clôtures séparables de k définissent des $H^q(k_s/k, A)$ en correspondance bijective canonique. Cela permet de laisser tomber le symbole k_s et d'écrire simplement $H^q(k, A)$. Les $H^q(k, A)$ dépendent fonctoriellement de k.

1.2. Premiers exemples

Soit $\mathbf{G}_a$ (resp. $\mathbf{G}_m$) le groupe additif (resp. multiplicatif), défini par la relation $\mathbf{G}_a(K) = K$ (resp. $\mathbf{G}_m(K) = K^*$). On a (cf. [145], p. 158):

Proposition 1. *Pour toute extension galoisienne K/k, on a $H^1(K/k, \mathbf{G}_m) = 0$ et $H^q(K/k, \mathbf{G}_a) = 0$ $(q \geq 1)$.*

En fait, lorsque K/k est *finie*, les groupes de cohomologie modifiés $\widehat{H}^q(K/k, \mathbf{G}_a)$ sont nuls pour tout $q \in \mathbf{Z}$.

Remarque.

Les groupes $H^q(K/k, \mathbf{G}_m)$ ne sont en général pas nuls pour $q \geq 2$. On rappelle que le groupe $H^2(K/k, \mathbf{G}_m)$ s'identifie à la partie du *groupe de Brauer* $\mathrm{Br}(k)$ décomposée par K; en particulier, $H^2(k, \mathbf{G}_m) = \mathrm{Br}(k)$, cf. [145], Chap. X.

Corollaire. *Soit n un entier ≥ 1, premier à la caractéristique de k. Soit μ_n le groupe des racines n-ièmes de l'unité (dans k_s). On a:*

$$H^1(k, \mu_n) = k^*/k^{*n} \; .$$

On a une suite exacte:

$$1 \longrightarrow \mu_n \longrightarrow \mathbf{G}_m \xrightarrow{n} \mathbf{G}_m \longrightarrow 1 \,,$$

où n désigne l'endomorphisme $x \mapsto x^n$. D'où la suite exacte de cohomologie:

$$k^* \xrightarrow{n} k^* \longrightarrow H^1(k, \mu_n) \longrightarrow H^1(k, \mathbf{G}_m) \,.$$

Le corollaire en résulte puisque $H^1(k, \mathbf{G}_m) = 0$, d'après la prop. 1.

Remarques.

1) Le même argument montre que $H^2(k, \mu_n)$ s'identifie à $\mathrm{Br}_n(k)$, noyau de la multiplication par n dans $\mathrm{Br}(k)$.

2) Si μ_n est contenu dans k^*, on peut identifier μ_n à $\mathbf{Z}/n\mathbf{Z}$ en faisant choix d'une racine primitive n-ième de l'unité. Le corollaire ci-dessus donne donc un isomorphisme entre les groupes:

$$k^*/k^{*n} \quad \text{et} \quad \mathrm{Hom}(G_k, \mathbf{Z}/n\mathbf{Z}) = H^1(k, \mathbf{Z}/n\mathbf{Z}) \,.$$

On retrouve la classique "théorie de Kummer", cf. Bourbaki A.V. § 11.n° 8.

§ 2. Critères de dimension cohomologique

Dans les paragraphes suivants, on note G_k le groupe de Galois de k_s/k, où k_s est une clôture séparable de k. Ce groupe est déterminé à isomorphisme (non unique) près.

Si p est un nombre premier, on note $G_k(p)$ le plus grand quotient de G_k qui soit un pro-p-groupe; le groupe $G_k(p)$ est le groupe de Galois de l'extension $k_s(p)/k$; cette extension est appelée la *p-extension maximale de k*. On se propose de donner des critères permettant de calculer la dimension cohomologique de G_k et des $G_k(p)$, cf. Chap. I, § 3.

2.1. Un résultat auxiliaire

Proposition 2. *Soit G un groupe profini, et soit $G(p) = G/N$ le plus grand quotient de G qui soit un pro-p-groupe. Supposons que $\mathrm{cd}_p(N) \leq 1$. Les applications canoniques*

$$H^q(G(p), \mathbf{Z}/p\mathbf{Z}) \longrightarrow H^q(G, \mathbf{Z}/p\mathbf{Z})$$

sont alors des isomorphismes. En particulier, $\mathrm{cd}(G(p)) \leq \mathrm{cd}_p(G)$.

Soit N/M le plus grand quotient de N qui soit un pro-p-groupe. Il est clair que M est distingué dans G, et que G/M est un pro-p-groupe. Vu la définition de $G(p)$, ceci entraîne $M = N$. Ainsi, tout morphisme de N dans un pro-p-groupe est trivial. En particulier, on a $H^1(N, \mathbf{Z}/p\mathbf{Z}) = 0$. D'autre part, puisque $\mathrm{cd}_p(N) \leq 1$, on a $H^i(N, \mathbf{Z}/p\mathbf{Z}) = 0$ pour $i \geq 2$. Il résulte alors de la suite spectrale des extensions de groupes que l'homomorphisme

$$H^q(G/N, \mathbf{Z}/p\mathbf{Z}) \longrightarrow H^q(G, \mathbf{Z}/p\mathbf{Z})$$

est un isomorphisme pour tout $q \geq 0$. L'inégalité $\mathrm{cd}(G/N) \leq \mathrm{cd}_p(G)$ en résulte, grâce à la prop. 21 du Chapitre I.

Exercice.
    Les hypothèses étant celles de la prop. 2, soit A un $G(p)$-module de torsion p-primaire. Montrer que l'application canonique de $H^q(G(p), A)$ dans $H^q(G, A)$ est un isomorphisme pour tout $q \geq 0$.

2.2. Cas où p est égal à la caractéristique

Proposition 3. *Si k est un corps de caractéristique p, on a* $\mathrm{cd}_p(G_k) \leq 1$ *et* $\mathrm{cd}(G_k(p)) \leq 1$.

Posons $x^p - x = f(x)$. L'application f est additive, et donne lieu à la suite exacte:

$$0 \longrightarrow \mathbf{Z}/p\mathbf{Z} \longrightarrow \mathbf{G}_a \xrightarrow{\;f\;} \mathbf{G}_a \longrightarrow 0 \ .$$

En effet, cela signifie (par définition!) que la suite de groupes abéliens

$$0 \longrightarrow \mathbf{Z}/p\mathbf{Z} \longrightarrow k_s \xrightarrow{\;f\;} k_s \longrightarrow 0$$

est exacte, ce qui est facile à voir. Par passage à la cohomologie, on en déduit la suite exacte:

$$H^1(k, \mathbf{G}_a) \longrightarrow H^2(k, \mathbf{Z}/p\mathbf{Z}) \longrightarrow H^2(k, \mathbf{G}_a) \ .$$

Vu la proposition 1, on en déduit que $H^2(k, \mathbf{Z}/p\mathbf{Z}) = 0$, i.e. $H^2(G_k, \mathbf{Z}/p\mathbf{Z}) = 0$. Ce résultat s'applique aussi aux sous-groupes fermés de G_k (puisque ce sont des groupes de Galois), et en particulier à ses p-groupes de Sylow. Si H désigne l'un d'eux, on a donc $\mathrm{cd}(H) \leq 1$ (cf. Chap. I, prop. 21), d'où $\mathrm{cd}_p(G_k) \leq 1$ (Chap. I, cor. 1 à la prop. 14). Si N est le noyau de $G_k \to G_k(p)$, ce qui précède s'applique aussi à N et montre que $\mathrm{cd}_p(N) \leq 1$. La proposition 2 permet d'en déduire que $\mathrm{cd}(G_k(p)) \leq \mathrm{cd}_p(G_k) \leq 1$, cqfd.

Corollaire 1. *Le groupe $G_k(p)$ est un pro-p-groupe libre.*

Cela résulte du Chap. I, cor. 2 à la prop. 24.

[Comme $H^1(G_k(p))$ s'identifie à $k/f(k)$, on peut même calculer le *rang* de $G_k(p)$.]

Corollaire 2 (Albert-Hochschild). *Si k' est une extension radicielle de k, l'application canonique* $\mathrm{Br}(k) \to \mathrm{Br}(k')$ *est surjective.*

Soit k'_s une clôture séparable de k' contenant k_s. Du fait que k'/k est radiciel, on peut identifier G_k au groupe de Galois de k'_s/k'. On a:

$$\mathrm{Br}(k) = H^2(G_k, k_s^*) \ , \qquad \mathrm{Br}(k') = H^2(G_k, k'^*_s) \ .$$

De plus, pour tout $x \in k'_s$, il existe une puissance q de p telle que $x^q \in k_s$; en d'autres termes, le groupe k'^*_s/k_s^* est un groupe de torsion p-primaire. Puisque $\mathrm{cd}_p(G_k) \leq 1$, on a donc $H^2(G_k, k'^*_s/k_s^*) = 0$, et la suite exacte de cohomologie montre que $H^2(G_k, k_s^*) \to H^2(G_k, k'^*_s)$ est surjectif, cqfd.

Remarques.

1) Lorsque k' est une extension radicielle de hauteur 1 de k, le noyau de $\mathrm{Br}(k) \to \mathrm{Br}(k')$ peut se calculer à l'aide de la cohomologie de la p-algèbre de Lie des dérivations de k'/k, cf. G.P. Hochschild, [70], [71].

2) Soit $\mathrm{Br}_p(k)$ le noyau de la multiplication par p dans $\mathrm{Br}(k)$. On peut décrire $\mathrm{Br}_p(k)$ en termes de *formes différentielles* de la manière suivante:

Soit $\Omega_{\mathbf{Z}}^1(k)$ le k-espace vectoriel des 1-formes différentielles $\sum x_i \, dy_i$ de k, et soit $H_p^2(k)$ le quotient de $\Omega_{\mathbf{Z}}^1(k)$ par le sous-groupe engendré par les différentielles exactes dz ($z \in k$), ainsi que par les $(x^p - x)dy/y$ ($x \in k$, $y \in k^*$), cf. Kato [81]. Il existe un *isomorphisme $H_p^2(k) \to \mathrm{Br}_p(k)$ et un seul* qui associe à la forme différentielle $x \, dy/y$ la classe $[x,y]$ de l'algèbre centrale simple définie par des générateurs X, Y, liés par:

$$X^p - X = x , \quad Y^p = y , \quad Y X Y^{-1} = X + 1 ,$$

cf. [145], Chap. XIV, § 5.

Exercice.

Soient $x, y \in k$. On définit un élément $[x,y]$ de $\mathrm{Br}_p(k)$ par:

$$[x,y] = [xy, y) \quad \text{si} \quad y \neq 0 , \qquad \text{et} \qquad [x,y] = 0 \quad \text{si} \quad y = 0 ,$$

cf. Remarque 2). Montrer que $[x,y]$ est la classe dans $\mathrm{Br}(k)$ de l'algèbre centrale simple de rang p^2 définie par deux générateurs X, Y liés par les relations

$$X^p = x , \quad Y^p = y , \quad XY - YX = -1 .$$

Montrer que $[x,y]$ est une fonction biadditive et antisymétrique du couple (x,y).

2.3. Cas où p est différent de la caractéristique

Proposition 4. *Soit k un corps de caractéristique $\neq p$, et soit n un entier ≥ 1. Les conditions suivantes sont équivalentes:*

(i) $\mathrm{cd}_p(G_k) \leq n$,

(ii) *Pour toute extension algébrique K de k, on a $H^{n+1}(K, \mathbf{G}_m)(p) = 0$ et le groupe $H^n(K, \mathbf{G}_m)$ est p-divisible.*

(iii) *Même énoncé que dans* (ii), *à cela près qu'on se limite aux extensions K/k qui sont séparables, finies, et de degré premier à p.*

[On rappelle que, si A est un groupe abélien de torsion, $A(p)$ désigne la composante p-primaire de A.]

Soit μ_p le groupe des racines p-ièmes de l'unité; il est contenu dans k_s. On a la suite exacte:

$$0 \longrightarrow \mu_p \longrightarrow \mathbf{G}_m \overset{p}{\longrightarrow} \mathbf{G}_m \longrightarrow 0 ,$$

cf. n°1.2. La suite exacte de cohomologie montre que la condition (ii) équivaut à dire que $H^{n+1}(K, \mu_p) = 0$ pour tout K; traduction analogue pour (iii).

Ceci étant, supposons que $\mathrm{cd}_p(G_k) \leq n$. Comme G_K est isomorphe à un sous-groupe fermé de G_k, on a aussi $\mathrm{cd}_p(G_K) \leq n$, d'où $H^{n+1}(K, \mu_p) = 0$. Ainsi (i) $\Rightarrow$ (ii). L'implication (ii) $\Rightarrow$ (iii) est triviale. Supposons maintenant (iii) vérifiée. Soit H un p-groupe de Sylow de G_k, et soit K/k l'extension correspondante. On a:

$$K = \varinjlim K_i ,$$

où les K_i sont des extensions finies séparables de k, de degré premier à p. Vu (iii), on a $H^{n+1}(K_i, \mu_p) = 0$ pour tout i, d'où $H^{n+1}(K, \mu_p) = 0$, i.e. $H^{n+1}(H, \mu_p) = 0$. Mais H est un pro-p-groupe, donc opère trivialement sur $\mathbf{Z}/p\mathbf{Z}$; on peut ainsi identifier μ_p et $\mathbf{Z}/p\mathbf{Z}$, et la prop. 21 du Chapitre I montre que $\mathrm{cd}(H) \leq n$, d'où la condition (i), cqfd.

§ 3. Corps de dimension ≤ 1

3.1. Définition

Proposition 5. *Soit k un corps. Les propriétés suivantes sont équivalentes:*

(i) *On a $\mathrm{cd}(G_k) \leq 1$. Si k est de caractéristique $p \neq 0$, on a en outre $\mathrm{Br}(K)(p) = 0$, pour toute extension algébrique K/k.*

(ii) *On a $\mathrm{Br}(K) = 0$ pour toute extension algébrique K/k.*

(iii) *Si L/K est une extension galoisienne finie, avec K algébrique sur k, le $G(L/K)$-module L^* est cohomologiquement trivial* ([145], Chap. IX, § 3).

(iv) *Sous les hypothèses de (iii), la norme $N_{L/K} : L^* \to K^*$ est surjective.*

(i) bis, (ii) bis, (iii) bis, (iv) bis: *mêmes énoncés que (i), ..., (iv) à cela près qu'on se borne aux extensions K/k qui sont finies et séparables sur k.*

Les équivalences (i) ⇔ (i) bis, (ii) ⇔ (ii) bis résultent du cor. 2 à la prop. 3. L'équivalence (i) ⇔ (ii) résulte des prop. 3 et 4. Les équivalences (ii) bis ⇔ (iii) bis ⇔ (iv) bis sont démontrées dans [145], p. 169. D'autre part, si k vérifie (ii), toute extension algébrique K/k vérifie (ii), donc aussi (ii) bis et (iii) bis, ce qui signifie que k vérifie (iii). Comme (iii) ⇒ (iii) bis trivialement, on voit que (ii) ⇒ (iii), et le même argument montre que (ii) ⇒ (iv), cqfd.

Remarque.
La condition $\mathrm{Br}(k) = 0$ ne suffit pas à entraîner (i), ..., (iv), cf. exerc. 1.

Définition. Un corps k est dit de dimension ≤ 1 s'il vérifie les conditions équivalentes de la prop. 5.

On écrit alors $\dim(k) \leq 1$.

Proposition 6. (a) *Toute extension algébrique d'un corps de dimension ≤ 1 est aussi de dimension ≤ 1.*

(b) *Soit k un corps parfait. Pour que $\dim(k) \leq 1$, il faut et il suffit que $\mathrm{cd}(G_k) \leq 1$.*

L'assertion (a) est triviale. Pour (b), on remarque que, si k est parfait, l'application $x \mapsto x^p$ est une bijection de k_s^* sur lui-même; il s'ensuit que la p-composante des $H^q(k, \mathbf{G}_m)$ est nulle, et en particulier $\mathrm{Br}(k)(p)$. Comme ceci s'applique à toute extension algébrique K/k, on voit que la condition (i) de la prop. 5 se réduit à $\mathrm{cd}(G_k) \leq 1$, cqfd.

Proposition 7. *Soit k un corps de dimension ≤ 1, et soit p un nombre premier. On a $\mathrm{cd}(G_k(p)) \leq 1$.*

On écrit $G_k(p) = G_k/N$. Comme $\mathrm{cd}(G_k) \leq 1$, on a $\mathrm{cd}(N) \leq 1$, et la prop. 2 montre que $\mathrm{cd}(G_k/N) \leq \mathrm{cd}_p(G_k)$, d'où ... etc.

Exercices.

1) (M. Auslander) Soit k_0 un corps de caractéristique 0 ayant les propriétés suivantes: k_0 n'est pas algébriquement clos; k_0 n'a aucune extension abélienne non triviale; $\dim(k_0) \leq 1$. (Exemple de tel corps: le composé de toutes les extensions galoisiennes finies résolubles de $\mathbf{Q}$.) Soit $k = k_0((T))$. Montrer que $\mathrm{Br}(k) = 0$ bien que k ne soit pas de dimension ≤ 1.

2) En caractéristique $p > 0$, montrer qu'il existe des corps k de dimension ≤ 1 tels que $[k : k^p] = p^r$, où r est un entier ≥ 0 donné (ou $+\infty$). [Prendre pour k une clôture séparable de $\mathbf{F}_p(T_1, \ldots, T_r)$.] Si $r \geq 2$, en déduire qu'il existe une extension radicielle finie K/k telle que $N_{K/k} : K^* \to k^*$ ne soit pas surjective. [Cela montre que les hypothèses de séparabilité de la prop. 5 ne peuvent pas être supprimées.]

3.2. Relation avec la propriété (C_1)

C'est la propriété suivante:

(C_1). *Toute équation $f(x_1, \ldots, x_n) = 0$, où f est un polynôme homogène de degré $d < n$, à coefficients dans k, a une solution non triviale dans k^n.*

On verra des exemples de tels corps au n° 3.3.

Proposition 8. *Soit k un corps vérifiant (C_1).*
   (a) *Toute extension algébrique k' de k vérifie (C_1).*
   (b) *Si L/K est une extension finie, avec K algébrique sur k, on a $N_{L/K}(L^*) = K^*$.*

Pour prouver (a), on peut supposer k' fini sur k. Soit $F(x)$ un polynôme homogène, de degré d, en n variables, et à coefficients dans k'. Posons $f(x) = N_{k'/k}F(x)$; en choisissant une base $e_1, \ldots, e_m$ de k'/k, et en exprimant les composantes de x au moyen de cette base, on voit que f s'identifie à un polynôme homogène, de degré dm, en nm variables, et à coefficients dans k. Si $d < n$, on a $dm < nm$, et ce polynôme a un zéro non trivial x. Cela signifie que $N_{k'/k}F(x) = 0$, d'où $F(x) = 0$.

Plaçons-nous maintenant dans les hypothèses de (b), et soit $a \in K^*$. Si $d = [L : K]$, considérons l'équation

$$N(x) = a \cdot x_0^d, \quad \text{avec } x \in L, \ x_0 \in K.$$

C'est une équation de degré d, à $d + 1$ inconnues. Comme, d'après (a), le corps K vérifie (C_1), cette équation a une solution non triviale (x, x_0). Si x_0 était nul, on aurait $N(x) = 0$ d'où $x = 0$, contrairement à l'hypothèse. Donc $x_0 \neq 0$, et $N(x/x_0) = a$, ce qui démontre la surjectivité de la norme.

Corollaire. *Si k vérifie (C_1), on a $\dim(k) \leq 1$, et, si k est de caractéristique $p > 0$, $[k : k^p]$ est égal à 1 ou à p.*

Vu la proposition précédente, le corps k vérifie la condition (iv) de la proposition 5. On a donc bien $\dim(k) \leq 1$. D'autre part, supposons $k \neq k^p$, et soit K une extension radicielle de k de degré p. D'après la proposition précédente, on a $N(K) = k$. Or $N(K) = K^p$. On a donc $K^p = k$, d'où $K^{p^2} = k^p$ et $[k : k^p] = [K : K^p] = p$.

Remarques.

1) La relation "$[k : k^p] = 1$ ou p" peut aussi s'exprimer en disant que les seules extensions radicielles de k sont les extensions $k^{p^{-i}}$, avec $i = 0, 1, \ldots, \infty$.

2) La réciproque du corollaire précédent est fausse: il existe des corps parfaits k de dimension ≤ 1 qui ne sont pas (C_1), cf. exercice ci-dessous.

Exercice (d'après J. Ax [8]).

(a) Construire un corps k_0 de caractéristique 0, contenant toutes les racines de l'unité, et tel que $G(\bar{k}_0/k_0) = \mathbf{Z}_2 \times \mathbf{Z}_3$. [Prendre une extension algébrique convenable de $\mathbf{C}((X))$.]

(b) Construire un polynôme homogène $f(X, Y)$, de degré 5, à coefficients dans k_0, qui ne représente pas 0. [Prendre le produit d'un polynôme de degré 2 et d'un polynôme de degré 3.]

(c) Soit $k_1 = k_0((T))$, et soit k le corps obtenu en adjoignant à k_1 les racines n-ièmes de T, pour tout entier n premier à 5. Montrer que

$$G(\bar{k}/k) = \mathbf{Z}_2 \times \mathbf{Z}_3 \times \mathbf{Z}_5 , \quad \text{d'où } \dim(k) \leq 1.$$

Montrer que le polynôme

$$F(X_1, \ldots, X_5, Y_1, \ldots, Y_5) = \sum_{i=1}^{i=5} T^i f(X_i, Y_i)$$

est de degré 5 et ne représente pas 0 sur k. Le corps k n'est donc pas (C_1).

[Une construction analogue, mais plus compliquée, donne un exemple de corps de dimension ≤ 1 qui n'est (C_r) pour aucun r, cf. [8].]

3.3. Exemples de corps de dimension ≤ 1

a) Un corps *fini* est (C_1): théorème de Chevalley [31]. En particulier, il est de dimension ≤ 1.

b) Une extension de degré de transcendance 1 d'un corps algébriquement clos est (C_1): théorème de Tsen (cf. [95]). En particulier ... etc.

c) Soit K un corps muni d'une valuation discrète à corps résiduel algébriquement clos. Supposons que K soit *hensélien*, et que $\widehat{K}$ soit *séparable* sur K. Alors K vérifie (C_1): théorème de Lang [95]. Cela s'applique en particulier à l'extension maximale non ramifiée d'un corps local à corps résiduel parfait.

d) Soit k une extension algébrique du corps $\mathbf{Q}$. Ecrivons $k = \varinjlim k_i$, les k_i étant finis sur $\mathbf{Q}$, et notons V_i l'ensemble des "places" de k_i (une "place" d'un corps de nombres peut être définie comme une topologie sur ce corps, définie par une valeur absolue non triviale). Soit $V = \varprojlim V_i$. Si $v \in V$, la place v induit sur chaque k_i une place, et le complété $(k_i)_v$ est défini. Posons:

$$n_v(k) = \text{ppcm}[(k_i)_v : \mathbf{Q}_v] \,,$$

c'est un nombre "surnaturel" (cf. Chap. I, n° 1.3), qui est appelé le *degré de k en v*.

Proposition 9. *Soit k une extension algébrique de $\mathbf{Q}$, et soit p un nombre premier. On suppose que $p \neq 2$, ou que k est totalement imaginaire. Si, pour toute place ultramétrique v de k, l'exposant de p dans le degré local $n_v(k)$ est infini, on a $\text{cd}_p(G_k) \leq 1$.*

[On dit que k est "totalement imaginaire" s'il n'admet aucun plongement dans $\mathbf{R}$. Il revient au même de dire qu'on a $n_v(k) = 2$ pour toute place v de k définie par une valeur absolue archimédienne.]

Démonstration. On va d'abord prouver que la composante p-primaire de $\text{Br}(k)$ est nulle. Pour cela, soit $x \in \text{Br}(k)$, avec $px = 0$. Comme $k = \varinjlim k_i$, on a $\text{Br}(k) = \varinjlim \text{Br}(k_i)$, et x provient d'un élément $x_0 \in \text{Br}(k_{i_0})$. Or on sait (cf. par exemple Artin-Tate [6], Chap. 7) qu'un élément du groupe de Brauer d'un corps de nombres est caractérisé par ses images locales, elles-mêmes données par des invariants appartenant à $\mathbf{Q}/\mathbf{Z}$. Si $i \geq i_0$, l'image $x(i)$ de x dans $\text{Br}(k_i)$ a des invariants locaux bien définis; soit W_i le sous-ensemble de V_i formé des places où l'invariant local de $x(i)$ est non nul. Les W_i forment un système projectif (pour $i \leq i_0$); nous allons voir que $\varprojlim W_i = \emptyset$. En effet, si $v \in \varprojlim W_i$, l'image de x dans chacun des groupes de Brauer $\text{Br}((k_i)_v)$ est non nulle. Mais on sait que, lorsqu'on fait une extension d'un corps local, l'invariant d'un élément du groupe de Brauer se trouve multiplié par le degré de l'extension (cf. [145], p. 201). Si alors v est ultramétrique, p^∞ divise $n_v(k)$ et, pour i assez grand, le degré de $(k_i)_v$ sur $(k_{i_0})_v$ est divisible par p, ce qui entraîne que l'invariant de $x(i)$ en v est nul, contrairement à l'hypothèse; de même, si v est archimédienne (ce qui n'est possible que si $p = 2$), le corps $(k_i)_v$ est égal à $\mathbf{C}$ pour i assez grand, et l'invariant de $x(i)$ en v est encore nul. On a donc bien $\varprojlim W_i = \emptyset$, et comme les W_i sont finis, cela entraîne $W_i = \emptyset$ pour i assez grand (cf. Chap. I, n° 1.4, lemme 3), d'où $x(i) = 0$ et $x = 0$. On a bien prouvé que $\text{Br}(k)(p) = 0$.

Pour la même raison, on a $\text{Br}(k')(p) = 0$ pour toute extension algébrique k' de k, et la prop. 4 montre que $\text{cd}_p(G_k) \leq 1$, cqfd.

Corollaire. *Si k est totalement imaginaire, et si le degré local de toute place ultramétrique de k est égal à ∞, on a $\dim(k) \leq 1$.*

En effet, k est parfait, et $\text{cd}_p(G_k)$ est ≤ 1 pour tout p: on peut appliquer la prop. 6.

Remarque.
On ignore si un corps k qui vérifie les conditions du corollaire ci-dessus est nécessairement (C_1); c'est peu probable.

Exercices.

1) Démontrer la réciproque de la prop. 9 [utiliser la surjectivité des applications canoniques $\mathrm{Br}(k) \to \mathrm{Br}(k_v)$].

2) Montrer que $G_{\mathbf{Q}}$ ne contient pas de sous-groupe isomorphe à $\mathbf{Z}_p \times \mathbf{Z}_p$ [remarquer qu'un tel sous-groupe est de dimension cohomologique 2, et utiliser la prop. 9]. D'après Artin-Schreier [5], $G_{\mathbf{Q}}$ ne contient pas de sous-groupe fini d'ordre > 2, et ne contient pas $\mathbf{Z}/2\mathbf{Z} \times \mathbf{Z}_p$.

En déduire que tout sous-groupe fermé commutatif de $G_{\mathbf{Q}}$ est isomorphe, soit à $\mathbf{Z}/2\mathbf{Z}$, soit à un produit $\prod_{p \in I} \mathbf{Z}_p$, où I est une partie de l'ensemble des nombres premiers. En particulier un tel sous-groupe est topologiquement monogène.

3) Soit k un corps parfait. Montrer que les trois propriétés suivantes sont équivalentes:
(i) k est algébriquement clos;
(ii) $\dim k((t)) \leq 1$;
(iii) $\dim k(t) \leq 1$.

§ 4. Théorèmes de transition

4.1. Extensions algébriques

Proposition 10. *Soit k' une extension algébrique d'un corps k, et soit p un nombre premier. On a $\mathrm{cd}_p(G_{k'}) \leq \mathrm{cd}_p(G_k)$, et il y a égalité dans chacun des deux cas suivants:*
  (i) $[k' : k]_s$ *est premier à p.*
  (ii) $\mathrm{cd}_p(G_k) < \infty$ *et $[k' : k]_s < \infty$.*

Le groupe de Galois $G_{k'}$ s'identifie à un sous-groupe du groupe de Galois G_k et son indice est égal à $[k' : k]_s$. La proposition résulte donc de la prop. 14 du Chapitre I.

Remarque.
On a en fait un résultat plus précis:

Proposition 10'. *Supposons $[k' : k] < \infty$. On a alors $\mathrm{cd}_p(G_{k'}) = \mathrm{cd}_p(G_k)$, sauf lorsque les conditions suivantes sont simultanément satisfaites:*
  (a) $p = 2$;
  (b) k *est ordonnable (-1 n'est pas somme de carrés dans k);*
  (c) $\mathrm{cd}_2(G_{k'}) < \infty$.
(Exemple: $k = \mathbf{R}$, $k' = \mathbf{C}$.)

On applique la prop. 14' du Chap. I au groupe profini G_k et à son sous-groupe ouvert $G_{k'}$. On en déduit que, si $\mathrm{cd}_p(G_k) \neq \mathrm{cd}_p(G_{k'})$, le groupe G_k contient un élément d'ordre p. Or, d'après un théorème d'Artin-Schreier ([5], voir aussi Bourbaki A VI.42, exerc. 31), ceci n'est possible que si $p = 2$ et si k est ordonnable. D'où le résultat.

4.2. Extensions transcendantes

Proposition 11. *Soit k' une extension de k, de degré de transcendance N. Si p est un nombre premier, on a*

$$\mathrm{cd}_p(G_{k'}) \leq N + \mathrm{cd}_p(G_k) \ .$$

Il y a égalité lorsque k' est de type fini sur k, $\mathrm{cd}_p(G_k) < \infty$, et que p est distinct de la caractéristique de k.

Compte tenu de la prop. 10, on peut se borner au cas où $k' = k(t)$; on a alors $N = 1$. Si $\overline{k}$ désigne une clôture algébrique de k, $\overline{k}/k$ est une extension quasi-galoisienne de groupe de Galois G_k. De plus, cette extension est linéairement disjointe de l'extension $k(t)/k$. On en conclut que le groupe de Galois de l'extension $\overline{k}(t)/k(t)$ s'identifie à G_k. D'autre part, si H désigne le groupe de Galois de $\overline{k}(t)/\overline{k}(t)$, le théorème de Tsen montre que $\mathrm{cd}(H) \leq 1$. Comme $G_{k'}/H = G_k$, la prop. 15 du Chapitre I donne l'inégalité cherchée.

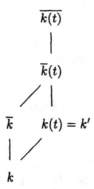

Reste à voir qu'il y a égalité lorsque $\mathrm{cd}_p(G_k) < \infty$ et que p est distinct de la caractéristique de k. Quitte à remplacer G_k par un de ses p-groupes de Sylow, on peut supposer que G_k est un *pro-p-groupe*. Si μ_p désigne le groupe des racines p-ièmes de l'unité, G_k opère de façon triviale sur μ_p, ce qui montre que les racines p-ièmes de l'unité appartiennent à k.

Posons $d = \mathrm{cd}_p(G_k)$. Nous allons voir que $H^{d+1}(G_{k'}, \mu_p) \neq 0$, ce qui établira l'inégalité cherchée. La suite spectrale des extensions de groupes (cf. Chapitre I, n° 3.3) donne

$$H^{d+1}(G_{k'}, \mu_p) = H^d(G_k, H^1(H, \mu_p)) \ .$$

Mais $H^1(H, \mu_p) = H^1(\overline{k}(t), \mu_p)$. Posons, pour simplifier l'écriture, $K = \overline{k}(t)$. La suite exacte $0 \to \mu_p \to \mathbf{G}_m \xrightarrow{p} \mathbf{G}_m \to 0$, appliquée au corps K, montre que $H^1(K, \mu_p) = K^*/K^{*p}$, et cet isomorphisme est compatible avec l'action du groupe $G_k = G_{k'}/H$. On a donc:

$$H^{d+1}(G_{k'}, \mu_p) = H^d(G_k, K^*/K^{*p}) \ .$$

Soit $w : K^* \to \mathbf{Z}$ la valuation de $K = \overline{k}(t)$ définie par un élément de k (par exemple 0); par passage au quotient, w définit un homomorphisme surjectif $K^*/K^{*p} \to \mathbf{Z}/p\mathbf{Z}$ qui est compatible avec l'action de G_k. On en déduit un homomorphisme

$$H^d(G_k, K^*/K^{*p}) \longrightarrow H^d(G_k, \mathbf{Z}/p\mathbf{Z})$$

qui est également surjectif (car $\mathrm{cd}_p(G_k) \leq d$). Mais, puisque G_k est un pro-p-groupe, on a $H^d(G_k, \mathbf{Z}/p\mathbf{Z}) \neq 0$. Il s'ensuit que $H^d(G_k, K^*/K^{*p}) \neq 0$, d'où $H^{d+1}(G_k, \mu_p) \neq 0$, cqfd.

Corollaire. *Si k est, soit un corps de fonctions d'une variable sur un corps fini, soit un corps de fonctions de deux variables sur un corps algébriquement clos, on a* $\mathrm{cd}(G_k) = 2$.

[Par "corps de fonctions de r variables" sur un corps k_0, on entend une extension de k_0, de degré de transcendance r, et de type fini sur k_0.]

Cela résulte de ce que $\mathrm{cd}(G_{k_0})$ est égal à 1 (resp. à 0) lorsque k_0 est un corps fini (resp. un corps algébriquement clos).

Remarques.

1) Lorsque k' est une extension transcendante pure de k, la projection $G_{k'} \to G_k$ est *scindée* (il suffit de le voir lorsque $k' = k(t)$, auquel cas cela se déduit du résultat analogue pour $k((t))$, cf. n° 4.3, exerc. 1, 2). Il en résulte (cf. Ax [8]) que, pour tout G_k-module A, l'application canonique

$$H^i(k, A) \longrightarrow H^i(k', A) , \quad i = 0, 1, \ldots$$

est injective. Cela montre en particulier que $\mathrm{cd}_p(G_{k'}) \geq \mathrm{cd}_p(G_k)$, même si $\mathrm{cd}_p(G_k) = \infty$.

2) Pour plus de détails sur les relations entre la cohomologie galoisienne de $k(t)$ et celle des extensions finies de k (valeurs, résidus, etc), voir le § 4 de l'Annexe.

4.3. Corps locaux

Proposition 12. *Soit K un corps complet pour une valuation discrète de corps résiduel k. Pour tout nombre premier p, on a:*

$$\mathrm{cd}_p(G_K) \leq 1 + \mathrm{cd}_p(G_k) .$$

Il y a égalité lorsque $\mathrm{cd}_p(G_k) < \infty$ et que p est distinct de la caractéristique de K.

La démonstration est analogue à la précédente. On utilise l'extension non ramifiée maximale K_{nr} de K. Le groupe de Galois de cette extension s'identifie à G_k; d'autre part, celui de K_s/K_{nr} est de dimension cohomologique ≤ 1 (cf. n° 3.3 ainsi que [145], Chap. XII). La prop. 15 du Chapitre I s'applique et montre que $\mathrm{cd}_p(G_K) \leq 1 + \mathrm{cd}_p(G_k)$.

Lorsque $d = \mathrm{cd}_p(G_k)$ est fini, et que p est premier à la caractéristique de K, on se ramène comme précédemment au cas où G_k est un pro-p-groupe. On calcule $H^{d+1}(G_K, \mu_p)$. On trouve:

$$H^{d+1}(G_K, \mu_p) = H^d(G_k, K_{nr}^*/K_{nr}^{*p}) .$$

La valuation de K_{nr} définit un homomorphisme surjectif

$$K_{nr}^*/K_{nr}^{*p} \longrightarrow \mathbf{Z}/p\mathbf{Z} ,$$

d'où un homomorphisme surjectif $H^d(G_k, K_{nr}^*/K_{nr}^{*p}) \to H^d(G_k, \mathbf{Z}/p\mathbf{Z})$, et on en déduit encore que $H^{d+1}(G_K, \mu_p)$ est $\neq 0$, cqfd.

Corollaire. *Si le corps résiduel k de K est fini, on a $\mathrm{cd}_p(G_K) = 2$ pour tout p distinct de la caractéristique de K.*

On a en effet $G_k = \widehat{\mathbf{Z}}$, d'où $\mathrm{cd}_p(G_k) = 1$ pour tout p.

Remarque.
Si $\mathrm{cd}_p(G_k) = \infty$, on a $\mathrm{cd}_p(G_K) = \infty$, cf. exerc. 3 ci-dessous.

Exercices.
Dans ces exercices, K et k satisfont aux hypothèses de la prop. 12.

1) On suppose k de caractéristique 0. On a une suite exacte

$$(*) \qquad\qquad 1 \longrightarrow N \longrightarrow G_K \longrightarrow G_k \longrightarrow 1 \; ,$$

où $N = G(\overline{K}/K_{nr})$ est le groupe d'inertie de G_K.
   (a) Définir un isomorphisme canonique de N sur $\varprojlim \mu_n$, où μ_n désigne le groupe des racines n-ièmes de l'unité de $\bar{k}$ (ou de $\overline{K}$, cela revient au même). En déduire que N est isomorphe (non canoniquement) à $\widehat{\mathbf{Z}}$.
   (b) Montrer que l'extension $(*)$ est scindée. [Si π est une uniformisante de K, montrer que l'on peut choisir des π_n, $n \geq 1$, dans $\overline{K}$ tels que $\pi_1 = \pi$ et $(\pi_{nm})^m = \pi_n$ pour tout couple $n, m \geq 1$. Si H est le sous-groupe de G_K qui fixe les π_n, montrer que G_K est produit semi-direct de H et de N.]

2) On suppose k de caractéristique $p > 0$. Une extension galoisienne finie de K est dite *modérée* si son groupe d'inertie est d'ordre premier à p. Soit K_{mod} la composée de ces extensions. On a $K_s \supset K_{\mathrm{mod}} \supset K_{nr} \supset K$. Les corps résiduels de K_{mod} et K_{nr} sont égaux à k_s; celui de K_s est $\bar{k}$.
   (a) Soit $N = G(K_{\mathrm{mod}}/K_{nr})$. Montrer que $N = \varprojlim \mu_n$, où n parcourt les entiers ≥ 1 premiers à p.
   Montrer que l'extension

$$1 \longrightarrow N \longrightarrow G(K_{\mathrm{mod}}/K) \longrightarrow G_k \longrightarrow 1$$

est scindée [même méthode que dans l'exerc. 1].
   (b) Soit $P = G(K_s/K_{\mathrm{mod}})$. Montrer que P est un pro-p-groupe.
   (c) Montrer que l'extension

$$1 \longrightarrow G(K_s/K_{nr}) \longrightarrow G_K \longrightarrow G_k \longrightarrow 1$$

est scindée [utiliser (a) ainsi que le fait que toute extension de G_k par P est scindée puisque $\mathrm{cd}_p(G_k) \leq 1$, cf. prop. 3 – voir aussi Hazewinkel [41], App., th. 2.1, pour le cas où k est parfait.]

3) Utiliser le scindage de $G_K \to G_k$, démontré dans les deux exercices ci-dessus, pour prouver que, si A est un G_k-module, les applications canoniques

$$H^i(k, A) \longrightarrow H^i(K, A) \; , \quad i = 0, 1, \dots,$$

sont injectives (cf. [8]). On a donc $\mathrm{cd}_p(G_k) \leq \mathrm{cd}_p(G_K)$ pour tout p.

4.4. Dimension cohomologique du groupe de Galois d'un corps de nombres algébriques

Proposition 13. *Soit k un corps de nombres algébriques. Si $p \neq 2$, ou si k est totalement imaginaire, on a $\mathrm{cd}_p(G_k) \leq 2$.*

La démonstration s'appuie sur le lemme suivant:

Lemme 1. *Pour tout nombre premier p il existe une extension abélienne K de $\mathbf{Q}$ dont le groupe de Galois est isomorphe à $\mathbf{Z}_p$, et dont les degrés locaux $n_v(K)$ sont égaux à p^∞, pour toute place ultramétrique v de K.*

[Comme K est galoisienne sur $\mathbf{Q}$, le degré local $n_v(K)$ d'une place v de K ne dépend que de la place induite par v sur $\mathbf{Q}$; si cette dernière est définie par le nombre premier ℓ, on écrira $n_\ell(K)$ au lieu de $n_v(K)$.]

Soit d'abord $\mathbf{Q}(p)$ le corps obtenu en adjoignant à $\mathbf{Q}$ les racines de l'unité d'ordre une puissance de p. Il est bien connu ("irréductibilité des polynômes cyclotomiques") que le groupe de Galois de cette extension s'identifie canoniquement au groupe $\mathbf{U}_p$ des unités du corps $\mathbf{Q}_p$. De plus, le groupe de décomposition D_ℓ d'un nombre premier ℓ est égal à $\mathbf{U}_p$ tout entier si $\ell = p$, et à l'adhérence du sous-groupe de $\mathbf{U}_p$ engendré par ℓ si $\ell \neq p$ (cf. [145], p. 85). Dans tous les cas, on voit que D_ℓ est infini, et il en résulte que son ordre (qui n'est autre que $n_\ell(\mathbf{Q}(p))$) est divisible par p^∞. Notons maintenant que $\mathbf{U}_p$ est produit direct d'un groupe fini par le groupe $\mathbf{Z}_p$ (cf. par exemple [145], p. 220). Une telle décomposition définit un sous-corps K de $\mathbf{Q}(p)$ tel que $G(K/\mathbf{Q}) = \mathbf{Z}_p$. Comme $[\mathbf{Q}(p) : K]$ est fini, les degrés locaux de $K/\mathbf{Q}$ sont nécessairement égaux à p^∞, ce qui achève la démonstration du lemme.

Revenons maintenant à la prop. 13. Soit K un corps jouissant des propriétés énoncées dans le lemme 1, et soit L un composé de K avec k. Le groupe de Galois de L/k s'identifie à un sous-groupe fermé d'indice fini du groupe $G(K/\mathbf{Q})$; il est donc lui aussi isomorphe à $\mathbf{Z}_p$. Le même argument montre que les degrés locaux des places ultramétriques de K sont égaux à p^∞. D'après la prop. 9, on a $\mathrm{cd}_p(G_L) \leq 1$. Comme d'autre part, on a $\mathrm{cd}_p(\mathbf{Z}_p) = 1$, la prop. 15 du Chapitre I montre que $\mathrm{cd}_p(G_k) \leq 2$, cqfd.

4.5. La propriété (C_r)

C'est la suivante:

(C_r). *Toute équation homogène $f(x_1, \ldots, x_n) = 0$, de degré d, à coefficients dans k, a une solution non triviale dans k^n si $n > d^r$.*
(Noter que $(C_0) \Leftrightarrow k$ est algébriquement clos; quant à (C_1), voir n° 3.2.)

La propriété (C_r) jouit de "théorèmes de transition" analogues à ceux des n°s 4.1 et 4.2. De façon plus précise:

(a) Si k' est une extension algébrique de k, et si k est (C_r), alors k' est (C_r), cf. Lang [95].

(b) Plus généralement, si k' est une extension de k de degré de transcendance n, et si k est (C_r), alors k' est (C_{r+n}), cf. Lang [95], complété par Nagata [118].

En particulier, toute extension de degré de transcendance $\leq r$ d'un corps algébriquement clos est (C_r); ceci s'applique notamment au corps des fonctions méromorphes sur une variété analytique complexe, compacte, de dimension r.

Par contre la prop. 12 n'a pas d'analogue pour (C_r): si K est un corps local dont le corps résiduel k est (C_r), *il n'est pas vrai en général que K soit (C_{r+1})*. L'exemple le plus simple est celui de Terjanian [174], où $r = 1$, $k = \mathbf{F}_2$, $K = \mathbf{Q}_2$; Terjanian construit un polynôme homogène f, de degré 4, en 18 variables, à coefficients entiers, qui n'a pas de zéro non trivial dans $\mathbf{Q}_2$; comme $18 > 4^2$, cela montre que $\mathbf{Q}_2$ n'est pas (C_2), bien que son corps résiduel soit (C_1). Pour d'autres exemples, voir Greenberg [57], ainsi que Borevič-Šafarevič [21], Chap. I, n° 6.5.

Le cas $r = 2$

La propriété (C_2) est particulièrement intéressante. Elle entraîne:

$(*)$ *Si D est un corps gauche de centre k et fini sur k, la norme réduite* $\mathrm{Nrd} : D^* \to k^*$ *est surjective.*

En effet, si $[D : k] = n^2$, et si $a \in k^*$, l'équation $\mathrm{Nrd}(x) = at^n$ est homogène de degré n en $n^2 + 1$ inconnues (à savoir t et les composantes de x); si k est (C_2), elle a donc une solution non triviale, ce qui montre que a est norme réduite d'un élément de D^*.

Une autre conséquence de (C_2) est:

$(**)$ *Toute forme quadratique à 5 variables* (ou davantage) *sur k est isotrope* (i.e. représente 0).

Cela permet de classer complètement les formes quadratiques sur k (supposé de caractéristique $\neq 2$) au moyen de leur *rang*, de leur *discriminant* (dans $k^*/k^{*2} = H^1(k, \mathbf{Z}/2\mathbf{Z})$), et de leur *invariant de Hasse-Witt* (dans $\mathrm{Br}_2(k) = H^2(\mathbf{Z}/2\mathbf{Z})$), cf. Witt [187] ainsi que Scharlau [139], II.14.5.

Lien entre (C_r) et $\mathrm{cd}(G_k) \leq r$

On a vu au n° 3.2 que $(C_1) \Rightarrow \mathrm{cd}(G_k) \leq 1$. *Il est probable que*

$$(C_r) \Rightarrow \mathrm{cd}(G_k) \leq r \quad \textit{pour tout } r \geq 0.$$

C'est (trivialement) vrai pour $r = 0$, et c'est (non trivialement) vrai pour $r = 2$, d'après des résultats de Merkurjev et Suslin. Plus précisément:

Théorème MS (Suslin [167], cor. 24.9). *Soit k un corps parfait. Les propriétés suivantes sont équivalentes:*
(a) $\mathrm{cd}(G_k) \leq 2$.
(b) *La propriété $(*)$ ci-dessus* (surjectivité de la norme réduite) *est vraie pour toutes les extensions finies de k.*

Comme $(C_2) \Rightarrow$ (b), on en déduit bien que $(C_2) \Rightarrow \mathrm{cd}(G_k) \leq 2$ lorsque k est parfait; le cas général se ramène immédiatement à celui-là.

Remarques.

1) Un point essentiel dans la démonstration du théorème MS est la construction d'un homomorphisme $k^*/\operatorname{Nrd}(D^*) \to H^3(k, \mu_n^{\otimes 2})$, qui est *injectif* si n est sans facteur carré, cf. Merkurjev-Suslin [109], th. 12.2.

2) On peut se demander si $\operatorname{cd}(G_k) \leq 2$ entraîne $(**)$. Il n'en est rien. Merkurjev a montré (cf. [108]) que, pour tout $N \geq 1$, il existe un corps k de caractéristique 0, avec $\operatorname{cd}(G_k) = 2$, qui possède une forme quadratique anisotrope de rang N. Si $N > 4$, un tel corps n'est pas (C_2); il n'est même pas (C_r) si l'on choisit $N > 2^r$.

3) Pour un résultat partiel dans la direction $(C_r) \overset{?}{\Rightarrow} \operatorname{cd}(G_k) \leq r$, voir exerc. 2.

Exercices.

1) On suppose k de caractéristique $\neq 2$; on note I l'ideal d'augmentation de l'anneau de Witt de k.

Montrer, comme conséquence de résultats de Merkurjev et Suslin (cf. [4], [111]), que les propriétés suivantes sont équivalentes:

(a) Les formes quadratiques sur k sont caractérisées par leur rang, leur discriminant et leur invariant de Hasse-Witt.

(b) $I^3 = 0$.

(c) $H^3(k, \mathbf{Z}/2\mathbf{Z}) = 0$.

2) On suppose k de caractéristique $\neq 2$. Si $x \in k^*$ on note (x) l'élément correspondant de $H^1(k, \mathbf{Z}/2\mathbf{Z}) = k^*/k^{*2}$, cf. n°1.2.

On note (M_i) la propriété suivante de k (cas particulier des conjectures de Milnor [117]): $H^i(k, \mathbf{Z}/2\mathbf{Z})$ est engendré par les cup-produits des éléments de $H^1(k, \mathbf{Z}/2\mathbf{Z})$.

On suppose que k est (C_r) pour un entier $r \geq 1$.

(a) Soient $x_1, \ldots, x_i \in k^*$. Montrer que le cup-produit $(x_1) \cdots (x_i) \in H^i(k, \mathbf{Z}/2\mathbf{Z})$ est 0 si $i > r$. [Soit q la i-forme de Pfister $\langle 1, -x_1 \rangle \otimes \cdots \otimes \langle 1, -x_i \rangle$. L'invariant d'Arason [3] de q est $(x_1) \cdots (x_i)$. Si $i > r$, (C_r) entraîne que q est isotrope, donc hyperbolique, et son invariant est 0.]

(b) On suppose que les extensions finies de k ont la propriété (M_{r+1}). Montrer que $\operatorname{cd}_2(G_k) \leq r$.

(c) Même énoncé que (b), avec (M_{r+1}) remplacé par (M_r).

[Ainsi, on a $(C_r) \Rightarrow \operatorname{cd}_2(G_k) \leq r$ si l'on admet les conjectures de Milnor.]

3) On suppose que k est (C_r) de caractéristique $p > 0$.

(a) Montrer que $[k : k^p] \leq p^r$. En déduire que les groupes de cohomologie $H_p^i(k)$, définis par Bloch et Kato (cf. [81]), sont 0 pour $i > r + 1$.

(b) On suppose $p = 2$. Montrer, en utilisant les résultats de Kato sur les formes de Pfister (*loc. cit.*, prop. 3) que $H_p^i(k) = 0$ pour $i = r + 1$.

(Il est probable que ce résultat est également valable pour $p \neq 2$.)

§ 5. Corps p-adiques

Dans tout ce paragraphe, la lettre k désigne un *corps p-adique*, c'est-à-dire une extension finie du corps $\mathbf{Q}_p$. Un tel corps est complet pour une valuation discrète v et son corps résiduel k_0 est une extension finie $\mathbf{F}_{p^f}$ du corps premier $\mathbf{F}_p$; c'est un corps localement compact.

5.1. Rappels

a) *Structure de k^**

Si $U(k)$ désigne le groupe des unités de k, on a la suite exacte

$$0 \longrightarrow U(k) \longrightarrow k^* \xrightarrow{\;v\;} \mathbf{Z} \longrightarrow 0 \;.$$

Le groupe $U(k)$ peut être considéré comme un groupe analytique p-adique compact commutatif; sa dimension N est égale à $[k : \mathbf{Q}_p]$. D'après la théorie de Lie, $U(k)$ est donc isomorphe au produit d'un groupe fini F par $(\mathbf{Z}_p)^N$; il est clair que F n'est autre que l'ensemble des racines de l'unité contenues dans k; en particulier, c'est un groupe *cyclique*.

Il résulte de ce dévissage de k^* que les quotients k^*/k^{*n} sont *finis* pour tout $n \geq 1$, et l'on peut facilement évaluer leur ordre.

b) Le groupe de Galois G_k de $\overline{k}/k$ est de *dimension cohomologique égale à 2* (cf. n° 4.3, cor. à la prop. 12).

c) Le *groupe de Brauer* $\mathrm{Br}(k) = H^2(k, \mathbf{G}_m)$ *s'identifie à* $\mathbf{Q}/\mathbf{Z}$, cf. [145], Chap. XIII. Rappelons brièvement comment se fait cette identification:

Si l'on note k_{nr} l'extension maximale non ramifiée de k, on montre d'abord que $\mathrm{Br}(k) = H^2(k_{nr}/k, \mathbf{G}_m)$, autrement dit que tout élément de $\mathrm{Br}(k)$ est "neutralisé" par une extension non ramifiée. On montre ensuite que la valuation v donne un isomorphisme de $H^2(k_{nr}/k, \mathbf{G}_m)$ sur $H^2(k_{nr}/k, \mathbf{Z})$; comme $G(k_{nr}/k) = \widehat{\mathbf{Z}}$, le groupe $H^2(k_{nr}/k, \mathbf{Z})$ s'identifie à $\mathbf{Q}/\mathbf{Z}$, ce qui donne l'isomorphisme cherché.

5.2. Cohomologie des G_k-modules finis

Ici, et dans toute la suite, on note μ_n le groupe des racines n-ièmes de l'unité de $\overline{k}$; c'est un G_k-module.

Lemme 2. *On a $H^1(k, \mu_n) = k^*/k^{*n}$, $H^2(k, \mu_n) = \mathbf{Z}/n\mathbf{Z}$ et $H^i(k, \mu_n) = 0$ pour $i \geq 3$. En particulier tous les $H^i(k, \mu_n)$ sont des groupes finis.*

On écrit la suite exacte de cohomologie correspondant à la suite exacte

$$0 \longrightarrow \mu_n \longrightarrow \mathbf{G}_m \xrightarrow{\ n\ } \mathbf{G}_m \longrightarrow 0 \ ,$$

cf. n° 1.2. On a $H^0(k, \mathbf{G}_m) = k^*$, $H^1(k, \mathbf{G}_m) = 0$ et $H^2(k, \mathbf{G}_m) = \mathbf{Q}/\mathbf{Z}$. On en déduit la détermination de $H^i(k, \mu_n)$ pour $i \leq 2$; le cas $i \geq 3$ est trivial puisque $\mathrm{cd}(G_k) = 2$.

Proposition 14. *Si A est un G_k-module fini, $H^n(k, A)$ est fini pour tout n.*

Il existe évidemment une extension galoisienne finie K de k telle que A soit isomorphe (comme G_K-module) à une somme directe de modules de type μ_n. Vu le lemme 2, les $H^j(K, A)$ sont finis. La suite spectrale

$$H^i(G(K/k), H^j(K, A)) \Longrightarrow H^n(k, A)$$

montre alors que les $H^n(k, A)$ sont finis.

En particulier, les groupes $H^2(k, A)$ sont finis; on peut donc appliquer au groupe G_k les résultats du Chap. I, n° 3.5, et définir le *module dualisant I* de G_k.

Théorème 1. *Le module dualisant I est isomorphe au module μ réunion des μ_n, $n \geq 1$.*

[On notera que μ est isomorphe à $\mathbf{Q}/\mathbf{Z}$ en tant que groupe abélien, mais pas en tant que G_k-module.]

Posons $G = G_k$ pour simplifier les notations. Soit n un entier ≥ 1, et soit I_n le sous-module de I formé des éléments annulés par n. Si H est un sous-groupe de G, on sait que I est un module dualisant pour H, et $\mathrm{Hom}^H(\mu_n, I_n) = \mathrm{Hom}^H(\mu_n, I)$ s'identifie au dual de $H^2(H, \mu_n)$, lequel est isomorphe à $\mathbf{Z}/n\mathbf{Z}$ d'après le lemme 2 (appliqué à l'extension de k correspondant à H). En particulier, le résultat est *indépendant de H*. Il s'ensuit que $\mathrm{Hom}(\mu_n, I_n) = \mathbf{Z}/n\mathbf{Z}$ et que G opère trivialement sur ce groupe. Si $f_n : \mu_n \to I_n$ désigne l'élément de $\mathrm{Hom}(\mu_n, I_n)$ correspondant au générateur canonique de $\mathbf{Z}/n\mathbf{Z}$, on voit facilement que f_n est un *isomorphisme de μ_n sur I_n* compatible avec les opérations de G sur ces deux groupes. En faisant tendre n vers l'infini (multiplicativement!) on obtient un isomorphisme de μ sur I, ce qui démontre le théorème.

Théorème 2. *Soit A un G_k-module fini, et posons:*

$$A' = \mathrm{Hom}(A, \mu) = \mathrm{Hom}(A, \mathbf{G}_m) \ .$$

Pour tout entier i, $0 \leq i \leq 2$, le cup-produit

$$H^i(k, A) \times H^{2-i}(k, A') \longrightarrow H^2(k, \mu) = \mathbf{Q}/\mathbf{Z}$$

met en dualité les groupes finis $H^i(k, A)$ et $H^{2-i}(k, A')$.

Pour $i = 2$, c'est la définition même du module dualisant. Le cas $i = 0$ se ramène au cas $i = 2$ en remplaçant A par A' et en observant que $(A')' = A$. Pour la même raison, dans le cas $i = 1$, il suffit de prouver que l'homomorphisme canonique

$$H^1(k, A) \longrightarrow H^1(k, A')^* = \mathrm{Hom}(H^1(k, A'), \mathbf{Q}/\mathbf{Z})'$$

est injectif. Or c'est "purement formel" à partir de ce que l'on sait déjà. En effet, puisque le foncteur $H^1(k, A)$ est effaçable, on peut plonger A dans un G_k-module B de telle sorte que $H^1(k, A) \to H^1(k, B)$ soit nul. En posant $C = B/A$, on a un diagramme commutatif:

$$
\begin{array}{ccccc}
H^0(k, B) & \longrightarrow & H^0(k, C) & \xrightarrow{\ \delta\ } & H^1(k, A) \\
\alpha \downarrow & & \beta \downarrow & & \gamma \downarrow \\
H^2(k, B')^* & \longrightarrow & H^2(k, C')^* & \longrightarrow & H^1(k, A')^* \,.
\end{array}
$$

Comme α et β sont bijectifs et δ surjectif, on en conclut que γ est injectif, cqfd.

Remarques.

1) Le théorème de dualité précédent est dû à Tate [171]. La démonstration initiale de Tate passait par l'intermédiaire de la cohomologie des "tores"; elle utilisait de façon essentielle les théorèmes de Nakayama (cf. [145], Chap. IX). Poitou en a donné une autre démonstration, qui consiste à se ramener par dévissage au cas de μ_n (cf. exerc. 1).

2) Lorsque le corps k, au lieu d'être p-adique, est un corps de séries formelles $k_0((T))$ sur un corps fini k_0 à p^f éléments, les résultats ci-dessus restent valables sans changement, pourvu que le module A soit d'ordre *premier à p*. Pour les modules p-primaires, la situation est différente. Il faut interpréter $A' = \mathrm{Hom}(A, \mathbf{G}_m)$ comme un groupe algébrique de dimension zéro (correspondant à une algèbre qui peut avoir des éléments nilpotents), et prendre la cohomologie de ce groupe non plus du point de vue galoisien (qui ne donnerait rien), mais du point de vue "plat". De plus, comme $H^1(k, A)$ n'est pas fini en général, il faut le munir d'une certaine topologie, et prendre les caractères qui sont continus pour cette topologie; le théorème de dualité redevient alors applicable. Pour plus de détails, voir Shatz [157] et Milne [116].

Exercices.

1) En appliquant le théorème de dualité au module $A = \mathbf{Z}/n\mathbf{Z}$, montrer que l'on retrouve la dualité (donnée par la théorie du corps de classes local) entre $\mathrm{Hom}(G_k, \mathbf{Z}/n\mathbf{Z})$ et k^*/k^{*n}. Lorsque k contient les racines n-ièmes de l'unité, on peut identifier A à $A' = \mu_n$; montrer que l'application de $k^*/k^{*n} \times k^*/k^{*n}$ dans $\mathbf{Q}/\mathbf{Z}$ ainsi obtenue est donnée par le *symbole de Hilbert* (cf. [145], Chap. XIV).

2) On prend pour k un corps complet pour une valuation discrète, dont le corps résiduel k_0 est quasi-fini (cf. [145], p. 198). Montrer que les théorèmes 1 et 2 restent valables, pourvu que l'on se limite à des modules finis d'ordre premier à la caractéristique de k_0.

3) La partie "purement formelle" de la démonstration du théorème 2 est en fait un théorème sur les morphismes de foncteurs cohomologiques. Quel est ce théorème?

4) Montrer directement, par application des critères de Verdier (cf. Chap. I, Annexe 2, § 4) que G_k est un groupe de Cohen-Macaulay strict. En déduire une autre démonstration du théorème 2.

5.3. Premières applications

Proposition 15. *Le groupe G_k est de dimension cohomologique stricte égale à 2.*

En effet, le groupe $H^0(G_k, I) = H^0(G_k, \mu)$ n'est autre que le groupe des racines de l'unité contenues dans k, et on a vu au n° 5.1 que ce groupe est fini; la proposition en résulte, compte tenu de la prop. 19 du Chap. I.

Proposition 16. *Si A est une variété abélienne définie sur k, on a*

$$H^2(k, A) = 0 \ .$$

Pour tout $n \geq 1$, soit A_n le sous-groupe de A noyau de la multiplication par n. On voit immédiatement que $H^2(k, A) = \varinjlim H^2(k, A_n)$. D'après le théorème de dualité, $H^2(k, A_n)$ est dual de $H^0(k, A'_n)$. D'autre part, si B désigne la variété abélienne *duale* de A (au sens de la dualité des variétés abéliennes), on sait que A'_n peut être identifié à B_n. On est donc ramené à prouver que l'on a:

$$\varprojlim H^0(k, B_n) = 0 \ .$$

Or $B(k) = H^0(k, B)$ est un groupe de Lie p-adique compact et abélien. Son sous-groupe de torsion est donc fini, ce qui prouve que les $H^0(k, B_n)$ sont contenus dans un sous-groupe fini fixe de B; la nullité de $\varprojlim H^0(k, B_n)$ en résulte aisément.

Remarque.

Tate a démontré que $H^1(k, A)$ s'identifie au dual du groupe compact $H^0(k, B)$, cf. [97], [170]; il ne semble pas que ce résultat puisse s'obtenir simplement à partir du théorème de dualité du n° précédent.

Exercice.

Soit T un tore défini sur k. Montrer que les conditions suivantes sont équivalentes:

(i) $T(k)$ est compact,
(ii) Tout k-homomorphisme de T dans $\mathbf{G}_m$ est trivial,
(iii) $H^2(k, T) = 0$.

5.4. Caractéristique d'Euler-Poincaré (cas élémentaire)

Soit A un G_k-module fini, et soit $h^i(A)$ l'ordre du groupe fini $H^i(k, A)$. Posons:

$$\chi(A) = \frac{h^0(A) \cdot h^2(A)}{h^1(A)} \ .$$

On obtient un nombre rationnel > 0 que l'on appelle la *caractéristique d'Euler-Poincaré de A*. Si $0 \to A \to B \to C \to 0$ est une suite exacte de G_k-modules, on voit facilement que l'on a:

$$\chi(B) = \chi(A) \cdot \chi(C) \ .$$

C'est l' "additivité" des caractéristiques d'Euler-Poincaré. Tate a montré que $\chi(A)$ ne dépend que de *l'ordre a* de A (de façon plus précise, il a prouvé l'égalité $\chi(A) = 1/(\mathfrak{o} : a\mathfrak{o})$, où $\mathfrak{o}$ désigne l'anneau des entiers de k, cf. n° 5.7). Nous nous contenterons, pour le moment, d'un cas particulier élémentaire:

Proposition 17. *Si l'ordre de A est premier à p, on a $\chi(A) = 1$.*

On va utiliser la suite spectrale associée à la tour d'extensions $k \to k_{nr} \to \overline{k}$. Le groupe $G(k_{nr}/k)$ s'identifie à $\widehat{\mathbf{Z}}$, on le sait. Si l'on désigne par U le groupe $G(\overline{k}/k_{nr})$, la théorie des groupes de ramification montre que le p-groupe de Sylow U_p de U est distingué dans U, et que le quotient $V = U/U_p$ est isomorphe au produit des $\mathbf{Z}_\ell$, pour $\ell \neq p$ (cf. n° 4.3, exerc. 2). On en déduit facilement que $H^i(U, A)$ est fini pour tout i, et nul pour $i \geq 2$. La suite spectrale

$$H^i(k_{nr}/k, H^j(k_{nr}, A)) \Longrightarrow H^n(k, A)$$

devient ici

$$H^i(\widehat{\mathbf{Z}}, H^j(U, A)) \Longrightarrow H^n(k, A) \ .$$

On en tire:

$$H^0(k, A) = H^0(\widehat{\mathbf{Z}}, H^0(U, A)) \ , \qquad H^2(k, A) = H^1(\widehat{\mathbf{Z}}, H^1(U, A)) \ ,$$

et l'on a une suite exacte:

$$0 \longrightarrow H^1(\widehat{\mathbf{Z}}, H^0(U, A)) \longrightarrow H^1(k, A) \longrightarrow H^0(\widehat{\mathbf{Z}}, H^1(U, A)) \longrightarrow 0 \ .$$

Mais, si M est un $\mathbf{Z}$-module fini, il est immédiat que les groupes $H^0(\widehat{\mathbf{Z}}, M)$ et $H^1(\widehat{\mathbf{Z}}, M)$ ont même nombre d'éléments. En appliquant ceci à $M = H^0(U, A)$ et $M = H^1(U, A)$, on voit que $h^1(A) = h^0(A) \cdot h^2(A)$, ce qui démontre bien que $\chi(A) = 1$.

Exercice.

Montrer que le groupe U_p défini dans la démonstration de la prop. 17 est un pro-p-groupe libre. En déduire que l'on a $H^j(U, A) = 0$ pour $j \geq 2$ et pour tout G_k-module de torsion A. Montrer que, si A est un p-groupe $\neq 0$, le groupe $H^1(U, A)$ *n'est pas* fini.

5.5. Cohomologie non ramifiée

Nous conservons les notations du n° précédent. Un G_k-module A est dit *non ramifié* si le groupe $U = G(\overline{k}/k_{nr})$ opère *trivialement* sur A; cela permet de considérer A comme un $\widehat{\mathbf{Z}}$-module, puisque $G(k_{nr}/k) = \widehat{\mathbf{Z}}$. En particulier, les groupes de cohomologie $H^i(k_{nr}/k, A)$ sont définis. Nous les noterons $H^i_{nr}(k, A)$.

Proposition 18. *Soit A un G_k-module fini et non ramifié. On a:*

(a) $H^0_{nr}(k, A) = H^0(k, A)$.

(b) $H^1_{nr}(k, A)$ *s'identifie à un sous-groupe de $H^1(k, A)$; son ordre est égal à celui de $H^0(k, A)$.*

(c) $H^i_{nr}(k, A) = 0$ *pour $i \geq 2$.*

L'assertion (a) est triviale; l'assertion (b) résulte du fait que $H^0(\widehat{\mathbf{Z}}, A)$ et $H^1(\widehat{\mathbf{Z}}, A)$ ont même nombre d'éléments; l'assertion (c) résulte de ce que $\widehat{\mathbf{Z}}$ est de dimension cohomologique égale à 1.

Proposition 19. *Soit A un G_k-module fini, non ramifié, et d'ordre premier à p. Le module $A' = \mathrm{Hom}(A, \mu)$ jouit des mêmes propriétés. De plus, dans la dualité entre $H^1(k, A)$ et $H^1(k, A')$, chacun des sous-groupes $H^1_{nr}(k, A)$ et $H^1_{nr}(k, A')$ est l'orthogonal de l'autre.*

Soit $\overline{\mu}$ le sous-module de μ formé des éléments d'ordre premier à p. Il est bien connu que $\overline{\mu}$ est un G_k-module non ramifié (le générateur canonique F de $G(k_{nr}/k) = \widehat{\mathbf{Z}}$ opère sur $\overline{\mu}$ par $\lambda \mapsto \lambda^q$, q étant le nombre d'éléments du corps résiduel k_0). Comme $A' = \mathrm{Hom}(A, \overline{\mu})$, on en déduit que A' est non ramifié.

Le cup-produit $H^1_{nr}(k, A) \times H^1_{nr}(k, A') \to H^2(k, \mu)$ se factorise à travers $H^2_{nr}(k, \overline{\mu})$, qui est nul. Il en résulte que $H^1_{nr}(k, A)$ et $H^1_{nr}(k, A')$ sont orthogonaux. Pour prouver que chacun est exactement l'orthogonal de l'autre, il suffit de vérifier que l'ordre $h^1(A)$ de $H^1(k, A)$ est égal au produit $h^1_{nr}(A) \cdot h^1_{nr}(A')$ des ordres de $H^1_{nr}(k, A)$ et $H^1_{nr}(k, A')$. Or la prop. 18 montre que $h^1_{nr}(A) = h^0(A)$, et de même $h^1_{nr}(A') = h^0(A')$. D'après le théorème de dualité, $h^0(A') = h^2(A)$. Comme $\chi(A) = 1$ (cf. prop. 17), on en déduit bien que

$$h^1(A) = h^0(A) \cdot h^2(A) = h^1_{nr}(A) \cdot h^1_{nr}(A') , \qquad \text{cqfd.}$$

Exercice.
Etendre les prop. 17, 18, 19 aux corps complets pour une valuation discrète de corps résiduel quasi-fini. Peut-on faire de même pour les prop. 15 et 16?

5.6. Le groupe de Galois de la p-extension maximale de k

Soit $k(p)$ la p-extension maximale de k, au sens du § 2. Par définition, le groupe de Galois $G_k(p)$ de $k(p)/k$ est le plus grand quotient de G_k qui soit un pro-p-groupe. Nous allons étudier la structure de ce groupe.

Proposition 20. *Soit A un $G_k(p)$-module de torsion et p-primaire. Pour tout entier $i \geq 0$, l'homomorphisme canonique*

$$H^i(G_k(p), A) \longrightarrow H^i(G_k, A)$$

est un isomorphisme.

On utilise le lemme suivant:

Lemme 3. *Si K est une extension algébrique de k dont le degré est divisible par p^∞, on a $\mathrm{Br}(K)(p) = 0$.*

On écrit K comme réunion de sous-extension finies K_α de k. On a $\mathrm{Br}(K) = \varinjlim \mathrm{Br}(K_\alpha)$. De plus chaque $\mathrm{Br}(K_\alpha)$ s'identifie à $\mathbf{Q}/\mathbf{Z}$, et si K_β contient K_α, l'homomorphisme correspondant de $\mathrm{Br}(K_\alpha)$ dans $\mathrm{Br}(K_\beta)$ est simplement la multiplication par le degré $[K_\beta : K_\alpha]$ (cf. [145], p. 201). Le lemme résulte facilement de là (cf. démonstration de la prop. 9, n° 3.3).

Revenons à la démonstration de la proposition 20. Le corps $k(p)$ contient la p-extension maximale non ramifiée de k, dont le groupe de Galois est $\mathbf{Z}_p$; on a donc $[k(p) : k] = p^\infty$ et le lemme 3 s'applique à toutes les extensions algébriques K de $k(p)$. Si $I = G(\overline{k}/k(p))$, cela entraîne que $\mathrm{cd}_p(I) \leq 1$, cf. n° 2.3, prop. 4. On a donc $H^i(I, A) = 0$ pour $i \geq 2$; mais on a aussi $H^1(I, A) = 0$, car tout homomorphisme de I dans un p-groupe est trivial (cf. n° 2.1, démonstration de la prop. 2). La suite spectrale des extensions de groupes montre alors que les homomorphismes

$$H^i(G_k/I, A) \longrightarrow H^i(G_k, A)$$

sont des isomorphismes, cqfd.

Théorème 3. *Si k ne contient pas de racine primitive p-ième de l'unité, le groupe $G_k(p)$ est un pro-p-groupe libre, de rang $N + 1$, avec $N = [k : \mathbf{Q}_p]$.*

D'après la prop. 20, on a $H^2(G_k(p), \mathbf{Z}/p\mathbf{Z}) = H^2(k, \mathbf{Z}/p\mathbf{Z})$; le théorème de dualité montre que ce dernier groupe est dual de $H^0(k, \mu_p)$, qui est nul par hypothèse. On a donc $H^2(G_k(p), \mathbf{Z}/p\mathbf{Z}) = 0$, ce qui signifie que $G_k(p)$ est libre, cf. Chap. I, n° 4.2. Pour calculer son rang, il faut déterminer la dimension de $H^1(G_k(p), \mathbf{Z}/p\mathbf{Z})$, qui est isomorphe à $H^1(G_k, \mathbf{Z}/p\mathbf{Z})$. D'après la théorie du corps de classes local (ou le théorème de dualité) ce groupe est dual de k^*/k^{*p}; vu les résultats rappelés au n° 5.1, k^*/k^{*p} est un $\mathbf{F}_p$-espace vectoriel de dimension $N + 1$, cqfd.

Théorème 4. *Si k contient une racine primitive p-ième de l'unité, le groupe $G_k(p)$ est un pro-p-groupe de Demuškin de rang $N + 2$, avec $N = [k : \mathbf{Q}_p]$. Son module dualisant est la composante p-primaire $\mu(p)$ du groupe μ des racines de l'unité.*

On a $H^0(k, \mu_p) = \mathbf{Z}/p\mathbf{Z}$, d'où $H^2(k, \mathbf{Z}/p\mathbf{Z}) = \mathbf{Z}/p\mathbf{Z}$. Appliquant la prop. 20, on voit que $H^2(G_k(p), \mathbf{Z}/p\mathbf{Z}) = \mathbf{Z}/p\mathbf{Z}$, et $H^i(G_k(p), \mathbf{Z}/p\mathbf{Z}) = 0$ pour $i > 2$, ce qui montre déjà que $\mathrm{cd}_p(G_k(p)) = 2$. Pour vérifier que $G_k(p)$ est un groupe de Demuškin, il reste à prouver que le cup-produit:

$$H^1(G_k(p), \mathbf{Z}/p\mathbf{Z}) \times H^1(G_k(p), \mathbf{Z}/p\mathbf{Z}) \longrightarrow H^2(G_k(p), \mathbf{Z}/p\mathbf{Z}) = \mathbf{Z}/p\mathbf{Z}$$

est une forme bilinéaire non dégénérée. Or cela résulte de la prop. 20, et du résultat analogue pour la cohomologie de k (noter que μ_p et $\mathbf{Z}/p\mathbf{Z}$ sont isomorphes).

Le rang de $G_k(p)$ est égal à la dimension de $H^1(G_k(p), \mathbf{Z}/p\mathbf{Z})$, qui est égale à celle de k^*/k^{*p}, c'est-à-dire $N + 2$.

Reste à montrer que le module dualisant de $G_k(p)$ est $\mu(p)$. Tout d'abord, puisque k contient μ_p, le corps obtenu en adjoignant à k les racines p^n-ièmes de l'unité est une extension abélienne de k, de degré $\leq p^{n-1}$; elle est donc contenue dans $k(p)$. Cela montre déjà que $\mu(p)$ est un $G_k(p)$-module; d'après la prop. 20, on a

$$H^2(G_k(p), \mu(p)) = H^2(k, \mu(p)) = (\mathbf{Q}/\mathbf{Z})(p) = \mathbf{Q}_p/\mathbf{Z}_p \ .$$

Soit maintenant A un $G_k(p)$-module fini et p-primaire. Posons:

$$A' = \mathrm{Hom}(A, \mu) = \mathrm{Hom}(A, \mu(p)) \ .$$

On obtient ainsi un $G_k(p)$-module. Si $0 \leq i \leq 2$, le cup-produit définit une application bilinéaire:

$$H^i(G_k(p), A) \times H^{2-i}(G_k(p), A') \longrightarrow H^2(G_k(p), \mu(p)) = \mathbf{Q}_p/\mathbf{Z}_p \ .$$

D'après la prop. 20, cette application s'identifie à l'application correspondante pour la cohomologie de G_k; d'après le th. 2, c'est donc une dualité entre $H^i(G_k(p), A)$ et $H^{2-i}(G_k(p), A')$, ce qui achève de prouver que $\mu(p)$ est le module dualisant de $G_k(p)$.

Corollaire (Kawada). *Le groupe $G_k(p)$ peut être défini par $N + 2$ générateurs et une relation.*

Cela résulte des égalités:

$$\dim H^1(G_k(p), \mathbf{Z}/p\mathbf{Z}) = N + 2 \quad \text{et} \quad \dim H^2(G_k(p), \mathbf{Z}/p\mathbf{Z}) = 1 \ .$$

Remarque.

La structure de $G_k(p)$ a été déterminée complètement par Demuškin [43], [44] et Labute [92]. Le résultat est le suivant: notons p^s la plus grande puissance de p telle que k contienne les racines p^s-ièmes de l'unité, et *supposons d'abord que $p^s \neq 2$* (c'est notamment le cas si $p \neq 2$). On peut alors choisir les générateurs $x_1, \ldots, x_{N+2}$ de $G_k(p)$, et la relation r entre ces générateurs, de telle sorte que l'on ait:

$$r = x_1^{p^s}(x_1, x_2) \cdots (x_{N+1}, x_{N+2}) \ .$$

[On pose $(x, y) = xyx^{-1}y^{-1}$. Noter que l'hypothèse $p^s \neq 2$ entraîne que N est pair.]

Lorsque $p^s = 2$ et que N est impair, la relation r peut s'écrire

$$r = x_1^2 x_2^4 (x_2, x_3)(x_4, x_5) \cdots (x_{N+1}, x_{N+2}) ,$$

cf. [147] ainsi que Labute [92], th. 8. Ainsi, pour $k = \mathbf{Q}_2$, le groupe $G_k(2)$ est engendré (topologiquement) par trois éléments x, y, z liés par la relation $x^2 y^4 (y, z) = 1$.

Lorsque $p^s = 2$ et que N est pair, la structure de $G_k(2)$ dépend de l'image du caractère cyclotomique $\chi : G_k \to \mathbf{U}_2 = \mathbf{Z}_2^*$ (cf. [92], th. 9):

si $\mathrm{Im}(\chi)$ est le sous-groupe fermé de $\mathbf{U}_2$ engendré par $-1 + 2^f$ ($f \geq 2$), on a

$$r = x_1^{2+2^f} (x_1, x_2)(x_3, x_4) \cdots (x_{N+1}, x_{N+2}) ;$$

si $\mathrm{Im}(\chi)$ est engendré par -1 et $1 + 2^f$ ($f \geq 2$), on a

$$r = x_1^2 (x_1, x_2) x_3^{2^f} (x_3, x_4) \cdots (x_{N+1}, x_{N+2}) .$$

Exercices.

Dans ces exercices k est un corps complet pour une valuation discrète de corps résiduel $\mathbf{F}_q$, avec $q = p^f$.

1) Soit k_{mod} la composée des extensions galoisiennes modérées de k, cf. n° 4.3, exerc. 2. Montrer que $G(k_{\mathrm{mod}}/k)$ est isomorphe au produit semi-direct de $\widehat{\mathbf{Z}}$ par $\widehat{\mathbf{Z}}'$, où $\widehat{\mathbf{Z}}' = \prod_{\ell \neq p} \mathbf{Z}_\ell$ et le générateur canonique de $\widehat{\mathbf{Z}}$ opère sur $\mathbf{Z}'$ par $\lambda \mapsto q\lambda$.

Montrer que ce groupe est isomorphe au groupe profini associé au groupe discret défini par deux générateurs x, y liés par la relation $yxy^{-1} = x^q$.

2) Soit ℓ un nombre premier $\neq p$. On se propose de déterminer la structure du pro-ℓ-groupe $G_k(\ell)$, cf. § 2.

(a) On suppose que $\mathbf{F}_q$ ne contient pas de racine primitive ℓ-ième de l'unité, autrement dit que ℓ ne divise pas $q - 1$. Montrer que $G_k(\ell)$ est un pro-ℓ-groupe libre de rang 1, et que l'extension $k(\ell)/k$ est non ramifiée.

(b) On suppose que $q \equiv 1 \pmod{\ell}$. Montrer que $G_k(\ell)$ est un groupe de Demuškin de rang 2. Montrer, en utilisant l'exercice 1, que $G_k(\ell)$ peut être défini par deux générateurs x, y liés par la relation $yxy^{-1} = x^q$. Montrer que ce groupe est isomorphe au sous-groupe du groupe affine $\begin{pmatrix} a & b \\ 0 & 1 \end{pmatrix}$ formé des matrices telles que $b \in \mathbf{Z}_\ell$, et que $a \in \mathbf{Z}_\ell^*$ soit une puissance ℓ-adique de q.

(c) Les hypothèses étant celles de (b), on note m la valuation ℓ-adique de $q - 1$. Montrer que m est le plus grand entier tel que k contienne les racines ℓ^m-ièmes de l'unité. Montrer que, si $\ell \neq 2$, ou si $\ell = 2$ et $m \neq 1$, le groupe $G_k(\ell)$ peut être défini par deux générateurs x et y liés par la relation

$$yxy^{-1} = x^{1+\ell^m} .$$

Si $\ell = 2$, $m = 1$, soit n la valuation 2-adique de $q + 1$. Montrer que $G_k(2)$ peut être défini par deux générateurs x et y liés par la relation

$$yxy^{-1} = x^{-(1+2^n)} .$$

(d) Expliciter le module dualisant de $G_k(\ell)$ dans le cas (b).

5.7. Caractéristique d'Euler-Poincaré

On revient aux notations du n° 5.4. En particulier, $\mathfrak{o}$ désigne l'anneau des entiers de k. Pour tout $x \in k$, on note $\|x\|_k$ la *valeur absolue normalisée* de x, cf. [145], p. 37. Pour tout $x \in \mathfrak{o}$, on a:

$$\|x\|_k = \frac{1}{(\mathfrak{o} : x\mathfrak{o})} \ .$$

En particulier:

$$\|p\|_k = p^{-N} \ , \quad \text{avec } N = [k : \mathbf{Q}_p].$$

Si A est un G_k-module fini, on note $\chi(k, A)$ (ou simplement $\chi(A)$ s'il n'y a aucun risque de confusion sur k) la *caractéristique d'Euler-Poincaré* de A (n° 5.4). Le théorème de Tate s'énonce alors ainsi:

Théorème 5. *Si l'ordre du G_k-module fini A est égal à a, on a:*

$$\chi(A) = \|a\|_k$$

Les deux membres de la formule dépendent "additivement" de A. On est donc ramené, par un dévissage immédiat, au cas où A est un espace vectoriel sur un corps premier. Si ce corps est de caractéristique $\neq p$, le théorème a déjà été démontré (prop. 17). On peut donc supposer que A *est un espace vectoriel sur* $\mathbf{F}_p$. On peut alors considérer A comme un $\mathbf{F}_p[G]$-*module*, où G désigne un quotient fini de G_k. Soit $K(G)$ le *groupe de Grothendieck* de la catégorie des $\mathbf{F}_p[G]$-modules de type fini (cf. par exemple Swan [168]); les fonctions $\chi(A)$ et $\|a\|_k$ définissent des homomorphismes χ et φ de $K(G)$ dans $\mathbf{Q}^*_+$, et *tout revient à prouver que $\chi = \varphi$.* Comme $\mathbf{Q}^*_+$ est un groupe abélien *sans torsion*, il suffit de montrer que χ et φ ont la même valeur sur des éléments x_i de $K(G)$ qui engendrent $K(G) \otimes \mathbf{Q}$. Or on a le lemme suivant:

Lemme 4. *Pour tout sous-groupe C de G, notons M_G^C l'homomorphisme de $K(C) \otimes \mathbf{Q}$ dans $K(G) \otimes \mathbf{Q}$ défini par le foncteurs M_G^C du Chap. I, n° 2.5 ("module induit"). Le groupe $K(G) \otimes \mathbf{Q}$ est engendré par les images des M_G^C, pour C parcourant l'ensemble des sous-groupes cycliques de G d'ordre premier à p.*

Ce résultat peut se déduire de la description de $K(G) \otimes \mathbf{Q}$ au moyen de "caractères modulaires". On peut aussi, plus simplement, appliquer les résultats généraux de Swan [168], [169].

Il résulte de ce lemme qu'il suffit de prouver l'égalité $\chi(A) = \|a\|_k$ lorsque A est un $\mathbf{F}_p[G]$-module de la forme $M_G^C(B)$, avec C sous-groupe cyclique de G, d'ordre premier à p. Or, si K est l'extension de k correspondant à C, et si $b = \mathrm{Card}(B)$, on a:

$$\chi(K, B) = \chi(k, A) \qquad \text{et} \qquad \|b\|_K = \big(\|b\|_k\big)^{[K:k]} = \|a\|_k \ .$$

La formule à démontrer est donc équivalente à la formule $\chi(K, B) = \|B\|_K$, ce qui signifie que nous sommes ramenés au cas du module B, ou encore (quitte à changer le corps de base), que *nous sommes ramenés au cas où le groupe G est cyclique d'ordre premier à p.* Cela va simplifier la situation, du fait notamment que l'algèbre $\mathbf{F}_p[G]$ est maintenant *semi-simple*.

Soit L l'extension de k telle que $G(L/k) = G$. Comme l'ordre de G est premier à celui de A, on a:

$$H^i(k, A) = H^0(G, H^i(L, A)) \quad \text{pour tout } i.$$

Cela nous amène à introduire l'élément $h_L(A)$ de $K(G)$ défini par la formule:

$$h_L(A) = \sum_{i=0}^{i=2} (-1)^i [H^i(L, A)]$$

où $[H^i(L, A)]$ désigne l'élément de $K(G)$ qui correspond au $K(G)$-module $H^i(L, A)$.

Soit d'autre part $\theta : K(G) \to \mathbf{Z}$ l'unique homomorphisme de $K(G)$ dans $\mathbf{Z}$ tel que $\theta([E]) = \dim H^0(G, E)$ pour tout $K(G)$-module E. On a évidemment:

$$\log_p \chi(A) = \theta(h_L(A)) .$$

Or, on peut expliciter $h_L(A)$:

Lemme 5. *Soit* $r_G \in K(G)$ *la classe du module* $\mathbf{F}_p[G]$ *("représentation régulière"), soit* $N = [k : \mathbf{Q}_p]$, *et soit* $d = \dim(A)$. *On a:*

$$h_L(A) = -dN{\cdot}r_G .$$

Admettons pour un instant ce lemme. Comme $\theta(r_G) = 1$, on en déduit que $\theta(h_L(A)) = -dN$, d'où $\chi(A) = p^{-dN} = \|p^d\|_k = \|a\|_k$.

Tout revient donc à démontrer le lemme 5. Notons d'abord que le cup-produit définit un isomorphisme de G-modules:

$$H^i(L, \mathbf{Z}/p\mathbf{Z}) \otimes A \longrightarrow H^i(L, A) .$$

Dans l'anneau $K(G)$, on a donc:

$$h_L(A) = h_L(\mathbf{Z}/p\mathbf{Z}) \cdot [A]$$

et tout revient à prouver que $h_L(\mathbf{Z}/p\mathbf{Z}) = -N{\cdot}r_G$ (en effet, on vérifie sans difficultés que $r_G \cdot [A] = \dim(A){\cdot}r_G$). *On peut donc se borner à démontrer le lemme 5 lorsque* $A = \mathbf{Z}/p\mathbf{Z}$.

Or, dans ce cas, on a:

$H^0(L, \mathbf{Z}/p\mathbf{Z}) = \mathbf{Z}/p\mathbf{Z}$,
$H^1(L, \mathbf{Z}/p\mathbf{Z}) = \mathrm{Hom}(G_L, \mathbf{Z}/p\mathbf{Z}) = $ dual de L^*/L^{*p} (théorie du corps de classes)
$H^2(L, \mathbf{Z}/p\mathbf{Z}) = $ dual de $H^0(L, \mu_p)$ (théorème de dualité).

Soit U le groupe des unités de L. On a la suite exacte:

$$0 \longrightarrow U/U^p \longrightarrow L^*/L^{*p} \longrightarrow \mathbf{Z}/p\mathbf{Z} \longrightarrow 0 .$$

Si l'on désigne par $h_L(\mathbf{Z}/p\mathbf{Z})^*$ le dual de $h_L(\mathbf{Z}/p\mathbf{Z})$, on voit alors que l'on a:

$$h_L(\mathbf{Z}/p\mathbf{Z})^* = -[U/U^p] + [H^0(L, \mu_p)] .$$

Soit V le sous-groupe de U formé des éléments congrus à 1 modulo l'idéal maximal de l'anneau $\mathfrak{o}_L$. On a $V/V^p = U/U^p$, et le groupe $H^0(L, \mu_p)$ n'est autre que le sous-groupe $_pV$ de V formé des éléments x de V tels que $x^p = 1$. On peut donc écrire:

$$-h_L(\mathbf{Z}/p\mathbf{Z})^* = [V/V^p] - [_pV]$$
$$= [\mathrm{Tor}_0(V, \mathbf{Z}/p\mathbf{Z})] - [\mathrm{Tor}_1(V, \mathbf{Z}/p\mathbf{Z})] .$$

Mais V est un $\mathbf{Z}_p$-module de type fini, et l'on sait (c'est l'un des résultats élémentaires de la théorie de Brauer, cf. par exemple Giorgiutti [53]) que l'expression $[\mathrm{Tor}_0(V, \mathbf{Z}/p\mathbf{Z})] - [\mathrm{Tor}_1(V, \mathbf{Z}/p\mathbf{Z})]$ ne dépend que du *produit tensoriel de V avec $\mathbf{Q}_p$* (ou encore, si l'on veut, de l'*algèbre de Lie* du groupe analytique p-adique V). Or, le théorème de la base normale montre que cette algèbre de Lie est un $\mathbf{Q}[G]$-module libre de rang N. On a donc:

$$[\mathrm{Tor}_0(V, \mathbf{Z}/p\mathbf{Z})] - [\mathrm{Tor}_1(V, \mathbf{Z}/p\mathbf{Z})] = N \cdot r_G ,$$

et comme $(r_G)^* = r_G$, on voit bien que $h_L(\mathbf{Z}/p\mathbf{Z})$ est égal à $-N \cdot r_G$, ce qui achève la démonstration.

Remarque.

La démonstration initiale de Tate (cf. [171]) n'utilisait pas le lemme 4, mais le remplaçait par un argument de "dévissage" moins précis: on se trouvait ramené au cas d'extensions galoisiennes L/k modérément ramifiées, mais d'ordre éventuellement divisible par p. L'étude de L^*/L^{*p} est alors plus délicate, et Tate avait dû faire appel à un résultat d'Iwasawa [76]; il m'a d'ailleurs communiqué une démonstration "cohomologique" du résultat en question (lettre du 7 avril 1963).

Exercices.

1) Montrer directement que, si V et V' sont des $\mathbf{Z}_p[G]$-modules de type fini, tels que $V \otimes \mathbf{Q}_p = V' \otimes \mathbf{Q}_p$, on a:

$$[V/pV] - [_pV] = [V'/pV'] - [_pV'] \qquad \text{dans } K(G).$$

[Se ramener au cas où $V \supset V' \supset pV$, et utiliser la suite exacte:

$$0 \longrightarrow {_pV'} \longrightarrow {_pV} \longrightarrow V/V' \longrightarrow V'/pV' \longrightarrow V/pV \longrightarrow V/V' \longrightarrow 0 .]$$

2) Soit F un corps de caractéristique p, soit A un espace vectoriel de dimension finie sur F, et supposons que G_k opère continûment (et linéairement) sur A; les groupes de cohomologie $H^i(k, A)$ sont alors des F-espaces vectoriels. On pose:

$$\varrho(A) = \sum (-1)^i \dim H^i(k, A) .$$

Montrer que $\varrho(A) = -N \cdot \dim(A)$, avec $N = [k : \mathbf{Q}_p]$. [Même démonstration que pour le théorème 5, en remplaçant partout le corps $\mathbf{F}_p$ par le corps F.]

3) Mêmes hypothèses que dans l'exercice précédent. On se donne une extension galoisienne L/k, de groupe de Galois G fini, telle que G_L opère trivialement sur A (i.e. A est un $F[G]$-module). On pose

$$h_L(A) = \sum (-1)^i [H^i(L, A)] \ ,$$

dans le groupe de Grothendieck $K_F(G)$ des $F[G]$-modules de type fini. Montrer que l'on a encore la formule:

$$h_L(A) = -N \cdot \dim(A) \cdot r_G \ .$$

[Utiliser la théorie des caractères modulaires pour se ramener au cas où G est cyclique d'ordre premier à p.]

4) Mêmes hypothèses et notations que dans les deux exercices précédents, à cela près qu'on suppose F de caractéristique $\neq p$. Montrer que l'on a alors $\varrho(A) = 0$ et $h_L(A) = 0$ pour tout A.

5.8. Groupes de type multiplicatif

Soit A un G_k-module *de type fini* sur $\mathbf{Z}$. On définit son *dual* A' par la formule habituelle:

$$A' = \mathrm{Hom}(A, \mathbf{G}_m) \ .$$

Le groupe A' est le groupe des $\overline{k}$-points d'un groupe algébrique commutatif, défini sur k, et que nous désignerons encore par $\mathrm{Hom}(A, \mathbf{G}_m)$. Lorsque A est fini, A' est fini; lorsque A est libre sur $\mathbf{Z}$, A' est le *tore* de groupe des caractères A (cf. Chap. III, n° 2.1). On se propose d'étendre au couple (A, A') le théorème de dualité du n° 5.2. Le cup-produit définit des applications bilinéaires

$$\theta_i : H^i(k, A) \times H^{2-i}(k, A') \longrightarrow H^2(k, \mathbf{G}_m) = \mathbf{Q}/\mathbf{Z} \qquad (i = 0, 1, 2).$$

Théorème 6. (a) *Soit* $H^0(k, A)^\wedge$ *le complété du groupe abélien* $H^0(k, A)$ *pour la topologie des sous-groupes d'indice fini. L'application* θ_0 *met en dualité le groupe compact* $H^0(k, A)^\wedge$ *et le groupe discret* $H^2(k, A')$.

(b) *L'application* θ_1 *met en dualité les deux groupes finis* $H^1(k, A)$ *et* $H^1(k, A')$.

(c) *Le groupe* $H^0(k, A')$ *peut être canoniquement muni d'une structure de groupe analytique p-adique; soit* $H^0(k, A')^\wedge$ *son complété pour la topologie des sous-groupes ouverts d'indice fini. L'application* θ_2 *met en dualité le groupe discret* $H^2(k, A)$ *et le groupe compact* $H^0(k, A')^\wedge$.

[Lorsque A est fini, on peut supprimer les opérations de complétion de (a) et de (c), et l'on retrouve le théorème 2 du n° 5.2.]

On va se borner à esquisser une démonstration par "dévissage": on devrait pouvoir aussi procéder directement à partir des résultats des Annexes 1 et 2 au Chap. I.

i) Cas où $A = \mathbf{Z}$

On a $A' = \mathbf{G}_m$; l'assertion (a) résulte de l'isomorphisme $H^2(k, \mathbf{G}_m) = \mathbf{Q}/\mathbf{Z}$; l'assertion (b) résulte de ce que $H^1(k, \mathbf{Z}) = 0$ et $H^1(k, \mathbf{G}_m) = 0$; l'assertion (c) résulte de ce que $H^2(k, \mathbf{Z})$ est isomorphe à $\mathrm{Hom}(G_k, \mathbf{Q}/\mathbf{Z})$, et la théorie du corps de classes local (théorème d' "existence" compris) montre que ce groupe est dual du complété de k^* pour la topologie des sous-groupes ouverts d'indice fini.

ii) Cas où $A = \mathbf{Z}[G]$, avec G quotient fini de G_k

Si G est le groupe de Galois de l'extension finie K/k, on a $H^i(k, A) = H^i(K, \mathbf{Z})$ et de même $H^i(k, A') = H^i(K, \mathbf{G}_m)$. On est ainsi ramené au cas précédent (pour le corps K), à condition bien entendu de vérifier certaines commutativités de diagrammes.

iii) Finitude de $H^1(k, A)$ et de $H^1(k, A')$

Cette finitude est connue lorsque A lui-même est fini (cf. n° 5.2). Par dévissage, on est donc ramené au cas où A est libre sur $\mathbf{Z}$. Soit K/k une extension galoisienne finie de k, de groupe de Galois G, telle que G_K opère trivialement sur A. On a $H^1(K, A) = \mathrm{Hom}(G_K, A) = 0$, et de même $H^1(K, A')$ est nul (th. 90). On a donc:

$$H^1(k, A) = H^1(G, A) \quad \text{et} \quad H^1(k, A') = H^1(G, A') \ .$$

Il est évident que le groupe $H^1(G, A)$ est fini; la finitude du groupe $H^1(G, A')$ se démontre sans difficultés (cf. Chap. III, n° 4.3).

iv) Cas général

On écrit A comme quotient L/R, où L est un $\mathbf{Z}[G]$-module libre de type fini, G étant un quotient fini de G_k. D'après (ii), le th. 6 est vrai pour L, et l'on a $H^1(k, L) = H^1(k, L') = 0$. Les suites exactes de cohomologie relatives aux suites exactes de coefficients:

$$0 \longrightarrow R \longrightarrow L \longrightarrow A \longrightarrow 0$$
$$0 \longrightarrow A' \longrightarrow L' \longrightarrow R' \longrightarrow 0$$

se coupent chacune en deux tronçons. On obtient ainsi les diagrammes commutatifs (I) et (II) ci-dessous. Pour les écrire plus commodément, nous ne mentionnerons pas explicitement le corps k, et nous noterons E^* le groupe des homomorphismes *continus* d'un groupe topologique E dans le groupe discret $\mathbf{Q}/\mathbf{Z}$; pour les groupes topologiques que nous avons à considérer, il se trouve que "continu" équivaut à "d'ordre fini". Ceci étant, les diagrammes en question sont les suivants:

(I)
$$0 \longrightarrow H^1(R)^* \longrightarrow H^0(A)^* \longrightarrow H^0(L)^* \longrightarrow H^0(R)^* \longrightarrow 0$$
$$f_1 \uparrow \qquad f_2 \uparrow \qquad f_3 \uparrow \qquad f_4 \uparrow$$
$$0 \longrightarrow H^1(R') \longrightarrow H^2(A') \longrightarrow H^2(L') \longrightarrow H^2(R') \longrightarrow 0$$

et

(II)
$$0 \longrightarrow H^1(A) \longrightarrow H^2(R) \longrightarrow H^2(L) \longrightarrow H^2(A) \longrightarrow 0$$
$$g_1 \downarrow \qquad g_2 \downarrow \qquad g_3 \downarrow \qquad g_4 \downarrow$$
$$0 \longrightarrow H^1(A')^* \longrightarrow H^0(R')^* \longrightarrow H^0(L')^* \longrightarrow H^0(A')^* \longrightarrow 0$$

Bien entendu, les flèches verticales sont définies par les applications bilinéaires θ_i. Il faut noter également que les lignes de ces deux diagrammes sont des suites *exactes*; c'est évident pour le diagramme (I) ainsi que pour la première ligne du diagramme (II); en ce qui concerne la deuxième ligne du diagramme (II), il faut remarquer le foncteur $\mathrm{Hom}_{\mathrm{cont}}(G, \mathbf{Q}/\mathbf{Z})$ est exact sur la catégorie des groupes abéliens localement compacts G qui sont totalement discontinus et dénombrables à l'infini.

Le théorème 6 revient à dire que les applications f_2, g_1 et g_4 sont bijectives. Or, d'après (ii), g_3 est bijective. On en déduit que g_4 est surjective. Comme ce résultat peut s'appliquer à tout G_k-module A, il est également vrai pour R, ce qui prouve que g_2 est surjective; de là et du diagramme (II), on tire que g_4 est bijective, puis que g_2 est bijective, et enfin que g_1 est bijective. Revenant au diagramme (I), on voit que f_1 et f_3 sont bijectives; on en déduit que f_2 est injective, donc aussi f_4, et finalement f_2 est bijective, ce qui achève la démonstration.

Remarque.

Lorsque A est libre sur $\mathbf{Z}$ (autrement dit lorsque A' est un *tore*), on peut donner une démonstration plus simple du théorème 6, basée sur les théorèmes du type Nakayama-Tate (cf. [145], Chap. IX).

§ 6. Corps de nombres algébriques

Dans ce paragraphe, on note k un *corps de nombres algébriques*, c'est-à-dire une extension finie de $\mathbf{Q}$. Une place de k est une classe d'équivalence de valeurs absolues non impropres de k; l'ensemble des places est noté V. Si $v \in V$, le complété de k pour la topologie associée à v est noté k_v; si v est archimédienne, k_v est isomorphe à $\mathbf{R}$ ou $\mathbf{C}$; si v est ultramétrique, k_v est un corps p-adique.

6.1. Modules finis – définition des groupes $P^i(k, A)$

Soit A un G_k-module fini. Le changement de base $k \to k_v$ permet de définir les groupes de cohomologie $H^i(k_v, A)$. [Lorsque v est une place archimédienne, nous conviendrons que $H^0(k_v, A)$ désigne le 0-ième groupe de cohomologie *modifié* (cf. [145], Chap. VIII, n° 1) du groupe fini G_{k_v} à valeurs dans A. Si par exemple v est complexe, on a $H^0(k_v, A) = 0$.]

D'après le n° 1.1, on a des homomorphismes canoniques:

$$H^i(k, A) \longrightarrow H^i(k_v, A) \ .$$

Ces homomorphismes peuvent s'interpréter de la manière suivante:

Soit w une extension de v à $\overline{k}$, et soit D_w le groupe de décomposition correspondant (on a $s \in D_w$ si et seulement si $s(w) = w$). Notons $\overline{k}_w$ la réunion des complétés des sous-extensions finies de $\overline{k}$ [attention: *ce n'est pas* le complété de $\overline{k}$ pour w, cf. exerc. 1]; on démontre facilement que $\overline{k}_w$ est une clôture algébrique de k_v, et que son groupe de Galois est D_w. On peut donc identifier $H^i(k_v, A)$ à $H^i(D_w, A)$, et l'homomorphisme

$$H^i(k, A) \longrightarrow H^i(k_v, A)$$

devient alors simplement l'homomorphisme de *restriction*:

$$H^i(G_k, A) \longrightarrow H^i(D_w, A) \ .$$

La collection des homomorphismes $H^i(k, A) \to H^i(k_v, A)$ définit un homomorphisme $H^i(k, A) \to \prod H^i(k_v, A)$. En fait, le produit direct peut être remplacé par un sous-groupe convenable. De façon précise, soit K/k une extension galoisienne finie de k telle que G_k opère trivialement dans A, et soit S un ensemble fini de places de k contenant toutes les places archimédiennes ainsi que toutes les places que se ramifient dans K. Il est facile de voir que, pour $v \notin S$, le G_{k_v}-module A est *non ramifié* au sens du n° 5.5, et les sous-groupes $H^i_{nr}(k_v, A)$ sont bien définis. Soit $P^i(k, A)$ le sous-groupe du produit $\prod_{v \in V} H^i(k_v, A)$ formé des systèmes (x_v) tels que x_v appartienne à $H^i_{nr}(k_v, A)$ pour presque tout $v \in V$. On a:

Proposition 21. *L'homomorphisme canonique $H^i(k, A) \to \prod H^i(k_v, A)$ applique $H^i(k, A)$ dans $P^i(k, A)$.*

En effet, tout élément x de $H^i(k, A)$ provient d'un élément $y \in H^i(L/k, A)$, où L/k est une extension galoisienne fine convenable. Si T désigne la réunion de S et de l'ensemble des places de k ramifiées dans L, il est clair que l'image x_v de x dans $H^i(k_v, A)$ appartient à $H^i_{nr}(k_v, A)$ pour tout $v \notin T$, d'où la proposition.

Nous noterons $f_i : H^i(k, A) \to P^i(k, A)$ l'homomorphisme défini par la proposition précédente. D'après la prop. 18 du n° 5.5, on a:

$$P^0(k, A) = \prod H^0(k_v, A) \qquad \text{(produit direct)},$$
$$P^2(k, A) = \coprod H^2(k_v, A) \qquad \text{(somme directe)}.$$

Quant au groupe $P^1(k, A)$, Tate propose de le noter $\overline{\prod} H^1(k_v, A)$, pour bien montrer qu'il est intermédiaire entre un produit direct et une somme directe.

Enfin, les groupes $P^i(k, A)$, $i \geq 3$, sont simplement les produits (finis) des $H^i(k_v, A)$, pour v parcourant l'ensemble des places archimédiennes *réelles* de k. En particulier, on a $P^i(k, A) = 0$ pour $i \geq 3$ si k est totalement imaginaire, ou si A est d'ordre impair.

Remarque.

L'application f_0 est évidemment injective, et Tate a démontré (cf. n° 6.3) que les f_i, $i \geq 3$, sont bijectives. Par contre, f_1 et f_2 ne sont pas nécessairement injectives (cf. Chap. III, n° 4.7).

Exercices.

1) Soit w une place ultramétrique de la clôture algébrique $\overline{k}$ de k. Montrer que le corps $\overline{k}_w$ défini plus haut n'est pas complet [remarquer qu'il est réunion dénombrable de sous-espaces fermés sans points intérieurs, et appliquer le théorème de Baire]. Montrer que le complété de $\overline{k}_w$ est un corps algébriquement clos.

2) Définir les $P^i(k, A)$ pour i négatif. Montrer que le système des $\{P^i(k, A)\}_{i \in \mathbf{Z}}$ forme un foncteur cohomologique en A.

6.2. Le théorème de propreté

Les groupes $P^i(k, A)$ définis au n° précédent peuvent être munis de façon naturelle d'une topologie de *groupe localement compact* (cas particulier de la notion de "somme directe locale" due à Braconnier): on prend comme base de voisinages de 0 les sous-groupes $\prod_{v \notin T} H^i_{nr}(k_v, A)$, où T parcourt l'ensemble des parties finies de V contenant S. Pour $P^0(k, A) = \prod H^0(k_v, A)$, on trouve la topologie *produit*, qui fait de $P^0(k, A)$ un groupe *compact*. Pour $P^1(k, A) = \prod H^1(k_v, A)$ on trouve une certaine topologie de groupe localement compact; pour $P^2(k, A) = \coprod H^2(k_v, A)$, on trouve la topologie *discrète*.

Théorème 7. *L'homomorphisme canonique*

$$f_i : H^i(k, A) \longrightarrow P^i(k, A)$$

est une application propre, lorsqu'on munit $H^i(k, A)$ de la topologie discrète, et $P^i(k, A)$ de la topologie définie ci-dessus.

Nous ne démontrerons ce théorème que pour $i = 1$. Le cas $i = 0$ est trivial, et le cas $i \geq 2$ résulte des théorèmes plus précis de Tate et Poitou qui seront énoncés au n° suivant.

Soit T une partie de V contenant S, et soit $P_T^1(k, A)$ le sous-groupe de $P_1(k, A)$ formé des éléments (x_v) tels que $x_v \in H_{nr}^1(k_v, A)$ pour tout $v \notin T$. Il est clair que $P_T^1(k, A)$ est compact, et que réciproquement tout sous-ensemble compact de $P^1(k, A)$ est contenu dans l'un des $P_T^1(k, A)$. Il nous suffira donc de prouver que l'image réciproque X_T de $P_T^1(k, A)$ dans $H^1(k, A)$ est *finie*. Par définition, un élément $x \in H^1(k, A)$ appartient à X_T si et seulement si il est non ramifié en dehors de T. Désignons, comme ci-dessus, par K/k une extension galoisienne finie de k telle que G_K opère trivialement sur A, et soit T' l'ensemble des places de K prolongeant les places de T. On voit facilement que l'image de X_T dans $H^1(k, A)$ est formée d'éléments non ramifiés en dehors de T; comme le noyau de $H^1(k, A) \to H^1(K, A)$ est fini, on est donc ramené à montrer que ces éléments sont en nombre fini. Ainsi (quitte à remplacer k par K), *on peut supposer que G_k opère trivialement sur A.* On a alors $H^1(k, A) = \mathrm{Hom}(G_k, A)$. Si $\varphi \in \mathrm{Hom}(G_k, A)$, désignons par $k(\varphi)$ l'extension de k correspondant au noyau de φ; c'est une extension abélienne, et φ définit un isomorphisme du groupe de Galois $G(k(\varphi)/k)$ sur un sous-groupe de A. Dire que φ est non ramifié en dehors de T signifie que l'extension $k(\varphi)/k$ est non ramifiée en dehors de T. Comme les extensions $k(\varphi)$ sont de degré borné, le théorème de finitude que nous voulons démontrer est une conséquence du résultat plus précis suivant:

Lemme 6. *Soit k un corps de nombres algébriques, soit r un entier, et soit T un ensemble fini de places de k. Il n'existe qu'un nombre fini d'extensions de degré r de k qui soient non ramifiées en dehors de T.*

On se ramène tout de suite au cas où $k = \mathbf{Q}$. Si E est une extension de $\mathbf{Q}$ de degré r non ramifiée en dehors de T, le discriminant d de E sur $\mathbf{Q}$ n'est divisible que par des nombres premiers p appartenant à T. De plus, l'exposant de p dans d est borné (cela résulte, par exemple, du fait qu'il n'existe qu'un nombre fini d'extensions du corps local $\mathbf{Q}_p$ qui soient de degré $\leq r$, cf. Chap. III, n° 4.2; voir aussi [145], p. 67). Les discriminants d possibles sont donc en nombre fini. Comme il n'existe qu'un nombre fini de corps de nombres ayant un discriminant donné (théorème d'Hermite), cela démontre le lemme.

6.3. Enoncés des théorèmes de Poitou et Tate

Conservons les notations précédentes, et posons $A' = \operatorname{Hom}(A, \mathbf{G}_m)$. Le théorème de dualité du cas local, joint à la prop. 19 du n° 5.5, entraîne que $P^0(k, A)$ *est dual de* $P^2(k, A')$ *et* $P^1(k, A)$ *est dual de* $P^1(k, A')$ [il faut faire un peu attention aux places archimédiennes – cela marche, grâce à la convention faite au début du n° 6.1.].

Les trois théorèmes suivants sont nettement plus difficiles. Nous nous bornerons à les énoncer:

Théorème A. *Le noyau de* $f_1 \; : \; H^1(k, A) \;\; \rightarrow \;\; \prod H^1(k_v, A)$ *et celui de* $f_2' : H^2(k, A') \to \coprod H^2(k_v, A')$ *sont en dualité.*

On observera que cet énoncé, appliqué au module A', entraîne la finitude du noyau de f_2; le cas $i = 2$ du théorème 7 résulte immédiatement de là.

Théorème B. *Pour* $i \geq 3$, *l'homomorphisme*

$$f_i : H^i(k, A) \longrightarrow \prod H^i(k_v, A)$$

est un isomorphisme.

[Bien entendu, on peut se borner aux places v qui sont réelles, i.e. telles que $k_v = \mathbf{R}$.]

Théorème C. *On a une suite exacte:*

$$0 \to \; H^0(k, A) \; \to \; \prod H^0(k_v, A) \to H^2(k, A')^* \to \; H^1(k, A)$$

$\quad\quad\;$ (fini) $\quad\quad\quad$ (compact) $\quad\quad$ (compact) $\quad\quad$ (discret) $\;\searrow$

$$\prod H^1(k_v, A)$$

$\quad\quad\quad\quad\quad\quad\quad\quad\quad\quad\quad\quad\quad\quad\quad\quad\quad$ $\nearrow$ (loc.compact)

$$0 \leftarrow H^0(k, A')^* \leftarrow \; \coprod H^2(k_v, A) \leftarrow \; H^2(k, A) \; \leftarrow H^1(k, A')^*$$

$\quad\quad\;$ (fini) $\quad\quad\quad\quad$ (discret) $\quad\quad$ (discret) $\quad\quad$ (compact)

Tous les homomorphismes qui figurent dans cette suite sont continus.

(On a noté G^* le dual – au sens de Pontrjagin – du groupe localement compact G.)

Ces théorèmes sont énoncés dans l'exposé de Tate à Stockholm [171], avec de brèves indications sur les démonstrations. D'autres démonstrations, dues à Poitou, se trouvent dans le séminaire de Lille de 1963, cf. [126]. Voir aussi Haberland [65] et Milne [116].

Indications bibliographiques sur le Chapitre II

La situation est tout à fait analogue à celle du Chapitre I: presque tous les résultats sont dus à Tate. La seule publication de Tate à ce sujet est son exposé à Stockholm [171], qui contient une foule de résultats (beaucoup plus qu'il n'a été possible d'exposer ici), mais très peu de démonstrations. Heureusement, les démonstrations du cas local ont été rédigées par Lang (notes polycopiées); d'autres se trouvent dans l'exposé de Douady au séminaire Bourbaki [47].

Mentionnons également:

1) L'intérêt de la notion de "dimension cohomologique" (pour le groupe de Galois G_k d'un corps k) a été signalé pour la première fois par Grothendieck, à propos de son étude de la "cohomologie de Weil". La prop. 11 du n° 4.2 lui est due.

2) Poitou a obtenu les résultats du § 6 à peu près en même temps que Tate. Il a exposé ses démonstrations (qui semblent différentes de celles de Tate) dans le séminaire de Lille [126].

3) Poitou et Tate ont été tous deux influencés par les résultats de Cassels, relatifs à la cohomologie galoisienne des courbes elliptiques, cf. [26].

Annexe – Cohomologie galoisienne des extensions transcendantes pures

[Le texte qui suit reproduit, avec des changements mineurs, le résumé des cours de la chaire d'Algèbre et Géométrie, publié dans *l'Annuaire du Collège de France*, 1991–1992, p. 105–113.]

Le cours a comporté deux parties.

1. Cohomologie de $k(T)$

Il s'agit de résultats essentiellement connus, dus à Faddeev [50], Scharlau [138], Arason [3], Elman [49], ... On peut les résumer comme suit:

§ 1. Une suite exacte

Soient G un groupe profini, N un sous-groupe distingué fermé de G, Γ le quotient G/N, et C un G-module discret sur lequel N opère trivialement (i.e. un Γ-module). Faisons l'hypothèse:

$$(1.1) \qquad H^i(N,C) = 0 \quad pour\ tout\ i > 1.$$

La suite spectrale $H^\bullet(\Gamma, H^\bullet(N,C)) \Rightarrow H^\bullet(G,C)$ dégénère alors en une suite exacte:

$$(1.2)$$
$$\cdots \longrightarrow H^i(\Gamma,C) \longrightarrow H^i(G,C) \overset{r}{\longrightarrow} H^{i-1}(\Gamma, \operatorname{Hom}(N,C)) \longrightarrow H^{i+1}(\Gamma,C) \longrightarrow \cdots$$

L'homomorphisme $r : H^i(G,C) \to H^{i-1}(\Gamma, \operatorname{Hom}(N,C))$ figurant dans (1.2) est défini de la manière suivante (cf. Hochschild-Serre [72], Chap. II):

Si α est un élément de $H^i(G,C)$, on peut représenter α par un cocycle $a(g_1,\ldots,g_i)$ qui est normalisé (i.e. égal à 0 lorsqu'un des g_i est égal à 1), et qui ne dépend que de g_1 et des images $\gamma_2,\ldots,\gamma_i$ de $g_2,\ldots,g_i$ dans Γ. Pour $\gamma_2,\ldots,\gamma_i$ fixés, l'application de N dans C définie par

$$n \mapsto a(n,g_2,\ldots,g_i) \quad (n \in N),$$

est un élément $b(\gamma_2,\ldots,\gamma_i)$ de $\operatorname{Hom}(N,C)$ et la $(i-1)$-cochaîne b ainsi définie sur Γ est un $(i-1)$-cocycle à valeurs dans $\operatorname{Hom}(N,C)$; sa classe de cohomologie est $r(\alpha)$.

Faisons l'hypothèse supplémentaire:

$$(1.3) \qquad L'extension \quad 1 \longrightarrow N \longrightarrow G \longrightarrow \Gamma \longrightarrow 1 \quad est\ scindée\ .$$

L'homomorphisme $H^i(\Gamma,C) \to H^i(G,C)$ est alors injectif, et (1.2) se réduit à la suite exacte:

$$(1.4) \qquad 0 \longrightarrow H^i(\Gamma,C) \longrightarrow H^i(G,C) \overset{r}{\longrightarrow} H^{i-1}(\Gamma, \operatorname{Hom}(N,C)) \longrightarrow 0\ .$$

§ 2. Le cas local

Si K est un corps, on note K_s une clôture séparable de K, et l'on pose $G_K = G(K_s/K)$. Si C est un G_K-module (discret), on écrit $H^i(K, C)$ à la place de $H^i(G_K, C)$.

Supposons que K soit muni d'une *valuation discrète* v, de corps résiduel $k(v)$; notons K_v le complété de K pour v. Choisissons un prolongement de v à K_s; soient D et I les groupes de décomposition et d'inertie correspondants; on a $D \simeq G_{K_v}$ et $D/I \simeq G_{k(v)}$.

Soit n un entier > 0, premier à la caractéristique de $k(v)$, et soit C un G_K-module tel que $nC = 0$. Faisons l'hypothèse suivante:

(2.1) C *est non ramifié en* v (i.e. I opère trivialement sur C).

On peut alors appliquer à la suite exacte $1 \to I \to D \to G_{k(v)} \to 1$ les résultats du § 1 (les hypothèses (1.1) et (1.3) se vérifient sans difficulté). Le $G_{k(v)}$-module $\mathrm{Hom}(I, C)$ s'identifie à $C(-1) = \mathrm{Hom}(\mu_n, C)$, où μ_n désigne le groupe des racines n-ièmes de l'unité (dans $k(v)_s$ ou dans K_s, cela revient au même). Vu (1.4), cela donne la suite exacte:

(2.2) $0 \longrightarrow H^i(k(v), C) \longrightarrow H^i(K_v, C) \overset{r}{\longrightarrow} H^{i-1}(k(v), C(-1)) \longrightarrow 0$.

Soit $\alpha \in H^i(K, C)$ et soit α_v son image (par restriction) dans $H^i(K_v, C)$. L'élément $r(\alpha_v)$ de $H^{i-1}(k(v), C(-1))$ est appelé le *résidu de* α *en* v, est noté $r_v(\alpha)$. S'il est non nul, on dit que α a un *pôle en* v. S'il est nul, on dit que α est *régulier* (ou "holomorphe") *en* v; dans ce cas, α_v s'identifie à un élément de $H^i(k(v), C)$, qui est appelé la *valeur de* α *en* v, et noté $\alpha(v)$.

§ 3. Courbes algébriques et corps de fonctions d'une variable

Soit X une courbe projective lisse connexe sur un corps k, et soit $K = k(X)$ le corps de fonctions correspondant. Soit $\underline{X}$ l'ensemble des points fermés du schéma X. Un élément x de $\underline{X}$ peut être identifié à une *valuation discrète* de K, triviale sur k; on note $k(x)$ le corps résiduel correspondant; c'est une extension finie de k.

Comme ci-dessus, soit n un entier > 0, premier à la caractéristique de k, et soit C un G_k-module tel que $nC = 0$. Le choix d'un plongement de k_s dans K_s définit un homomorphisme $G_K \to G_k$, ce qui permet de considérer C comme un G_K-module. Pour tout $x \in \underline{X}$, l'hypothèse (2.1) est satisfaite. Si $\alpha \in H^i(K, C)$, on peut donc parler du *résidu* $r_x(\alpha)$ de α en x; on a $r_x(\alpha) \in H^{i-1}(k(x), C(-1))$. On démontre:

(3.1) *On a* $r_x(\alpha) = 0$ *pour tout* $x \in \underline{X}$ *sauf un nombre fini* (autrement dit l'ensemble des pôles de α est fini).

De façon plus précise, soit L/K une extension galoisienne finie de K assez grande pour que α provienne d'un élément de $H^i(G(L/K), C_L)$, où $C_L = H^0(G_L, C)$. On a $r_x(\alpha) = 0$ pour tout x en lequel l'indice de ramification de L/K est premier à n.

(3.2) *On a la "formule des résidus"*:

$$\sum_{x \in \underline{X}} \mathrm{Cor}_k^{k(x)}\, r_x(\alpha) = 0 \quad dans\ H^{i-1}(k, C(-1)),$$

où $\mathrm{Cor}_k^{k(x)} : H^{i-1}(k(x), C(-1)) \to H^{i-1}(k, C(-1))$ *désigne l'homomorphisme de corestriction relativement à l'extension* $k(x)/k$.

(Précisons ce que l'on entend par Cor_E^F si F/E est une extension finie: c'est le produit de la corestriction galoisienne usuelle (correspondant à l'inclusion $G_F \to G_E$) par le degré inséparable $[F : E]_i$. Le composé $\mathrm{Cor}_E^F \circ \mathrm{Res}_F^E$ est égal à la multiplication par $[F : E]$.)

Application

Soit $f \in K^*$, et soit $D = \sum_{x \in \underline{X}} n_x x$ le diviseur de f. Supposons D disjoint de l'ensemble des pôles de α. Cela permet de définir un élément $\alpha(D)$ de $H^i(k, C)$ par la formule

$$\alpha(D) = \sum_{x \in |D|} n_x \, \mathrm{Cor}_k^{k(x)} \alpha(x) \; .$$

On déduit de (3.2) la formule suivante:

$$(3.3) \qquad\qquad \alpha(D) = \sum_{x \text{ pôle de } \alpha} \mathrm{Cor}_k^{k(x)}(f(x)) \cdot r_x(\alpha) \; ,$$

où:

$(f(x))$ est l'élément de $H^1(k(x), \mu_n)$ défini par l'élément $f(x)$ de $k(x)$, *via* la théorie de Kummer;

$r_x(\alpha) \in H^{i-1}(k(x), C(-1))$ est le résidu de α en x;

$(f(x)) \cdot r_x(\alpha)$ est le cup-produit de $(f(x))$ et de $r_x(\alpha)$ dans $H^i(k(x), C)$, relativement à l'application bilinéaire $\mu_n \times C(-1) \to C$.

Lorsque α n'a pas de pôles, (3.3) se réduit à

$$\alpha(D) = 0 \; ,$$

analogue cohomologique du *théorème d'Abel*. Cela permet d'associer à α un homomorphisme du groupe des points rationnels de la jacobienne de X dans le groupe $H^i(k, C)$; pour $i = 1$, on retrouve une situation étudiée dans le cours de 1956–1957, cf. *Groupes Algébriques et Corps de Classes* [144].

§ 4.   Le cas où $K = k(T)$

C'est celui où X est la droite projective $\mathbf{P}_1$. Du fait que X possède un point rationnel, l'homomorphisme canonique $H^i(k, C) \to H^i(K, C)$ est injectif. Un élément de $H^i(K, C)$ est dit *constant* s'il appartient à $H^i(k, C)$. On démontre:

(4.1) *Pour que* $\alpha \in H^i(K, C)$ *soit constant, il faut et il suffit que* $r_x(\alpha) = 0$ *pour tout* $x \in \underline{X}$ (*i.e. que* α *n'ait pas de pôles*).

(4.2) *Pour tout* $x \in \underline{X}$, *soit* $\varrho_x \in H^{i-1}(k(x), C(-1))$. *Supposons que* $\varrho_x = 0$ *pour tout* x *sauf un nombre fini, et que:*

$$\sum_{x \in \underline{X}} \mathrm{Cor}_k^{k(x)} \varrho_x = 0 \quad \text{dans } H^{i-1}(k, C(-1)).$$

Il existe alors $\alpha \in H^i(K, C)$ *tel que* $r_x(\alpha) = \varrho_x$ *pour tout* $x \in \underline{X}$.

On peut résumer (3.1), (3.2), (4.1), (4.2) par la suite exacte:
(4.3)
$$0 \longrightarrow H^i(k, C) \longrightarrow H^i(K, C) \longrightarrow \bigoplus_{x \in \underline{X}} H^{i-1}(k(x), C(-1)) \longrightarrow H^{i-1}(k, C(-1)) \longrightarrow 0 \; .$$

Remarque.

Soit $\alpha \in H^i(K,C)$, et soit P_α l'ensemble de ses pôles. Les énoncés ci-dessus montrent que α est déterminé sans ambiguïté par ses résidus, et par sa valeur en un point rationnel de X non contenu dans P_α. En particulier, la *valeur* de α peut se calculer à partir de ces données. Voici un formule permettant de faire un tel calcul si $\infty \notin P_\alpha$:

$$(4.4) \qquad \alpha(x) = \alpha(\infty) + \sum_{y \in P_\alpha} \mathrm{Cor}_k^{k(y)}(x-y){\cdot}r_y(\alpha) \ ,$$

où

$\alpha(x)$ est la valeur de α en un point rationnel $x \in X(k)$, $x \notin P_\alpha$, $x \neq \infty$;

$\alpha(\infty)$ est la valeur de α au point ∞;

$(x-y)$ est l'élément de $H^1(k(y),\mu_n)$ défini par $x-y$;

$(x-y){\cdot}r_y(\alpha)$ est le cup-produit de $(x-y)$ par le résidu $r_y(\alpha)$, calculé dans $H^i(k(y),C)$;

$\mathrm{Cor}_k^{k(y)}$ est la corestriction: $H^i(k(y),C) \to H^i(k,C)$.

Cela se déduit de (3.3), appliqué à la fonction $f(T) = x - T$, dont le diviseur D est $(x) - (\infty)$.

Généralisation à plusieurs variables

Soit $K = k(T_1,\ldots,T_m)$ le corps des fonctions de l'espace projectif $\mathbf{P}_m$ de dimension m. Tout diviseur irréductible W de $\mathbf{P}_m$ définit une valuation discrète v_W de K. L'énoncé suivant se déduit de (4.1) par récurrence sur m:

(4.5) *Pour que* $\alpha \in H^i(K,C)$ *soit constant* (i.e. appartienne à $H^i(k,C)$), *il faut et il suffit que* α *n'ait de pôle en aucune valuation* v_W (et l'on peut même se borner aux W distincts de l'hyperplan à l'infini, i.e. on peut se placer sur *l'espace affine* de dimension m, et non sur l'espace projectif).

2. Application: spécialisation du groupe de Brauer

§ 5. Notations

Ce sont celles du § 4, avec $i = 2$ et $C = \mu_n$, d'où $C(-1) = \mathbf{Z}/n\mathbf{Z}$.

On a $H^2(K,C) = \mathrm{Br}_n(K)$, noyau de la multiplication par n dans le groupe de Brauer $\mathrm{Br}(K)$. La suite exacte (4.3) s'écrit alors:

$$0 \longrightarrow \mathrm{Br}_n(k) \longrightarrow \mathrm{Br}_n(K) \longrightarrow \bigoplus_{x \in \underline{X}} H^1(k(x),\mathbf{Z}/n\mathbf{Z}) \longrightarrow H^1(k,\mathbf{Z}/n\mathbf{Z}) \longrightarrow 0 \ .$$

Elle est due à D.K. Faddeev [50].

Soit $\alpha \in \mathrm{Br}_n(K)$, et soit $P_\alpha \subset \underline{X}$ l'ensemble de ses pôles. Si $x \in X(k)$ est un point rationnel de $X = \mathbf{P}_1$, et si $x \notin P_\alpha$, la valeur de α en x est un élément $\alpha(x)$ de $\mathrm{Br}_n(k)$. On s'intéresse à la variation de $\alpha(x)$ avec x, et en particulier à l'ensemble $V(\alpha)$ des x tels que $\alpha(x) = 0$ (*"lieu des zéros de α"*). On aimerait comprendre la structure de $V(\alpha)$. (Par exemple, si k est infini, est-il vrai que $V(\alpha)$ est, soit vide, soit de cardinal égal à celui de k?)

Le cas où $n = 2$ et où α est un symbole (f,g), avec $f,g \in K^*$, est particulièrement intéressant, à cause de son interprétation en termes du *fibré en coniques* de base X défini par l'équation homogène

$$U^2 - f(T)V^2 - g(T)W^2 = 0 \ .$$

L'étude de $V(\alpha)$ peut être abordée de plusieurs points de vue. Le cours en a envisagé trois:

annulation de α par changement de base rationnel (cf. § 6),

conditions de Manin et approximation faible (cf. § 7),

bornes du crible (cf. § 8).

§ 6. Annulation par changement de base

On suppose, pour simplifier, que k est de caractéristique 0.

Soit $\alpha \in \mathrm{Br}_n(K)$, avec $K = k(T)$ comme ci-dessus. Soit $f(T')$ une fonction rationnelle en une variable T'; supposons f non constante. Si l'on pose $T = f(T')$, on obtient un plongement de K dans $K' = k(T')$. D'où, par changement de base, un élément $f^*\alpha$ de $\mathrm{Br}_n(K')$. On dit que α est *tué par* K'/K (ou par f) si $f^*\alpha = 0$ dans $\mathrm{Br}_n(K')$. S'il en est ainsi, on a $\alpha(t) = 0$ pour tout $t \in X(k)$ qui n'est pas un pôle de α, et qui est de la forme $f(t')$, avec $t' \in \mathbf{P}_1(k)$. En particulier, $V(\alpha)$ est *non vide* (et même de cardinal égal à celui de k). On peut se demander s'il y a une réciproque. D'où la question suivante:

(6.1) *Supposons $V(\alpha)$ non vide. Existe-t-il une fonction rationnelle non constante f qui tue α?*

Voici une variante *à point base* de (6.1):

(6.2) *Soit $t_0 \in V(\alpha)$. Existe-t-il f comme dans (6.1), telle que t_0 soit de la forme $f(t'_0)$, avec $t'_0 \in \mathbf{P}_1(k)$?*

On sait (Yanchevskii [188]) que (6.2) a une réponse positive si k est local hensélien ou si $k = \mathbf{R}$.

Lorsqu'on ne fait pas d'hypothèse sur k, on n'a de résultats que pour $n = 2$. Pour les énoncer, introduisons la notation suivante:

$$(6.3) \qquad\qquad d(\alpha) = \deg P_\alpha = \sum_{x \in P_\alpha} [k(x) : k] \ .$$

(L'entier $d(\alpha)$ est le *nombre de pôles* de α, multiplicités comprises.)

Théorème 6.4 (Mestre [112]). *La question (6.2) a une réponse positive lorsque $n = 2$ et $d(\alpha) \leq 4$.*

Remarques.

1) La démonstration du th. 6.4 donne des informations supplémentaires sur les corps $K' = k(T')$ qui tuent α; par exemple, on peut s'arranger pour que $[K' : K] = 8$.

2) Mestre a également obtenu des résultats dans le cas $n = 2$, $d(\alpha) = 5$.

Voici une conséquence du th. 6.4 (cf. [113]):

Théorème 6.5. *Le groupe $\mathrm{SL}_2(\mathbf{F}_7)$ a la propriété "Gal$_T$", i.e. est groupe de Galois d'une extension galoisienne $\mathbf{Q}$-régulière de $\mathbf{Q}(T)$.*

En particulier il existe une infinité d'extensions galoisiennes de $\mathbf{Q}$, deux à deux disjointes, dont le groupe de Galois est $\mathrm{SL}_2(\mathbf{F}_7)$.

Il y a des résultats analogues pour les groupes $\widetilde{M}_{12}$, $6 \cdot A_6$ et $6 \cdot A_7$.

§ 7. Conditions de Manin, approximation faible et hypothèse de Schinzel

On suppose maintenant que k est un *corps de nombres algébriques*, de degré fini sur $\mathbf{Q}$. Soit Σ l'ensemble de ses places (archimédiennes et ultramétriques); si $v \in \Sigma$, on note k_v le complété de k pour v. Soit $\mathbf{A}$ *l'anneau des adèles* de k, autrement dit le produit restreint des k_v ($v \in \Sigma$).

Soit $X(\mathbf{A}) = \prod_v X(k_v)$ l'espace des points adéliques de $X = \mathbf{P}_1$. C'est un espace compact. A un élément α de $\mathrm{Br}_n(K)$ on associe le sous-espace $V_{\mathbf{A}}(\alpha)$ défini de la façon suivante:

un point adélique $\mathbf{x} = (x_v)$ appartient à $V_{\mathbf{A}}(\alpha)$ si, pour tout $v \in \Sigma$, on a $x_v \notin P_\alpha$ et $\alpha(x_v) = 0$ dans $\mathrm{Br}_n(k_v)$.

(Autrement dit, $V_{\mathbf{A}}(\alpha)$ est l'ensemble des *solutions adéliques* de l'équation $\alpha(x) = 0$.)

Toute solution dans k de $\alpha(x) = 0$ est évidemment une solution adélique. On a donc une inclusion:

$$V(\alpha) \subset V_{\mathbf{A}}(\alpha) \ ,$$

et l'on peut se demander quelle est *l'adhérence* de $V(\alpha)$ dans $V_{\mathbf{A}}(\alpha)$. Pour répondre (ou tenter de répondre) à cette question, il y a lieu d'introduire (à la suite de Colliot-Thélène et Sansuc) les *"conditions de Manin"*:

Disons qu'un élément β de $\mathrm{Br}_n(K)$ est *subordonné* à α si, pour tout $x \in \underline{X}$, $r_x(\beta)$ est un multiple entier de $r_x(\alpha)$; on a en particulier $P_\beta \subset P_\alpha$. Soit $\mathrm{Sub}(\alpha)$ l'ensemble de ces éléments; c'est un sous-groupe de $\mathrm{Br}_n(K)$ contenant $\mathrm{Br}_n(k)$, et le quotient $\mathrm{Sub}(\alpha)/\mathrm{Br}_n(k)$ est fini. Si $\beta \in \mathrm{Sub}(\alpha)$, et si $\mathbf{x} = (x_v)$ est un point de $V_{\mathbf{A}}(\alpha)$, on a $\beta(x_v) = 0$ pour presque tout v. Cela permet de définir un élément $m(\beta, \mathbf{x})$ de $\mathbf{Q}/\mathbf{Z}$ par la formule:

$$(7.1) \qquad m(\beta, \mathbf{x}) = \sum_v \mathrm{inv}_v \, \beta(x_v) \ ,$$

où inv_v désigne l'homomorphisme canonique de $\mathrm{Br}(k_v)$ dans $\mathbf{Q}/\mathbf{Z}$. La fonction

$$\mathbf{x} \mapsto m(\beta, \mathbf{x})$$

est localement constante sur $V_{\mathbf{A}}(\alpha)$ et s'annule sur $V(\alpha)$; de plus, elle ne dépend que de la classe de β mod $\mathrm{Br}_n(k)$. Notons $V_{\mathbf{A}}^M(\alpha)$ le sous-espace de $V_{\mathbf{A}}(\alpha)$ défini par les "conditions de Manin":

$$(7.2) \qquad m(\beta, \mathbf{x}) = 0 \quad \textit{pour tout } \beta \in \mathrm{Sub}(\alpha).$$

C'est un sous-espace *ouvert et fermé* de $V_{\mathbf{A}}(\alpha)$ qui contient $V(\alpha)$. Il paraît raisonnable de faire la *conjecture* suivante:

(7.3 ?) $V(\alpha)$ *est dense dans* $V_{\mathbf{A}}^M(\alpha)$.

En particulier:

(7.4 ?) *Si* $V_{\mathbf{A}}^M(\alpha) \neq \emptyset$, *on a* $V(\alpha) \neq \emptyset$: les conditions de Manin sont "les seules" à s'opposer à l'existence d'une solution rationnelle de l'équation $\alpha(x) = 0$.

(7.5 ?) *Si* $\mathrm{Sub}(\alpha) = \mathrm{Br}_n(k)$ (i.e. s'il n'y a pas de condition de Manin), $V(\alpha)$ *est dense dans* $V_{\mathbf{A}}(\alpha)$; il y a *approximation faible*: le principe de Hasse est valable.

La plupart des résultats concernant (7.3 ?), (7.4 ?) et (7.5 ?) sont relatifs au cas $n = 2$. Dans le cas général, on a toutefois le théorème suivant, qui complète des résultats antérieurs de Colliot-Thélène et Sansuc (1982) et Swinnerton-Dyer (1991), cf. [36], [37]:

Théorème 7.6. *L'hypothèse* (H) *de Schinzel* [141] *entraîne* (7.3 ?).

[Rappelons l'énoncé de l'hypothèse (H): soient $P_1(T), \ldots, P_m(T)$ des polynômes à coefficients dans $\mathbf{Z}$, irréductibles sur $\mathbf{Q}$, de termes dominants > 0, et tels que, pour tout nombre premier p, il existe $n_p \in \mathbf{Z}$ tel que $P_i(n_p) \not\equiv 0 \pmod{p}$ pour $i = 1, \ldots, m$. Alors il existe une infinité d'entiers $n > 0$ tels que $P_i(n)$ soit un nombre premier pour $i = 1, \ldots, m.$]

Remarque.

Le th. 7.6 peut être étendu aux *systèmes d'équations* $\alpha_i(x) = 0$, où les α_i sont des éléments de $\mathrm{Br}_n(K)$ en nombre fini. On doit alors remplacer $\mathrm{Sub}(\alpha)$ par l'ensemble des $\beta \in \mathrm{Br}_n(K)$ tels que, pour tout $x \in \underline{X}$, $r_x(\beta)$ appartienne au sous-groupe de $H^1(k(x), \mathbf{Z}/n\mathbf{Z})$ engendré par les $r_x(\alpha_i)$.

§ 8.   Bornes du crible

On conserve les notations ci-dessus, et l'on suppose (pour simplifier) que $k = \mathbf{Q}$. Si $x \in X(k) = \mathbf{P}_1(\mathbf{Q})$, on note $H(x)$ la *hauteur* de x: si $x = p/q$ où p et q sont des entiers premiers entre eux, on a $H(x) = \sup(|p|, |q|)$. Si $H \to \infty$, le nombre des x tels que $H(x) \leq H$ est $cH^2 + O(H \cdot \log H)$, avec $c = 12/\pi^2$.

Soit $N_\alpha(H)$ le nombre des $x \in V(\alpha)$ tels que $H(x) \leq H$. On aimerait connaître la croissance de $N_\alpha(H)$ quand $H \to \infty$. Un argument de crible [155] permet en tout cas d'en donner une *majoration*. Pour énoncer le résultat, convenons de noter $e_x(\alpha)$ l'ordre du résidu $r_x(\alpha)$ de α en x (pour $x \in \underline{X}$); on a $e_x(\alpha) = 1$ si x n'est pas un pôle de α. Posons

$$(8.1) \qquad\qquad \delta(\alpha) = \sum_{x \in \underline{X}} (1 - 1/e_x(\alpha)) \ .$$

Théorème 8.2. *On a $N_\alpha(H) \ll H^2/(\log H)^{\delta(\alpha)}$ pour $H \to \infty$.*

Noter que, si α n'est pas constant, on a $\delta(\alpha) > 0$, et le théorème ci-dessus montre que "peu" de points rationnels appartiennent à $V(\alpha)$.

On peut se demander si la majoration ainsi obtenue est optimale, sous l'hypothèse $V(\alpha) \neq \emptyset$. Autrement dit:

(8.3) *Est-il vrai que $N_\alpha(H) \gg H^2/(\log H)^{\delta(\alpha)}$ pour H assez grand, si $V(\alpha) \neq \emptyset$?*

(Pour un résultat encourageant dans cette direction, voir Hooley [73].)

Remarque.

Il y a des énoncés analogues pour les corps de nombres, et pour les systèmes d'équations $\alpha_i(x) = 0$; on doit alors remplacer $e_x(\alpha)$ par l'ordre du groupe engendré par les $r_x(\alpha_i)$.

Chapitre III

Cohomologie galoisienne non commutative

§ 1. Formes

Ce paragraphe est consacré à l'illustration d'un "principe" général, qui s'énonce approximativement ainsi:

Soit K/k une extension de corps, et soit X un "objet" défini sur k. Nous dirons qu'un objet Y, défini sur k, est une K/k-*forme* de X si Y devient isomorphe à X lorsqu'on étend le corps de base à K. Les classes de telles formes (pour la relation d'équivalence définie par les k-isomorphismes) forment un ensemble $E(K/k, X)$.

Si K/k est galoisienne, on peut établir une correspondance bijective entre $E(K/k, X)$ et $H^1(G(K/k), A(K))$ où $A(K)$ désigne le groupe des K-automorphismes de X.

Il serait évidemment possible de justifier cet énoncé en définissant axiomatiquement la notion d' "objet défini sur k", celle d' "extension des scalaires", et en leur imposant certaines propriétés simples. Je ne m'aventurerai pas jusque là, et je me bornerai à traiter deux cas particuliers: celui des espaces vectoriels munis de tenseurs, et celui des variétés algébriques (ou des groupes algébriques). Le lecteur que le cas général intéresse pourra se reporter à l'exposé VI du séminaire Grothendieck [64], intitulé "Catégories fibrées et descente"; voir aussi Giraud [54].

1.1. Tenseurs

Cet exemple est discuté en détail dans [145], Chap. X, § 2. Résumons-le rapidement:

L' "objet" est un couple (V, x), où V est un k-espace vectoriel de dimension finie, et x un tenseur sur V d'un type (p, q) fixé. On a donc

$$x \in T_q^p(V) = T^p(V) \otimes T^q(V^*) .$$

La notion de k-isomorphisme de deux objets (V, x) et (V', x') est claire. Si K est une extension de k, et si (V, x) est un objet défini sur k, on obtient un objet (V_K, x_K) défini sur K en prenant pour V_K l'espace vectoriel $V \otimes_k K$ et pour x_K l'élément $x \otimes 1$ de $T_q^p(V_K) = T_q^p(V) \otimes_k K$. Cela définit sans ambiguïté la notion de K/k-*forme* de (V, x); nous noterons $E(K/k)$ l'ensemble de ces formes (à isomorphisme près). Supposons d'autre part que K/k soit galoisienne, et soit

$A(K)$ le groupe des K-automorphisme de (V_K, x_K); si $s \in G(K/k)$ et $f \in A(K)$, on définit $^s f \in A(K)$ par la formule:

$$^s f = (1 \otimes s) \circ f \circ (1 \otimes s^{-1}) .$$

[Si f est représenté par une matrice (a_{ij}), $^s f$ est représenté par la matrice $(^s a_{ij})$.] On définit ainsi une structure de $G(K/k)$-groupe sur $A(K)$, et l'ensemble $H^1(G(K/k), A(K))$ est bien défini.

Soit maintenant (V', x') une K/k-forme de (V, x). L'ensemble P des isomorphismes de (V'_K, x'_K) sur (V_K, x_K) est muni de façon évidente d'une structure d'espace homogène principal sur $A(K)$, et définit donc un élément p de $H^1(G(K/k), A(K))$, cf. Chap. I, n° 5.2. En faisant correspondre p à (V', x') on obtient une application canonique

$$\theta : E(K/k) \longrightarrow H^1(G(K/k), A(K)) .$$

Proposition 1. *L'application θ définie ci-dessus est bijective.*

La démonstration est donnée dans [145], *loc. cit.* Indiquons seulement que l'injectivité est triviale, et que la surjectivité résulte du lemme suivant:

Lemme 1. *Pour tout entier n, on a $H^1(G(K/k), \mathbf{GL}_n(K)) = 0$.*

(Pour $n = 1$ on retrouve le "théorème 90" bien connu.)

Remarque.

Le groupe $A(K)$ est en fait défini pour toute k-algèbre commutative K; c'est le groupe des K-points d'un certain sous-groupe algébrique A de $\mathbf{GL}(V)$. Du point de vue matriciel, on obtient les équations de A en explicitant la relation $T_q^p(f)x = x$ [il convient de noter que le groupe algébrique A ainsi défini n'est pas nécessairement "lisse" sur k (en tant que schéma) – son faisceau structural peut par exemple avoir des éléments nilpotents non nuls (cf. n° 1.2, exerc. 2)]. D'après les conventions du Chap. II, § 1, on pourra écrire $H^1(K/k, A)$ à la place de $H^1(G(K/k), A(K))$. Lorsque $K = k_s$, on écrira simplement $H^1(k, A)$.

La proposition précédente ne nous permet d'étudier que les *extensions galoisiennes*. La proposition suivante permet souvent de se ramener à ce cas:

Proposition 2. *Soit $\mathfrak{g}$ la sous-algèbre de Lie de $\mathfrak{gl}(V)$ formée des éléments laissant invariant x (au sens infinitésimal – cf. Bourbaki, LIE I, § 3). Pour que le groupe algébrique A des automorphismes de (V, x) soit lisse sur k, il faut et il suffit que sa dimension soit égale à celle de $\mathfrak{g}$. Si cette condition est réalisée, toute K/k-forme de (V, x) est aussi une k_s/k-forme.*

Soit L l'anneau local de A en l'élément neutre, et soit $\mathfrak{m}$ son idéal maximal. On constate facilement que $\mathfrak{g}$ n'est autre que l'espace tangent à A en l'élément neutre, autrement dit le dual de $\mathfrak{m}/\mathfrak{m}^2$.

Comme $\dim(A) = \dim(L)$, on voit que l'égalité $\dim(\mathfrak{g}) = \dim(A)$ signifie que L est un anneau local régulier, ou encore que A est lisse sur k en l'élément neutre (donc partout, par translation). Cela démontre la première assertion. Soit d'autre part (V', x') une K/k-forme de (V, x), et soit P la k-variété des isomorphismes de (V', x') sur (V, x) [on laisse au lecteur le soin de la définir en forme au moyen d'un foncteur – ou au moyen d'équations explicites]; le fait que (V', x') et (V, x) soient K-isomorphes montre que $P(K)$ est non vide. On voit alors que P_K et A_K sont K-isomorphes; en particulier P_K est lisse sur K, et il en résulte que P est lisse sur k. D'après un résultat élémentaire de géométrie algébrique, les points de P à valeurs dans k_s sont denses dans P. L'existence d'au moins un tel point suffit à assurer que (V, x) et (V', x') sont k_s-isomorphes, cqfd.

1.2. Exemples

a) Prenons pour tenseur x une forme bilinéaire alternée non dégénérée. Le groupe A est le groupe symplectique $\mathbf{Sp}$ attaché à cette forme. D'autre part, la théorie élémentaire des formes alternées montre que toutes les formes de x sont triviales (i.e. isomorphes à x). D'où:

Proposition 3. *Pour toute extension galoisienne K/k, on a $H^1(K/k, \mathbf{Sp}) = 0$.*

b) Supposons la caractéristique différente de 2, et prenons pour x une forme bilinéaire symétrique non dégénérée. Le groupe A est le groupe *orthogonal* $\mathbf{O}(x)$ défini par x. On en conclut:

Proposition 4. *Pour toute extension galoisienne K/k, l'ensemble $H^1(K/k, \mathbf{O}(x))$ est en correspondance bijective avec l'ensemble des formes quadratiques définies sur k qui sont K-équivalentes à x.*

Pour $p = 2$, il faut remplacer la forme bilinéaire symétrique par une forme quadratique, ce qui oblige à abandonner le cadre des espaces tensoriels (cf. exercice 2).

c) Prenons pour x un tenseur de type $(1, 2)$, ou, ce qui revient au même, une structure d'*algèbre* sur V. Le groupe A est alors le groupe des automorphismes de cette algèbre, et $\mathfrak{g}$ l'algèbre de Lie de ses *dérivations*. Lorsque $V = \mathbf{M}_n(k)$ les K/k-formes de V sont simplement les algèbres centrales simples de rang n^2 sur k, neutralisées par K; le groupe A s'identifie au groupe projectif $\mathbf{PGL}_n(k)$, et l'on obtient ainsi une interprétation de $H^1(K/k, \mathbf{PGL}_n)$ en termes d'algèbres centrales simples, cf. [145], Chap. X, § 5.

Exercices.
   1) Montrer que toute dérivation de $\mathbf{M}_n(k)$ est intérieure. Utiliser ce fait, combiné avec la prop. 2, pour retrouver le théorème suivant lequel toute algèbre centrale simple admet un corps neutralisant galoisien sur le corps de base.

   2) Soit V un espace vectoriel sur un corps de caractéristique 2, soit F une forme quadratique sur V, et soit b_F la forme bilinéaire associée. Montrer que l'algèbre de Lie $\mathfrak{g}$ du groupe orthogonal $\mathbf{O}(F)$ est formée des endomorphismes u de V tels que $b_F(a, u(a)) = 0$ pour tout a. Calculer la dimension de $\mathfrak{g}$ en supposant la forme b_F non dégénérée (ce qui entraîne $\dim V \equiv 0 \bmod 2$); en déduire la lissité du groupe $\mathbf{O}(F)$ dans ce cas. Ce résultat subsiste-t-il lorsque b_F est dégénérée?

1.3. Variétés, groupes algébriques, etc.

Nous prenons maintenant comme objet une *variété algébrique* (resp. un groupe algébrique, resp. un espace homogène algébrique sur un groupe algébrique). Si V est une telle variété, définie sur un corps k, et si K est une extension de k, on note $A(K)$ le groupe des K-automorphismes de V_K (muni éventuellement de sa structure de groupe, resp. d'espace homogène). On définit ainsi un *foncteur* Aut_V vérifiant les hypothèses du Chap. II, § 1.

Soit maintenant K/k une extension galoisienne de k, et soit V' une K/k-forme de V. L'ensemble P des K-isomorphismes de V'_K sur V_K est évidemment un espace principal homogène sur le $G(K/k)$-groupe $A(K) = \mathrm{Aut}_V(K)$. On définit ainsi, comme au n° 1.1, une application canonique

$$\theta : E(K/k, V) \longrightarrow H^1(K/k, \mathrm{Aut}_V) .$$

Proposition 5. *L'application θ est injective. Si V est quasi-projective, elle est bijective.*

L'injectivité de θ est triviale. Pour établir sa surjectivité (lorsque V est quasi-projective), on applique la méthode de la "descente du corps de base" de Weil. Cela revient simplement à ceci:

Supposons pour simplifier que K/k soit finie, et soit $c = (c_s)$ un 1-cocycle de $G(K/k)$ dans $\mathrm{Aut}_V(K)$. En combinant c_s avec les automorphismes $1 \otimes s$ de V_K, on fait opérer le groupe $G(K/k)$ sur V_K; la variété quotient:

$$_cV = (V_K)/G(K/k)$$

est alors une K/k-forme de V [ce quotient existe du fait que V a été supposée quasi-projective]. On dit que $_cV$ s'obtient *en tordant V au moyen du cocycle c* (cette terminologie est visiblement compatible avec celle du Chap. I, n° 5.3). Il est facile de voir que l'image de $_cV$ par θ est égale à la classe de cohomologie de c; d'où la surjectivité de θ.

Corollaire. *Si V est un groupe algébrique, l'application θ est bijective.*

On sait en effet que toute variété de groupe est quasi-projective.

Remarques.

1) Il résulte de la prop. 5 que deux variétés V et W ayant *même foncteur d'automorphismes* ont des K/k-formes qui se correspondent *bijectivement* (K étant une extension galoisienne de k). Exemples:

algèbres d'octonions	$\Longleftrightarrow$	groupes simples de type G_2
algèbres centrales simples de rang n^2	$\Longleftrightarrow$	variétés de Severi-Brauer de dimension $n - 1$
algèbres semi-simples à involution	$\Longleftrightarrow$	groupes classiques à centre trivial

2) Le foncteur Aut$_V$ *n'est pas toujours représentable* (dans la catégorie des k-schémas); de plus, même s'il est représentable, il se peut que le schéma qui le représente ne soit pas de type fini sur k, c'est-à-dire ne définisse pas un "groupe algébrique" au sens habituel du terme.

1.4. Exemple: les k-formes du groupe $\mathbf{SL}_n$

On suppose $n \geq 2$. Le groupe $\mathbf{SL}_n$ est un groupe semi-simple déployé simplement connexe dont le système de racines est irréductible de type (A_{n-1}). Le schéma de Dynkin correspondant est:

$$\bullet \quad \text{si } n = 2 \,, \qquad \text{et} \qquad \bullet\!\!-\!\!\bullet\!\!-\cdots-\!\!\bullet \quad \text{si } n \geq 3 \,.$$

Son groupe d'automorphismes est d'ordre 1 si $n = 2$ et d'ordre 2 si $n \geq 3$. Cela entraîne que le groupe $\mathrm{Aut}(\mathbf{SL}_n)$ est connexe si $n = 2$, et a deux composantes connexes si $n \geq 3$. Il a y intérêt à séparer ces deux cas:

Le cas $n = 2$
    On a $\mathrm{Aut}(\mathbf{SL}_2) = \mathbf{SL}_2/\mu_2 = \mathbf{PGL}_2$. Or ce groupe est aussi le groupe des automorphismes de l'algèbre de matrices $\mathbf{M}_2$. On en déduit (cf. Remarque 1) du n° 1.3) que *les k-formes de $\mathbf{SL}_2$ et de $\mathbf{M}_2$ se correspondent bijectivement*. Or celles de $\mathbf{M}_2$ sont les algèbres centrales simples de rang 4 sur k, autrement dit les *algèbres de quaternions*. On obtient ainsi une correspondance:

$$k\text{-formes de } \mathbf{SL}_2 \iff \text{algèbres de quaternions sur } k \,.$$

Explicitons cette correspondance:
    a) Si D est une algèbre de quaternions sur k, on lui associe le groupe $\mathbf{SL}_D$ (cf. n° 3.2), qui est une k-forme de $\mathbf{SL}_2$; les points rationnels de ce groupe s'identifient aux éléments de D de norme réduite 1.
    b) Si L est une k-forme de $\mathbf{SL}_2$, on montre (en utilisant par exemple les résultats généraux de Tits [179]) que L possède une représentation k-linéaire

$$\varrho_2 : L \longrightarrow \mathbf{GL}_V \,,$$

de dimension 4, qui est k_s-isomorphe à la somme directe de deux copies de la représentation standard de $\mathbf{SL}_2$; de plus, cette représentation est unique, à isomorphisme près. Le commutant $D = \mathrm{End}^G(V)$ de ϱ_2 est l'algèbre de quaternions correspondant à L. (Lorsque k est de caractéristique 0, on trouvera d'autres descriptions de D, à partir de l'algèbre de Lie de L, dans Bourbaki LIE VIII, § 1, exerc. 16 et 17.)

Le cas $n \geq 3$
    Le groupe $\mathrm{Aut}(\mathbf{SL}_n)$ est engendré par sa composante neutre $\mathbf{PGL}_n$ et par l'automorphisme externe $x \mapsto {}^t x^{-1}$ (rappelons que ${}^t x$ désigne la transposée d'une matrice x). Considérons alors l'algèbre $\mathbf{M}_n^2 = \mathbf{M}_n \times \mathbf{M}_n$, munie de l'involution

$$(x, y) \mapsto (x, y)^* = ({}^t y, {}^t x) \,.$$

On peut plonger $\mathbf{GL}_n$ dans le groupe multiplicatif de $\mathbf{M}_n^2$ par $x \mapsto (x, {}^t x^{-1})$, et l'on obtient ainsi le groupe des éléments u de $\mathbf{M}_n^2$ tels que $u \cdot u^* = 1$. A fortiori, on obtient ainsi un plongement de $\mathbf{SL}_n$. De plus, ces plongements donnent des identifications

$$\mathrm{Aut}(\mathbf{GL}_n) = \mathrm{Aut}(\mathbf{SL}_n) = \mathrm{Aut}(\mathbf{M}_n^2, *) \,,$$

où $\mathrm{Aut}(\mathbf{M}_n^2, *)$ désigne le groupe des automorphismes de l'algèbre à involution $(\mathbf{M}_n^2, *)$.

En raisonnant comme dans le cas $n = 2$, on déduit de là que *les k-formes de $\mathbf{SL}_n$* (ainsi que celles de $\mathbf{GL}_n$) *correspondent aux algèbres à involution $(D, *)$ jouissant des propriétés suivantes*:

(i) *D est semi-simple et $[D : k] = 2n^2$.*

(ii) *Le centre K de D est une k-algèbre étale de rang 2, i.e. $k \times k$, ou une extension quadratique séparable de k.*

(iii) *L'involution $*$ est "de deuxième espèce", i.e. elle induit sur K l'unique auto-morphisme non trivial de K.*

De façon plus précise, la k-forme de $\mathbf{GL}_n$ associée à $(D, *)$ est *le groupe unitaire $\mathbf{U}_D$*; ses k-points sont les éléments u de D tels que $u \cdot u^* = 1$. Quant à la k-forme de $\mathbf{SL}_n$, c'est *le groupe spécial unitaire $\mathbf{SU}_D$*; ses k-points sont les éléments u de D tels que $u \cdot u^* = 1$ et $\mathrm{Nrd}(u) = 1$, où $\mathrm{Nrd} : D \to K$ désigne la norme réduite.

On a une suite exacte:

$$1 \longrightarrow \mathbf{SU}_D \longrightarrow \mathbf{U}_D \stackrel{\mathrm{Nrd}}{\longrightarrow} \mathbf{G}_m^\varepsilon \longrightarrow 1 \ ,$$

où $\mathbf{G}_m^\varepsilon$ désigne le *tordu* du groupe $\mathbf{G}_m$ par le caractère $\varepsilon : G_k \to \{\pm 1\}$ associé à l'algèbre quadratique K/k. (Autre définition de ε: il donne l'action du groupe de Galois G_k sur le schéma de Dynkin.)

Deux cas particuliers méritent d'être mentionnés explicitement:

a) *Formes intérieures.* On a $K = k \times k$, i.e. $\varepsilon = 1$. L'algèbre à involution $(D, *)$ se décompose alors en $D = \Delta \times \Delta^0$, où Δ est centrale simple de rang n^2, Δ^0 est l'algèbre opposée, et l'involution est $(x, y) \mapsto (y, x)$. Le groupe $\mathbf{SU}_D$ correspondant n'est autre que $\mathbf{SL}_\Delta$, cf. n° 3.2. Noter que Δ et Δ^0 donnent des groupes isomorphes.

b) *Cas hermitien.* C'est celui où K est un corps, et D est une algèbre de matrices $\mathbf{M}_n(K)$. On vérifie facilement que l'involution $*$ est de la forme

$$x \mapsto q \cdot {}^t\bar{x} \cdot q^{-1} \ ,$$

où $\bar{x}$ est le conjugué de x par l'involution de K, et q est un élément *hermitien inversible* de $\mathbf{M}_n(K)$, défini à multiplication près par un élément de k^*. La k-forme de $\mathbf{SL}_n$ associé à $(D, *)$ n'est autre que *le groupe unitaire unimodulaire $\mathbf{SU}_q$* défini par q (vu comme forme hermitienne sur K). Ses k-points rationnels sont les éléments u de $\mathbf{GL}_n(K)$ satisfaisant à:

$$q = u \cdot q \cdot {}^t\bar{u} \qquad \text{et} \qquad \det(u) = 1 \ .$$

Remarque.

Il y a des résultats analogues pour les autres groupes classiques, cf. Weil [184] et Kneser [87] (si la caractéristique est $\neq 2$), et Tits [178] (si la caractéristique est 2).

Exercices.

1) Montrer que l'automorphisme $x \mapsto {}^t x^{-1}$ de $\mathbf{SL}_2$ coïncide avec l'automorphisme intérieur défini par $\begin{pmatrix} 0 & -1 \\ 1 & 0 \end{pmatrix}$.

2) Montrer que $\mathrm{Aut}(\mathbf{GL}_2) = \{\pm 1\} \times \mathrm{Aut}(\mathbf{SL}_2)$. En déduire la classification des k-formes de $\mathbf{GL}_2$.

3) Le groupe d'automorphismes de la droite projective $\mathbf{P}_1$ est $\mathbf{PGL}_2$. En déduire que les k-formes de $\mathbf{P}_1$ (i.e. les courbes projectives lisses absolument irréductibles de genre 0) correspondent aux k-formes de $\mathbf{SL}_2$ ainsi qu'aux algèbres de quaternions.

Si k est de caractéristique $\neq 2$, cette correspondance associe à l'algèbre de quater-nions $i^2 = a$, $j^2 = b$, $ij = -ji$, la conique de $\mathbf{P}_2$ d'équation $Z^2 = aX^2 + bY^2$.

Si k est de caractéristique 2, l'algèbre de quaternions définie par $i^2 + i = a$, $j^2 = b$, $jij^{-1} = i + 1$, correspond à la conique d'équation

$$X^2 + XY + aY^2 + bZ^2 = 0 \qquad (a \in k, \, b \in k^* - \text{cf. Chap. II, n}^\circ \text{ 2.2}).$$

§ 2. Corps de dimension ≤ 1

Sauf mention expresse du contraire, le corps de base k est supposé *parfait*.

On réserve le nom de "groupe algébrique" aux schémas en groupes sur k qui sont *de type fini* et *lisses* (ce sont essentiellement les "groupes algébriques" de Weil, à cela près que nous ne les supposons pas nécessairement connexes).

Si A est un tel groupe, on écrit $H^1(k, A)$ à la place de $H^1(\overline{k}/k, A)$, $\overline{k}$ désignant une clôture algébrique de k, cf. n° 1.1.

2.1. Rappels sur les groupes linéaires

(Références: Borel [16], Borel-Tits [20], Chevalley [34], Demazure-Gabriel [41], Demazure-Grothendieck [42], Platonov-Rapinchuk [125], Rosenlicht [129], Steinberg [166], Tits [177].)

Un groupe algébrique L est dit linéaire s'il est isomorphe à un sous-groupe d'un groupe $\mathbf{GL}_n$; il revient au même de dire que la variété algébrique sous-jacente à L est *affine*.

Un groupe linéaire U est dit *unipotent* si, lorsqu'on le plonge dans $\mathbf{GL}_n$, tous ses éléments sont unipotents (et cela ne dépend pas du plongement choisi). Pour cela, il faut et il suffit que U admette une suite de composition dont les quotients successifs sont isomorphes au groupe additif $\mathbf{G}_a$ ou au groupe $\mathbf{Z}/p\mathbf{Z}$ (en caractéristique p). Ces groupes sont peu intéressants du point de vue cohomologique:

Proposition 6. *Si U est un groupe linéaire unipotent connexe, on a*

$$H^1(k, U) = 0 .$$

[Cet énoncé ne s'étend pas au cas d'un corps de base imparfait, cf. exerc. 3.]

Cela résulte du fait que $H^1(k, \mathbf{G}_a) = 0$ (Chap. II, Prop. 1).

Un groupe linéaire T est appelé un *tore* s'il est isomorphe (sur $\overline{k}$) à un produit de groupes multiplicatifs. Un tel groupe est déterminé à isomorphisme près par son *groupe des caractères* $X(T) = \mathrm{Hom}(T, \mathbf{G}_m)$, qui est un $\mathbf{Z}$-module libre de rang fini sur lequel opère continûment $G(\overline{k}/k)$.

Tout groupe linéaire connexe résoluble R possède un plus grand sous-groupe unipotent U, qui est distingué dans G. Le quotient $T = R/U$ est un tore, et R

est produit semi-direct de T et de U. (Cette décomposition peut s'effectuer sur le corps de base.)

Tout groupe linéaire L possède un plus grand sous-groupe distingué résoluble connexe R, appelé son *radical*. Lorsque $R = 1$ et que L est connexe, on dit que L est *semi-simple*; dans le cas général, la composante neutre $(L/R)_0$ de L/R est semi-simple. Ainsi, tout groupe linéaire admet une suite de composition dont les quotients successifs sont de l'un des quatre types suivants: $\mathbf{G}_a$, un tore, un groupe fini, un groupe semi-simple.

Un sous-groupe P de L est dit *parabolique* lorsque L/P est une variété *complète*; si P est en outre résoluble et connexe, on dit que P est un *sous-groupe de Borel* de L. Tout sous-groupe parabolique contient le radical R de L.

Supposons k algébriquement clos, et L connexe. Les sous-groupes de Borel B de L peuvent être caractérisés par l'une des propriétés suivantes:

a) sous-groupe résoluble connexe maximal de L.

b) sous-groupe parabolique minimal de L.

En outre, les sous-groupes de Borel sont conjugués entre eux, et égaux à leurs normalisateurs. [On notera que, lorsque k n'est pas algébriquement clos, il peut n'exister aucun sous-groupe de Borel de L qui soit défini sur k – cf. n° 2.2.]

Un sous-groupe C d'un groupe linéaire L est appelé un *sous-groupe de Cartan* s'il est nilpotent et égal à la composante neutre de son normalisateur. Il existe au moins un sous-groupe de Cartan défini sur k, et ces sous-groupes sont conjugués (sur $\overline{k}$, mais pas en général sur k). Lorsque L est semi-simple, les sous-groupes de Cartan ne sont autres que les *tores maximaux*.

Exercices.

1) Soient L un groupe réductif connexe, et P un sous-groupe parabolique de L. Montrer que l'application $H^1(k, P) \to H^1(k, L)$ est injective.

[On sait, cf. Borel-Tits [20], th. 4.13, que $L(k)$ opère transitivement sur les k-points de l'espace homogène L/P. Cela entraîne (Chap. I, prop. 36), que le noyau de $H^1(k, P) \to H^1(k, L)$ est trivial. Conclure par un argument de torsion.]

2) (d'après J. Tits) Soient B et C des sous-groupes algébriques d'un groupe linéaire D, et soit $A = B \cap C$. On suppose que les algèbres de Lie de A, B, C et D satisfont aux conditions:

$$\text{Lie}\,A = \text{Lie}\,B \cap \text{Lie}\,C \quad \text{et} \quad \text{Lie}\,B + \text{Lie}\,C = \text{Lie}\,D \ .$$

Il en résulte que $B/A \to D/C$ est une immersion ouverte.

On suppose que $D(k)$ est dense pour la topologie de Zariski (c'est le cas si D est connexe, et k est parfait infini).

(a) Montrer que le noyau de $H^1(k, B) \to H^1(k, D)$ est contenu dans l'image de $H^1(k, A) \to H^1(k, B)$.

[Si $b \in Z^1(k, B)$ est un cobord dans D, et si l'on tord l'inclusion $B/A \to D/C$ par b, on trouve $_b(B/A) \to {}_b(D/C) = D/C$. Comme les points rationnels de D/C sont denses, l'ouvert $_b(B/A)$ de $_b(D/C)$ a un point rationnel. Conclure en utilisant la prop. 36 du Chap. I.]

(b) Même énoncé, avec B remplacé par C.

(c) En déduire que, si $H^1(k, A) = 0$, le noyau de $H^1(k, B) \to H^1(k, D)$ est trivial. En particulier, si $H^1(k, A)$ et $H^1(k, D)$ sont tous deux 0, il en est de même de $H^1(k, B)$ et de $H^1(k, C)$.

3) Soit k_0 un corps de caractéristique p, et soit $k = k_0((t))$ le corps des séries formelles en une variable sur k_0. C'est un corps imparfait; lorsque k_0 est algébriquement clos, c'est un corps de dimension ≤ 1 (c'est même un corps (C_1), cf. Chap. II, n° 3.2).

Soit U le sous-groupe de $\mathbf{G}_a \times \mathbf{G}_a$ formé des couples (y, z) vérifiant l'équation $y^p - y = tz^p$. Montrer que c'est un groupe unipotent connexe de dimension 1, lisse sur k. Déterminer $H^1(k, U)$ et montrer que ce groupe n'est pas réduit à 0 si $p \neq 2$. Montrer que l'on a un résultat analogue en caractéristique 2 en prenant l'équation $y^2 + y = tz^4$.

2.2. Nullité de H^1 pour les groupes linéaires connexes

Théorème 1. *Soit k un corps. Les quatre propriétés suivantes sont équivalentes:*

(i) $H^1(k, L) = 0$ *pour tout groupe algébrique linéaire L connexe.*

(i') $H^1(k, L) = 0$ *pour tout groupe algébrique semi-simple L.*

(ii) *Tout groupe algébrique linéaire L contient un sous-groupe de Borel défini sur k.*

(ii') *Tout groupe algébrique semi-simple L contient un sous-groupe de Borel défini sur k.*

De plus, ces propriétés entraînent que $\dim(k) \leq 1$ *(cf. Chap. II, § 3).*

(On rappelle que k est supposé parfait.)

On procède par étapes:

(1) (ii) $\Leftrightarrow$ (ii'). C'est trivial.

(2) (ii') $\Rightarrow \dim(k) \leq 1$. Soit en effet D un corps gauche de centre une extension finie k' de k, avec $[D : k'] = n^2$, $n \geq 2$. Soit $\mathbf{SL}_D$ le k'-groupe algébrique correspondant (cf. n° 1.4 et n° 3.2); c'est un groupe semi-simple dont les k'-points rationnels s'identifient aux éléments de D de norme réduite 1. Soit $L = R_{k'/k}(\mathbf{SL}_D)$ le k-groupe algébrique déduit de ce groupe par restriction des scalaires à la Weil (cf. [119], [185]). Ce groupe est semi-simple $\neq 1$. Si (ii') est vérifié, il contient un élément unipotent $\neq 1$, ce qui est absurde. On a donc bien $\dim(k) \leq 1$.

(3) (i') $\Rightarrow \dim(k) \leq 1$. Soit K une extension finie de k, et soit L un K-groupe algébrique. Définissons comme ci-dessus le groupe $R_{K/k}(L)$; les $\overline{k}$-points de ce groupe forment ce que l'on a appelé au Chap. I, n° 5.8, *l'induit* de $L(\overline{k})$. On a

$$H^1(K, L) = H^1(k, R_{K/k}(L)) , \quad loc. \ cit.$$

Si L est semi-simple, $R_{K/k}(L)$ l'est aussi, et l'on a donc $H^1(K, L) = 0$, vu l'hypothèse (i'). Appliquant ceci au groupe $\mathbf{PGL}_n$ (n arbitraire) on en conclut que le groupe de Brauer de K est nul, d'où $\dim(k) \leq 1$.

(4) $\dim(k) \leq 1 \Rightarrow H^1(k, R) = 0$ *lorsque R est résoluble.* Le groupe R est extension d'un tore par un groupe unipotent. Comme la cohomologie de ce dernier est nulle, on voit qu'on est ramené au cas où R est un *tore*, cas qui est traité dans [145], p. 170.

(5) (i) $\Leftrightarrow$ (i'). L'implication (i) $\Rightarrow$ (i') est triviale. Supposons (i') vérifié. D'après (3) et (4), on a $H^1(k, R) = 0$ lorsque R est résoluble, d'où (i) en utilisant la suite exacte des H^1.

(6) (i′) ⇔ (ii′). On s'appuie sur le lemme général suivant:

Lemme 1. *Soient A un groupe algébrique, H un sous-groupe de A, et N le normalisateur de H dans A. Soient c un 1-cocycle de $G(K/k)$ à valeurs dans $A(\overline{k})$, et soit $x \in H^1(k, A)$ la classe de cohomologie correspondante. Soit $_cA$ le groupe algébrique obtenu en tordant A au moyen de c (A opérant sur lui-même par automorphismes intérieurs). Les deux conditions suivantes sont équivalentes:*

(a) *x appartient à l'image de $H^1(k, N) \to H^1(k, A)$,*

(b) *Le groupe $_cA$ contient un sous-groupe H' défini sur k qui est conjugué de H (sur la clôture algébrique $\overline{k}$ de k).*

C'est une simple conséquence de la prop. 37 du Chap. I, appliquée à l'injection de N dans A; il faut simplement remarquer que les points de A/N correspondent bijectivement aux sous-groupes de A conjugués de H, et de même pour $_c(A/N)$.

Revenons à la démonstration de (i′) ⇔ (ii). Si (ii) est vraie, et si on applique le lemme 1 à un sous-groupe de Borel B du groupe semi-simple L, on voit que $H^1(k, B) \to H^1(k, L)$ est surjectif. Comme d'après (2) et (4), on a $H^1(k, B) = 0$, il en résulte bien que $H^1(k, L)$ est nul. Inversement, supposons (i′) vérifiée, et soit L un groupe semi-simple. On se ramène tout de suite au cas où le *centre* de L est trivial (le centre étant défini comme sous-schéma en groupes, non nécessairement lisse), ce que l'on exprime en disant que L est un *groupe adjoint*. D'après Chevalley [42], cf. aussi [35], il existe une *forme* L_d de L qui est *déployée*, et L se déduit de L_d par *torsion* au moyen d'une classe $x \in H^1(k, \text{Aut}(L_d))$. Mais la structure du groupe $\text{Aut}(L_d)$ a été déterminée par Chevalley; c'est le produit semi-direct $E \cdot L_d$, où E est un groupe fini, isomorphe au groupe d'automorphismes du diagramme de Dynkin correspondant. Tenant compte de l'hypothèse (i′), on voit que $H^1(k, \text{Aut}(L_d))$ s'identifie à $H^1(k, E)$. Mais les éléments de E (identifié à un sous-groupe de $\text{Aut}(L_d)$) laissent stable un sous-groupe de Borel B de L_d; si donc N désigne le normalisateur de B dans $\text{Aut}(L_d)$, on voit que

$$H^1(k, N) \longrightarrow H^1(k, \text{Aut}(L_d))$$

est surjectif. En appliquant le lemme 1, on en déduit que L contient un sous-groupe de Borel défini sur k, cqfd.

Remarque.

Les groupes semi-simples possédant des sous-groupes de Borel définis sur k sont dits *quasi-déployés*.

Théorème 2. *Lorsque k est de caractéristique zéro, les quatre propriétés du théorème 1 sont équivalentes aux deux suivantes:*

(iii) *Tout groupe algébrique semi-simple non réduit à l'élément neutre contient un élément unipotent $\neq 1$.*

(iv) *Toute algèbre de Lie semi-simple $\mathfrak{g} \neq 0$ contient un élément nilpotent $\neq 0$.*

L'équivalence de (iii) et (iv) résulte de la théorie de Lie. L'implication (ii') ⇒ (iii) est triviale. Pour démontrer l'implication en sens inverse on raisonne par récurrence sur la dimension du groupe semi-simple L. On peut supposer $L \neq 0$. Choisissons un sous-groupe parabolique minimal P de L défini sur k (cf. Godement [55]), et soit R son radical. Le quotient P/R est semi-simple et ne possède aucun élément unipotent $\neq 1$. Sa dimension est strictement inférieure à celle de L du fait que L possède au moins un élément unipotent $\neq 1$ (Godement, *loc. cit.*, th. 9). Vu l'hypothèse de récurrence, on a donc $P = R$, ce qui signifie que P est un sous-groupe de Borel de L.

2.3. Le théorème de Steinberg

C'est la réciproque du th. 1:

Théorème 1′ ("conjecture I" de [146]). *Si k est parfait et $\dim(k) \leq 1$, les propriétés* (i), ..., (ii') *du th. 1 sont satisfaites.*

En particulier, on a $H^1(k, L) = 0$ pour tout groupe linéaire connexe L.

Ce théorème est dû à Steinberg [165]. Il avait été d'abord démontré dans les cas particuliers suivants:

a) *Lorsque k est un corps fini* (Lang [96])

On a alors un résultat plus général: $H^1(k, L) = 0$ pour tout groupe algébrique connexe L (non nécessairement linéaire). La démonstration repose sur la surjectivité de l'application $x \mapsto x^{-1} \cdot F(x)$, où F est l'endomorphisme de Frobenius de L, cf. Lang, *loc. cit.*

b) *Lorsque L est résoluble, ou semi-simple de type classique* (le cas D_4 trialitaire étant exclu), *cf.* [146]. La démonstration utilise l'exerc. 2 ci-après.

c) *Lorsque k est un corps* (C_1) *de caractéristique* 0 (Springer [162]).

Utilisant le théorème 2, on voit qu'il suffit de montrer l'inexistence d'une algèbre de Lie semi-simple $\mathfrak{g}$, non réduite à 0, dont tous les éléments sont semi-simples; on peut évidemment supposer que la dimension n de $\mathfrak{g}$ est minimale. Soit r le rang de $\mathfrak{g}$. Si $x \in \mathfrak{g}$, le polynôme caractéristique $\det(T - \mathrm{ad}(x))$ est divisible par T^r; soit $f_r(x)$ le coefficient de T^r dans ce polynôme. Il est clair que f_r est une fonction polynomiale de degré $n - r$ sur $\mathfrak{g}$. Comme k est (C_1), il s'ensuit qu'il existe $x \neq 0$ dans $\mathfrak{g}$ tel que $f_r(x) = 0$. Soit $\mathfrak{c}$ le centralisateur de x dans $\mathfrak{g}$; comme x est semi-simple, le fait que $f_r(x)$ soit nul signifie que $\dim \mathfrak{c} > r$; comme $x \neq 0$, on a $\dim \mathfrak{c} < n$. On sait (cf. Bourbaki, LIE I, § 6, n° 5) que $\mathfrak{c}$ est produit d'une algèbre abélienne par une algèbre semi-simple. Vu l'hypothèse de récurrence, cette dernière est réduite à 0; donc $\mathfrak{c}$ est commutative, d'où l'inégalité $\dim(\mathfrak{c}) \leq r$, et l'on obtient une contradiction.

Démonstration du théorème 1′.

Elle repose sur le résultat suivant, qui se démontre par une construction explicite, que l'on trouvera dans Steinberg [165]:

Théorème 2'. *Soit L un groupe semi-simple simplement connexe (cf. n° 2.2) quasi-déployé, et soit C une classe de conjugaison de $L(k_s)$ formée d'éléments semi-simples réguliers. Si C est rationnelle sur k (i.e. stable par l'action de G_k), elle contient un point rationnel sur k.*

(Cet énoncé est vrai *sur tout corps* k: on n'a besoin, ni de l'hypothèse dim(k) ≤ 1, ni de l'hypothèse que k est parfait, cf. Borel-Springer [19], II.8.6.)

Corollaire. *Soit L un groupe semi-simple connexe quasi-déployé. Pour tout élément x de $H^1(k, L)$ il existe un tore maximal T de L tel que x appartienne à l'image de $H^1(k, T) \rightarrow H^1(k, L)$.*

Indiquons comment le corollaire se déduit du th. 2'.

Vu Lang [96], on peut supposer que k est infini. Soit $a = (a_s)$ un cocycle de G_k dans $L(k_s)$ représentant x. Le groupe L opère par automorphismes intérieurs sur lui-même, donc aussi sur son revêtement universel $\widetilde{L}$. On peut tordre L et $\widetilde{L}$ par a; on obtient des groupes $_aL$ et $_a\widetilde{L}$. Soit z un élément semi-simple régulier de $_a\widetilde{L}$, rationnel sur k (un tel élément existe du fait que k est infini). Soit C la classe de conjugaison de z dans $_a\widetilde{L}(k_s) = \widetilde{L}(k_s)$. Il est clair que C est stable par G_k. Vu le th. 2' il existe donc $z_0 \in C \cap \widetilde{L}(k)$. Soit $\widetilde{T}$ l'unique tore maximal de $\widetilde{L}$ contenant z_0, et soit T son image dans L (qui est un tore maximal de L). Le centralisateur de z_0 est $\widetilde{T}$. Ceci montre que $\widetilde{L}/\widetilde{T} = L/T$ s'identifie à la classe de conjugaison C. Par construction, le tordu de $\widetilde{L}/\widetilde{T}$ par a contient un point rationnel (à savoir z). On en conclut que $_a(L/T)$ a un point rationnel. D'après la prop. 37 du Chap. I, cela montre que la classe de a appartient à l'image de $H^1(k, T)$ dans $H^1(k, L)$, cqfd.

Revenons à la *démonstration du th. 1'*. Supposons k parfait et dim(k) ≤ 1. On a alors $H^1(k, A) = 0$ pour tout A linéaire connexe commutatif, cf. démonstration du th. 1. Vu le corollaire ci-dessus, on a donc $H^1(k, L) = 0$ pour tout L semi-simple quasi-déployé. Mais, si M est un groupe semi-simple quelconque, on peut l'écrire comme un *tordu* $M = {}_aL$, où L est quasi-déployé, et où a est un cocycle dans le groupe adjoint L^{adj} de L. Vu la nullité de $H^1(k, L^{\mathrm{adj}})$, démontrée ci-dessus, on a $M \simeq L$, ce qui montre que M est quasi-déployé. On a donc prouvé la propriété (ii') du th. 1, cqfd.

Remarques.

1) Lorsque k n'est pas supposé parfait, le th. 1' reste valable, à condition de se borner au cas où L est *réductif connexe* (Borel-Springer, *loc. cit.*); il y a des contre-exemples pour L unipotent, cf. n° 2.1, exerc. 3.

2) Lorsque L est un groupe simple (ou presque simple) de type (B_n), (C_n) ou (G_2), on peut prouver la nullité de $H^1(k, L)$ sous une hypothèse moins forte que dim(k) ≤ 1; il suffit que l'on ait:

$\mathrm{cd}_2(G_k) \leq 1$ si caract(k) ≠ 2;

k parfait si caract(k) = 2.

Il y a des énoncés analogues pour les autres types (A_n), ..., (E_8), cf. [156], § 4.4.

Exercices.

1) Donner un exemple de courbe elliptique E sur un corps parfait k telle que $H^1(k, E) \neq 0$ et dim(k) ≤ 1.

(Le théorème de Lang [96] ne s'étend donc pas à tous les corps de dimension ≤ 1.)

2) Soit K/k une extension quadratique séparable, et soit L un groupe réductif connexe sur k.

(a) Soit $x \in H^1(K/k, L)$. Montrer qu'il existe un tore maximal T de L tel que x appartienne à l'image de $H^1(K/k, T)$ dans $H^1(K/k, L)$.

[On peut supposer k infini. Soit σ l'élément non trivial de $G(K/k)$. On peut représenter x par un cocycle (a_s) tel que a_σ soit un élément semi-simple régulier de $L(K)$, cf. [146], n° 3.2. On a alors $a_\sigma \cdot \sigma(a_\sigma) = 1$, ce qui montre que le tore maximal T contenant a_σ est défini sur k. Le tore T convient.]

(b) On suppose que k est parfait de caractéristique 2. Montrer que $H^1(K/k, L) = 0$. [Utiliser (a) pour se ramener au cas où L est un tore. Remarquer que l'application $z \mapsto z^2$ est alors une bijection de $L(K)$ sur lui-même.]

(c) Utiliser (a) et (b) pour justifier la Remarque 2) du texte.

3) Soit $\mathfrak{g}$ une algèbre de Lie simple sur un corps k de caractéristique zéro. Soit n (resp. r) la dimension (resp. le rang) de $\mathfrak{g}$. On sait (cf. Kostant, [89]) que l'ensemble $\mathfrak{g}_u$ des éléments nilpotents de $\mathfrak{g}$ est l'ensemble des zéros communs à r polynômes homogènes $I_1, \ldots, I_r$ de degrés $m_1, \ldots, m_r$ tels que

$$m_1 + \cdots + m_r = (n + r)/2 .$$

Utiliser ce résultat pour retrouver le fait que $\mathfrak{g}_u \neq 0$ lorsque le corps k est (C_1).

2.4. Points rationnels sur les espaces homogènes

Les résultats des n^os précédents portent sur le premier ensemble de cohomologie H^1, c'est-à-dire sur les espaces *principaux* homogènes. Le théorème ci-dessous, dû à Springer, permet de passer de là aux espaces homogènes quelconques:

Théorème 3. *Supposons k parfait de dimension ≤ 1. Soit A un groupe algébrique et soit X un espace homogène (à droite) sur A. Il existe alors un espace principal homogène P sur A et un A-homomorphisme $\pi : P \to X$.*

(Il va sans dire que A, X, P, π sont supposés définis sur k.)

Avant de donner la démonstration, nous allons expliciter quelques conséquences de ce théorème (en supposant toujours k parfait de dimension ≤ 1):

Corollaire 1. *Si $H^1(k, A) = 0$, tout espace homogène X sur A a un point rationnel.*

En effet l'espace principal P est nécessairement trivial, donc possède un point rationnel p; l'image de p par π est un point rationnel de X.

Ce résultat est notamment applicable *lorsque A est linéaire connexe*, cf. th. 1'.

Corollaire 2. *Soit $f : A \to A'$ un homomorphisme surjectif de groupes algébriques. L'application correspondante:*

$$H^1(k, A) \longrightarrow H^1(k, A')$$

est surjective.

Soit $x' \in H^1(k, A')$, et soit P' un espace principal homogène sur A' correspondant à x'. En faisant opérer A sur P' au moyen de f, on munit P' d'une structure de A-espace homogène. D'après le théorème 3, il existe un espace principal homogène P sur A admettant un A-homomorphisme $\pi : P \to P'$. Soit $x \in H^1(k, A)$ la classe de P. On vérifie immédiatement que l'image de x dans $H^1(k, A')$ est égale à x', cqfd.

Corollaire 3. *Soit L un groupe algébrique linéaire défini sur k, et soit L_0 sa composante neutre. L'application canonique*

$$H^1(k, L) \longrightarrow H^1(k, L/L_0)$$

est bijective.

Le corollaire 2 montre que cette application est surjective. D'autre part, soit c un 1-cocycle de $G(\overline{k}/k)$ à valeurs dans $L(\overline{k})$, et soit $_cL_0$ le groupe obtenu en tordant L_0 au moyen de c (cela a un sens car L opère sur L_0 par automorphismes intérieurs). Le groupe $_cL_0$ étant linéaire connexe, on a $H^1(k, {}_cL_0) = 0$, d'après le th. 1'. Appliquant la suite exacte de cohomologie non abélienne (cf. Chap. I, n° 5.5, cor. 2 à la prop. 39), on en déduit que $H^1(k, L) \to H^1(k, L/L_0)$ est injective, cqfd.

[La cohomologie des groupes linéaires est ainsi entièrement ramenée à celle des groupes *finis*, pourvu bien sûr que $\dim(k) \leq 1$.]

Démonstration du théorème 3

Choisissons un point $x \in X(\overline{k})$. Pour tout $s \in G(\overline{k}/k)$, on a ${}^sx \in X(\overline{k})$, et il existe donc $a_s \in A(\overline{k})$ tel que ${}^sx = x \cdot a_s$. On voit facilement que l'on peut supposer que (a_s) dépend continûment de s, autrement dit que c'est une 1-*cochaîne du groupe $G(\overline{k}/k)$ à valeurs dans $A(\overline{k})$. Si (a_s) était un cocycle*, on pourrait trouver un espace principal P sur A et un point $p \in P(\overline{k})$ tels que ${}^sp = p \cdot a_s$; en posant $\pi(p \cdot a) = x \cdot a$ on définirait alors un A-homomorphisme $\pi : P \to X$ qui répondrait aux conditions voulues. On est donc ramené à démontrer la proposition suivante:

Proposition 7. *Sous les hypothèses ci-dessus, on peut choisir la 1-cochaîne (a_s) de telle sorte que ce soit un cocycle.*

On va étudier des systèmes $\{H, (a_s)\}$ formés d'un sous-groupe algébrique H de A (défini sur $\overline{k}$) et d'une 1-cochaîne (a_s) de $G(\overline{k}/k)$ à valeurs dans $A(\overline{k})$, ces deux données étant assujetties aux axiomes suivants:

(1) $x \cdot H = x$ (*H est contenu dans le stabilisateur de x*)
(2) ${}^sx = x \cdot a_s$ *pour tout $s \in G(\overline{k}/k)$*
(3) *Pour tout couple $s, t \in G(\overline{k}/k)$, il existe $h_{s,t} \in H(\overline{k})$ tel que*

$$a_s \cdot {}^sa_t = h_{s,t} \cdot a_{st} .$$

(4) $a_s \cdot {}^sH \cdot a_s^{-1} = H$ *pour tout $s \in G(\overline{k}/k)$.*

Lemme 2. *Il existe au moins un système $\{H, (a_s)\}$.*

On prend pour H le stabilisateur de x, et pour (a_s) n'importe quelle cochaîne vérifiant (2). Comme $x \cdot a_s {}^sa_t = {}^{st}x = x \cdot a_{st}$, on en conclut qu'il existe $h_{s,t} \in H(\overline{k})$ tel que $a_s {}^sa_t = h_{s,t} \cdot a_{st}$, d'où (3). La propriété (4) est immédiate.

On va maintenant choisir un système $\{H, (a_s)\}$ tel que H soit *minimal*. Tout revient à prouver que H est alors réduit à l'élément neutre, car l'axiome (3) montrera alors que (a_s) est un *cocycle*.

Lemme 3. *Si H est minimal, la composante neutre H_0 de H est un groupe résoluble.*

Soit L le plus grand sous-groupe linéaire connexe de H_0. D'après un théorème de Chevalley, L est distingué dans H_0, et le quotient H_0/L est une variété abélienne. Soit B un sous-groupe de Borel de L, et soit N son normalisateur dans H. On va montrer que $N = H$; cela entraînera que B est distingué dans L, donc égal à L, et H_0 sera bien un groupe résoluble (extension d'une variété abélienne par B).

Soit $s \in G(\overline{k}/k)$. Il est clair que ^sB est un sous-groupe de Borel de ^sL, lequel est le plus grand sous-groupe linéaire connexe de $^sH_0$. On en conclut que $a_s{}^sBa_s^{-1}$ est un sous-groupe de Borel de $a_s{}^sLa_s^{-1}$, lequel coïncide avec L (puisque c'est le plus grand sous-groupe linéaire connexe de $a_s{}^sH_0a_s^{-1} = H_0$). La conjugaison des sous-groupes de Borel montre donc qu'il existe $h_s \in L$ tel que $h_sa_s{}^sBa_s^{-1}h_s^{-1} = B$; on peut évidemment s'arranger pour que h_s dépende continûment de s. Posons alors $a_s' = h_sa_s$. *Le système $\{N, (a_s')\}$ vérifie les axiomes* (1), (2), (3), (4). En effet, c'est évident pour (1) et (2). Pour (3), définissons $h_{s,t}'$ par la formule:

$$a_s'{}^sa_t' = h_{s,t}'a_{st}' \ .$$

Un calcul immédiat montre que l'on a:

$$h_s \cdot a_s{}^sh_ta_s^{-1} \cdot h_{s,t} = h_{s,t}' \cdot h_{st} \ .$$

Comme $a_s{}^sh_ta_s^{-1} \in a_s{}^sHa_s^{-1} = H$, on déduit de cette formule que $h_{s,t}'$ appartient à H. D'autre part, on a par construction $a_s'{}^sBa_s'^{-1} = B$. Il en résulte que les automorphismes intérieurs définis par a_{st}' et $a_s'{}^sa_t'$ transforment tous deux ^{st}B en B; l'automorphisme intérieur défini par leur quotient $h_{s,t}'$ transforme donc B en lui-même, ce qui prouve bien que $h_{s,t}'$ appartient à N et démontre (3). Enfin, puisque l'automorphisme intérieur défini par a_s' transforme ^sB en B, il transforme aussi ^sN en N, ce qui démontre (4).

Comme H est minimal, on en déduit que $N = H$, ce qui démontre le lemme.

Lemme 4. *Si H est minimal, H est résoluble.*

Vu le lemme 3, il suffit de prouver que H/H_0 est résoluble. Soit P un sous-groupe de Sylow de H/H_0, soit B son image réciproque dans H, et soit N son normalisateur. Le raisonnement du lemme précédent s'applique encore à N (la conjugaison des sous-groupes de Sylow remplaçant celle des sous-groupes de Borel), et l'on en conclut que $N = H$. Ainsi, *tout sous-groupe de Sylow de H/H_0 est distingué*; le groupe H/H_0 est alors produit de ses sous-groupes de Sylow, donc nilpotent, et *a fortiori* résoluble.

Lemme 5. *Si $\dim(k) \leq 1$, et si H est minimal, H est égal à son groupe des commutateurs.*

Soit H' le groupe des commutateurs de H. On va d'abord faire opérer $G(\overline{k}/k)$ sur H/H'. Pour cela, si $h \in H$ et $s \in G(\overline{k}/k)$, posons:

$$^{s'}h = a_s\,{}^sha_s^{-1}\ .$$

L'axiome (4) montre que $^{s'}h$ appartient à H; si de plus $h \in H'$, on a $^{s'}h \in H'$. Par passage au quotient, on obtient ainsi un automorphisme $y \mapsto {}^{s'}y$ de H/H'. En utilisant la formule (3), on voit que l'on a $^{st'}y = {}^{s'}(^{t'}y)$, ce qui signifie que H/H' est un $G(\overline{k}/k)$-groupe.

Soit $\overline{h}_{s,t}$ l'image de $h_{s,t}$ dans H/H'. C'est un 2-cocycle. Cela se voit sur l'identité:

$$a_{st}\,{}^sa_t^{-1}a_s^{-1} \cdot a_s\,{}^sa_t\,{}^{st}a_u\,{}^sa_{tu}^{-1}a_s^{-1} \cdot a_s\,{}^sa_{tu}a_{stu}^{-1} \cdot a_{stu}\,{}^{st}a_u^{-1}a_{st}^{-1} = 1\ .$$

qui, par passage à H/H', donne:

$$\overline{h}_{s,t}^{-1} \cdot {}^{s'}\overline{h}_{t,u} \cdot \overline{h}_{s,tu} \cdot \overline{h}_{st,u}^{-1} = 1\ .$$

Mais la structure des groupes algébriques commutatifs montre que $H/H'(\overline{k})$ possède une suite de composition dont les quotients sont, soit de torsion, soit divisibles. Comme $\dim(k) \leq 1$, on a donc $H^2(G(\overline{k}/k), H/H'(\overline{k})) = 0$, cf. Chap. I, n° 3.1. Ainsi le cocycle $(\overline{h}_{s,t})$ est un cobord. On en conclut qu'il existe une 1-cochaîne (h_s) à valeurs dans $H(\overline{k})$ telle que:

$$h_{s,t} = h_s^{-1} \cdot {}^{s'}h_t^{-1} \cdot h'_{s,t} \cdot h_{st}\ , \quad \text{avec } h'_{s,t} \in H'(\overline{k}).$$

On a

$$^{s'}h_t^{-1} = a_s\,{}^sh_t^{-1}a_s^{-1} \equiv h_s a_s\,{}^sh_t^{-1}a_s^{-1}h_s^{-1} \bmod H'(\overline{k})\ .$$

Quitte à changer $h'_{s,t}$, on peut donc écrire:

$$h_{s,t} = h_s^{-1} \cdot h_s a_s\,{}^sh_t^{-1}a_s^{-1}h_s^{-1} \cdot h'_{s,t} \cdot h_{st}\ .$$

En posant $a'_s = h_s a_s$, la formule précédente devient:

$$a'_s\,{}^sa'_t = h'_{s,t}a'_{st}\ .$$

Le système $\{H', (a'_s)\}$ vérifie donc les axiomes (1), (2), (3). L'axiome (4) se vérifie sans difficultés. Comme H est minimal, on en conclut bien que $H = H'$.

Fin de la démonstration

Si $\{H, (a_s)\}$ est un système minimal, les lemmes 4 et 5 montrent que $H = \{1\}$, donc que (a_s) est un cocycle, ce qui démontre la prop. 7, et du même coup le théorème 3.

Exercices.

1) Avec les notations de la démonstration du lemme 5, montrer qu'il existe sur H/H' une structure de k-groupe algébrique telle que la structure de $G(\overline{k}/k)$-module correspondante sur $H/H'(\overline{k})$ soit celle définie dans le texte.

2) Montrer que le théorème 3 reste valable lorsqu'on remplace l'hypothèse

$$\dim(k) \leq 1$$

par la suivante:

Le stabilisateur d'un point de X est un groupe linéaire unipotent. [On utilisera le fait que $H^2(k, H) = 0$ pour tout groupe commutatif unipotent H.]

3) On suppose que $\dim(k) \leq 1$ et que la caractéristique p est $\neq 2$. Soit f une forme quadratique non dégénérée en n variables ($n \geq 2$). Montrer en utilisant le th. 3 que, pour toute constante $c \neq 0$, l'équation $f(x) = c$ a une solution dans k. [Observer que le schéma des solutions de cette équation est un espace homogène du groupe $\mathbf{SO}(f)$, lequel est connexe.] Retrouver ce résultat par une démonstration directe, utilisant uniquement l'hypothèse $\mathrm{cd}_2(G_k) \leq 1$.

§ 3. Corps de dimension ≤ 2

3.1. La conjecture II

Soient L un groupe semi-simple et T un tore maximal de L. Le groupe $X(T)$ des caractères de T est un sous-groupe d'indice fini du *groupe des poids* du système de racines correspondant. Si ces deux groupes sont égaux, on dit que L est *simplement connexe* (cf. par exemple [125], 2.1.13).

Conjecture II. *Soit k un corps parfait tel que $\mathrm{cd}(G_k) \leq 2$, et soit L un groupe semi-simple simplement connexe. On a $H^1(k, L) = 0$.*

Cette conjecture a été démontrée dans de nombreux cas particuliers:

a) Lorsque k est un *corps p-adique*: Kneser [86].

b) Plus généralement, lorsque k est un *corps complet pour une valuation discrète dont le corps résiduel est parfait de dimension ≤ 1*: Bruhat-Tits [22] et [23], III.

c) Lorsque k est un *corps de nombres totalement imaginaire* (pour L de type classique: Kneser [87]; pour L de type D_4 trialitaire, G_2, F_4, E_6, E_7: Harder [67]; pour L de type E_8: Chernousov [30]).

d) Lorsque L est *de type A_n intérieur* (Merkurjev-Suslin, cf. n° 3.2).

e) Plus généralement, lorsque L est *de type classique* (D_4 trialitaire excepté): Bayer-Parimala [10].

f) Lorsque L est *de type G_2 ou F_4* (voir par exemple [156]).

Remarques.

1) Dans l'énoncé de la conjecture II, on devrait pouvoir remplacer l'hypothèse "k est parfait" par "$[k : k^p] \leq p$", si k est de caractéristique $p > 0$ (une hypothèse encore plus faible devrait même suffire, cf. [156]).

Par exemple, la conjecture devrait s'appliquer à tout corps k qui est une extension transcendante de degré 1 d'un corps parfait k_0 de dimension ≤ 1 (c'est vrai si k_0 est *fini*, d'après Harder [67], III).

2) Tout groupe semi-simple L_0 peut s'écrire de façon unique sous la forme $L_0 = L/C$, où L est simplement connexe, et C est un sous-groupe fini du centre de L. Si l'on suppose que C est lisse, on peut l'identifier à un G_k-module galoisien, d'où un opérateur cobord (cf. Chap. I, n° 5.7)

$$\Delta : H^1(k, L_0) \longrightarrow H^2(k, C) .$$

Si la conjecture II s'applique à k, cet opérateur est *injectif* (Chap. I, cor. à la prop. 44); cela permet d'identifier $H^1(k, L_0)$ à un sous-ensemble du groupe $H^2(k, C)$ (noter que ce sous-ensemble n'est pas toujours un sous-groupe, cf. n° 3.2, exercice).

3.2. Exemples

a) Le groupe $\mathbf{SL}_D$

Soit D une algèbre centrale simple sur k, de rang fini; on a $[D:k] = n^2$, où n est un entier ≥ 1 (parfois appelé le *degré* de D). Soit $\mathbf{G}_{m/D}$ le k-groupe algébrique tel que $\mathbf{G}_{m/D}(k') = (k' \otimes_k D)^*$ pour toute extension k' de k; c'est une k-forme du groupe $\mathbf{GL}_n$. On a $\mathbf{G}_{m/D}(k) = D^*$. La norme réduite Nrd définit un morphisme surjectif

$$\mathrm{Nrd} : \mathbf{G}_{m/D} \longrightarrow \mathbf{G}_m .$$

Soit $\mathbf{SL}_D$ le noyau de Nrd. C'est une k-forme (dite "intérieure") du groupe $\mathbf{SL}_n$, cf. n° 1.4; c'est donc un groupe semi-simple simplement connexe. Sa cohomologie se détermine au moyen de la suite exacte:

$$H^0(k, \mathbf{G}_{m/D}) \longrightarrow H^0(k, \mathbf{G}_m) \longrightarrow H^1(k, \mathbf{SL}_D) \longrightarrow H^1(k, \mathbf{G}_{m/D}) .$$

Les deux groupes de gauche sont respectivement égaux à D^* et à k^*. On montre sans difficulté (par le même argument que pour $\mathbf{GL}_n$) que l'on a $H^1(k, \mathbf{G}_{m/D}) = 0$. On déduit de là une *bijection*

$$k^* / \mathrm{Nrd}(D^*) \simeq H^1(k, \mathbf{SL}_D) .$$

En particulier, $H^1(k, \mathbf{SL}_D)$ *est réduit à 0 si et seulement si* $\mathrm{Nrd} : D^* \to k^*$ *est surjectif.*

C'est le cas, d'après Merkurjev-Suslin (cf. Chap. II, n° 4.5, th. MS) si k est parfait et $\mathrm{cd}(G_k) \leq 2$ (l'énoncé dans le th. MS suppose que D est un corps gauche – le cas général se ramène facilement à celui-là). La conjecture II est donc vraie pour $\mathbf{SL}_D$.

Remarque.

Le th. MS fournit en outre une *réciproque* de la conjecture II: si k est un corps tel que $H^1(k, L) = 0$ pour tout L semi-simple simplement connexe, on a $\mathrm{cd}(G_k) \leq 2$.

b) Le groupe $\mathbf{Spin}_n$

On suppose la caractéristique de k différente de 2.

Soit q une forme quadratique non dégénérée de rang n, et soit $\mathbf{SO}_q$ le groupe orthogonal unimodulaire correspondant. C'est un groupe semi-simple connexe (si $n \geq 3$, ce qu'on supposera). Son revêtement universel est le groupe $\mathbf{Spin}_q$ des spineurs. On a une suite exacte:

$$1 \longrightarrow \mu_2 \longrightarrow \mathbf{Spin}_q \longrightarrow \mathbf{SO}_q \longrightarrow 1 , \quad \text{avec } \mu_2 = \{\pm 1\}.$$

D'après le n° 5.7 du Chap. I, on en déduit la suite exacte de cohomologie:

$$\mathbf{Spin}_q(k) \longrightarrow \mathbf{SO}_q(k) \xrightarrow{\delta} k^*/k^{*2} \longrightarrow H^1(k, \mathbf{Spin}_q) \longrightarrow H^1(k, \mathbf{SO}_q)$$
$$\xrightarrow{\Delta} \mathrm{Br}_2(k) ,$$

puisque $H^1(k, \mu_2) = k^*/k^{*2}$ et $H^2(k, \mu_2) = \mathrm{Br}_2(k)$, cf. Chap. II, n° 1.2. L'homomorphisme

$$\delta : \mathbf{SO}_q(k) \longrightarrow k^*/k^{*2}$$

est la *norme spinorielle* (Bourbaki A IX.§ 9). Quant à l'application

$$\Delta : H^1(k, \mathbf{SO}_q) \longrightarrow \mathrm{Br}_2(k) \ ,$$

elle est liée à *l'invariant de Hasse-Witt* w_2 par la formule suivante:

si $x \in H^1(k, \mathbf{SO}_q)$ et si q_x désigne la forme quadratique déduite de q par torsion au moyen de x, on a $\Delta(x) = w_2(q_x) - w_2(q)$, cf. Springer [60], ainsi que Annexe, § 2.2.

Noter que $H^1(k, \mathbf{SO}_q)$ peut être identifié à l'ensemble des classes de formes quadratiques de rang n qui ont même discriminant (dans k^*/k^{*2}) que q. Compte tenu de la suite exacte de cohomologie ci-dessus, on en déduit:

Pour que $H^1(k, \mathbf{Spin}_q)$ soit réduit à 0, il faut et il suffit que les deux conditions suivantes soient satisfaites:

(i) *La norme spinorielle $\delta : \mathbf{SO}_q(k) \to k^*/k^{*2}$ est surjective.*

(ii) *Toute forme quadratique de rang n, qui a le même discriminant et le même invariant de Hasse-Witt que q, est isomorphe à q.*

D'après Merkurjev-Suslin, ces conditions sont satisfaites si $\mathrm{cd}_2(G_k) \leq 2$ (cf. Bayer-Parimala [10] – voir aussi l'exerc. 1 du Chap. II, n° 4.5). La conjecture II est donc vraie pour $\mathbf{Spin}_q$.

Exercice.

On prend $n = 3$, et l'on choisit pour q la forme standard $X^2 - YZ$.

(a) Montrer que l'image de $\Delta : H^1(k, \mathbf{SO}_q) \to \mathrm{Br}_2(k)$ est formée des éléments *décomposables* de $\mathrm{Br}_2(k) = H^2(k, \mathbf{Z}/2\mathbf{Z})$, i.e. de ceux qui sont cup-produits de deux éléments de $H^1(k, \mathbf{Z}/2\mathbf{Z})$.

(b) En déduire, en utilisant Merkurjev [108], qu'il existe un corps k de caractéristique 0, avec $\mathrm{cd}(G_k) = 2$, tel que l'image de Δ ne soit pas un sous-groupe de $\mathrm{Br}_2(k)$.

§ 4. Théorèmes de finitude

4.1. La condition (F)

Proposition 8. *Soit G un groupe profini. Les trois conditions suivantes sont équivalentes:*

a) *Pour tout entier n, le groupe G n'a qu'un nombre fini de sous-groupes ouverts d'indice n.*

a') *Même énoncé que a), en se bornant aux sous-groupes ouverts distingués.*

b) *Pour tout G-groupe fini A (cf. Chap. I, n° 5.1), l'ensemble $H^1(G, A)$ est fini.*

Si H est un sous-groupe ouvert de G d'indice n, l'intersection H' des conjugués de H est un sous-groupe ouvert distingué de G d'indice $\leq n!$ (en effet le quotient G/H' est isomorphe à un sous-groupe du groupe des permutations de G/H). On déduit facilement de là l'équivalence de a) et a').

Montrons que a) ⇒ b). Soit n l'ordre du G-groupe fini A, et soit H un sous-groupe ouvert distingué de G opérant trivialement sur A. Vu a), les sous-groupes ouverts de H d'indice $\leq n$ sont en nombre fini. Leur intersection H' est un sous-groupe ouvert distingué de G. Tout homomorphisme continu $f : H \to A$ est trivial sur H'. On en conclut que le composé

$$H^1(G, A) \longrightarrow H^1(H, A) \longrightarrow H^1(H', A)$$

est trivial. Cela entraîne (cf. la suite exacte du Chap. I, n° 5.8) que $H^1(G, A)$ s'identifie à $H^1(G/H', A)$, lequel est évidemment fini.

Montrons que b) ⇒ a). Il faut voir que, pour tout entier n, le groupe G ne possède qu'un nombre fini d'homomorphismes dans le groupe symétrique S_n de n lettres. Cela résulte immédiatement de la finitude de $H^1(G, S_n)$, le groupe G opérant trivialement sur S_n.

Tout groupe profini G vérifiant les conditions de la prop. 8 sera dit "de type (F)".

Proposition 9. *Tout groupe profini G qui peut être topologiquement engendré par un nombre fini d'éléments est de type (F).*

En effet, il est clair que les homomorphismes de G dans un groupe fini donné sont en nombre fini (puisqu'ils sont déterminés par leurs valeurs sur les générateurs topologiques de G).

Corollaire. *Pour qu'un pro-p-groupe soit de type* (F), *il faut et il suffit qu'il soit de rang fini.*

Cela résulte des deux propositions précédentes, combinées avec la prop. 25 du Chap. I.

Exercices.

1) Soit G un groupe profini de type (F), et soit $f : G \to G$ un homomorphisme *surjectif* de G sur lui-même. Montrer que f est un isomorphisme. [Soit X_n l'ensemble des sous-groupes ouverts de G d'indice donné n. Si $H \in X_n$, on a $f^{-1}(H) \in X_n$, et f définit ainsi une injection $f_n : X_n \to X_n$. Comme X_n est fini, f_n est bijective. On en conclut que le noyau N de f est contenu dans tous les sous-groupes ouverts de G, et il est donc réduit à $\{1\}$.]

2) Soit Γ un groupe discret et soit $\widehat{\Gamma}$ le groupe profini associé (Chap. I, n° 1.1). On suppose:

(a) L'application canonique $\Gamma \to \widehat{\Gamma}$ est injective.

(b) $\widehat{\Gamma}$ est de type (F).

Prouver que Γ est *Hopfien*, i.e. que tout endomorphisme surjectif de Γ est un isomorphisme [appliquer l'exerc. 1 à $\widehat{\Gamma}$].

Montrer que tout sous-groupe de type fini de $\mathbf{GL}_n(\mathbf{C})$ satisfait à (a) et (b). (Ceci s'applique en particulier aux groupes arithmétiques.)

3) Soit (N_p), $p = 2, 3, 5, \ldots$ une famille non bornée d'entiers ≥ 0, indexée par les nombres premiers. Soit G_p la puissance N_p-ième du groupe $\mathbf{Z}_p$ et soit G le produit des G_p. Montrer que G est de type (F), bien qu'il ne puisse pas être topologiquement engendré par un nombre fini d'éléments.

4.2. Corps de type (F)

Soit k un corps. Nous dirons que k est *de type* (F) si k est parfait et si le groupe de Galois $G(\overline{k}/k)$ est de type (F) au sens précédent. Cette dernière condition revient à dire que, pour tout entier n, il n'existe qu'un nombre fini de sous-extensions de $\overline{k}$ (resp. de sous-extensions galoisiennes) qui soient de degré n sur k.

Exemples de corps de type (F).

a) Le corps $\mathbf{R}$ des *nombres réels*.

b) Un corps *fini*. [En effet, un tel corps admet une seule extension de degré donné – d'ailleurs son groupe de Galois est $\widehat{\mathbf{Z}}$ et peut donc être topologiquement engendré par un seul élément.]

c) Le corps $C((T))$ des *séries formelles* en une variable sur un corps algébriquement clos C de caractéristique zéro. [Même argument que dans le cas précédent, en remarquant que les seules extensions finies de $C((T))$ sont les corps $C((T^{1/n}))$, d'après le théorème de Puiseux (cf. [145], p. 76).]

d) Un *corps p-adique* (autrement dit une extension finie de $\mathbf{Q}_p$). C'est là un résultat bien connu. On peut par exemple le démontrer de la manière suivante; toute extension finie de k s'obtient en faisant d'abord une extension non ramifiée, puis une extension totalement ramifiée. Comme il n'y a qu'une seule extension non ramifiée d'un degré donné, *on est ramené au cas totalement ramifié.* Or une telle extension est donnée par une "équation d'Eisenstein" $T^n + a_1 T^{n-1} + \cdots + a_n = 0$, où les a_i appartiennent à l'idéal maximal de l'anneau des entiers de k, et où a_n est une uniformisante. L'ensemble de ces équations forme un espace *compact* pour la topologie de la convergence des coefficients; d'autre part, on sait que deux équations voisines définissent des extensions isomorphes (c'est une conséquence du "lemme de Krasner", cf. par exemple [145], p. 40, exercices 1 et 2). D'où la finitude cherchée.

[On a en fait des résultats beaucoup plus précis:

i) Krasner [91] a calculé explicitement le nombre des extensions de degré n d'un corps p-adique k.

Le résultat s'énonce (et se démontre) plus simplement si l'on "compte" chaque extension avec un certain *poids*, cf. [152]. De façon plus précise, si k' est une extension totalement ramifiée de degré n de k, l'exposant du discriminant de k'/k peut s'écrire sous la forme $n - 1 + c(k')$, où $c(k')$ est un entier ≥ 0 (composante "sauvage"). Si l'on définit le poids $w(k')$ de k' par la formule

$$w(k') = q^{-c(k')} \ ,$$

où q est le nombre d'éléments du corps résiduel, on a la *formule de masse* suivante (cf. [152], th. 1):

$$\sum_{k'} w(k') = n \ ,$$

où k' parcourt l'ensemble des extensions totalement ramifiées de k, de degré n, contenues dans $\overline{k}$.

ii) Iwasawa [76] a montré que le groupe $G(\overline{k}/k)$ peut être topologiquement engendré par un nombre fini d'éléments (le résultat n'est pas mentionné explicitement, mais c'est une conséquence facile du th. 3, p. 468).]

Exercice.

Soit k un corps parfait. On suppose que, pour tout entier $n \geq 1$ et toute extension finie K de k, le quotient K^*/K^{*n} est fini. Montrer que k ne possède qu'un nombre fini d'extensions galoisiennes *résolubles* de degré donné premier à la caractéristique de k. Application au cas p-adique?

4.3. Finitude de la cohomologie des groupes linéaires

Théorème 4. *Soit k un corps de type* (F), *et soit L un groupe algébrique linéaire défini sur k. L'ensemble $H^1(k, L)$ est fini.*

On procède par étapes:

(i) Le groupe L est *fini* (i.e. de dimension zéro).

L'ensemble $L(\overline{k})$ des points de L rationnels sur $\overline{k}$ est alors un $G(\overline{k}/k)$-groupe fini, et on peut lui appliquer la prop. 8. D'où la finitude de

$$H^1(k, L) = H^1(G(\overline{k}/k), L(\overline{k})) \ .$$

(ii) Le groupe L est *résoluble connexe*.

En appliquant le cor. 3 de la prop. 39 du Chap. I, on se ramène au cas où L est unipotent et au cas où L est un tore. Dans le premier cas, on a $H^1(k, L) = 0$, cf. prop. 6. Supposons donc que L soit un tore. Il existe alors une extension galoisienne finie k'/k telle que L soit k'-isomorphe à un produit de groupes multiplicatifs $\mathbf{G}_m$. Comme $H^1(k', \mathbf{G}_m)$ est nul, on en conclut que $H^1(k', L) = 0$, donc que $H^1(k, L)$ s'identifie à $H^1(k'/k, L)$. En particulier, si $n = [k' : k]$, on a $nx = 0$ pour tout $x \in H^1(k, L)$. Considérons alors la suite exacte:

$$0 \longrightarrow L_n \longrightarrow L \overset{n}{\longrightarrow} L \longrightarrow 0 \,,$$

et la suite exacte de cohomologie qui lui est associée. On voit que $H^1(k, L_n)$ s'applique sur le noyau de $H^1(k, L) \overset{n}{\to} H^1(k, L)$, c'est-à-dire sur $H^1(k, L)$ tout entier. Comme L_n est fini, le cas (i) montre que $H^1(k, L_n)$ est fini, et il est de même de $H^1(k, L)$.

(iii) *Cas général.*

On utilise le résultat suivant, dû à Springer:

Lemme 6. *Soit C un sous-groupe de Cartan d'un groupe linéaire L, et soit N le normalisateur de C dans L. L'application canonique $H^1(k, N) \to H^1(k, L)$ est surjective.*

(Ce résultat est valable *sur tout corps parfait k.*)

Soit $x \in H^1(k, L)$, et soit c un cocycle représentant x. Soit $_cL$ le groupe obtenu en tordant L au moyen de c. D'après un théorème de Rosenlicht ([130], voir aussi [16], th. 18.2), le groupe $_cL$ possède un sous-groupe de Cartan C' défini sur k; lorsqu'on étend le corps de base à $\overline{k}$, les groupes C et C' sont conjugués. D'après le lemme 1 du n° 2.2 il s'ensuit que x appartient à l'image de $H^1(k, N)$ dans $H^1(k, L)$, ce qui démontre le lemme.

Revenons maintenant à la démonstration du théorème 4. Soit C un sous-groupe de Cartan de L, défini sur k, et soit N son normalisateur. D'après le lemme précédent, il suffit de prouver que $H^1(k, N)$ est fini. Or le quotient N/C est fini; d'après (i), $H^1(k, N/C)$ est fini. D'autre part, pour tout cocycle c à valeurs dans N, le groupe tordu $_cC$ est résoluble connexe, et $H^1(k, {}_cC)$ est fini d'après (ii). Appliquant alors le cor. 3 de la prop. 39 du Chap. I, on en déduit bien que $H^1(k, N)$ est fini, cqfd.

Corollaire. *Soit k un corps de type* (F).

a) *Les k-formes d'un groupe semi-simple défini sur k sont en nombre fini* (à isomorphisme près).

b) *Il en est de même des k-formes d'un couple (V, x), où V est un espace vectoriel et x un tenseur* (cf. n° 1.1).

Cela résulte du fait que, dans les deux cas, le groupe d'automorphismes de la structure étudiée est un groupe algébrique linéaire.

Remarques.

1) Si k est un corps de caractéristique zéro et de type (F), on peut montrer que les k-formes de tout groupe algébrique *linéaire* sont en nombre fini; il faut

pour cela étendre le théorème 4 à certains groupes non algébriques, ceux qui sont extensions d'un groupe discret "de type arithmétique" par un groupe linéaire; pour plus de détails, cf. Borel-Serre [18], § 6.

2) Soit k_0 un corps fini, et soit $k = k_0((T))$. Le théorème 4 ne s'applique pas à k (ne serait-ce que parce que k n'est pas parfait – on peut d'ailleurs montrer que $H^1(k, \mathbf{Z}/p\mathbf{Z})$ est infini, si p est la caractéristique de k). Toutefois, on peut prouver que $H^1(k, L)$ est fini lorsque L est *réductif connexe*.

[Principe de la démonstration (d'après J. Tits): Soit $\tilde{k} = \overline{k}_0((t))$. On a $\dim(\tilde{k}) \leq 1$. D'après Borel-Springer ([19], n° 8.6), cela entraîne $H^1(\tilde{k}, L) = 0$, cf. n° 2.3. On a donc $H^1(k, L) = H^1(\tilde{k}/k, L)$. Or la théorie de Bruhat-Tits ([23], Chap. III, n° 3.12) montre que $H^1(\tilde{k}/k, L)$ se plonge dans une réunion finie d'ensembles de cohomologie du type $H^1(k_0, L_i)$, où les L_i sont des groupes algébriques linéaires (non nécessairement connexes) sur le corps résiduel k_0. D'après le th. 4, appliqué à k_0, chacun des $H^1(k_0, L_i)$ est fini. Il en est donc de même de $H^1(\tilde{k}/k, L)$, cqfd.]

4.4. Finitude d'orbites

Théorème 5. *Soit k un corps de type* (F), *soit G un groupe algébrique défini sur k, et soit V un espace homogène de G. Le quotient de $V(k)$ par la relation d'équivalence définie par $G(k)$ est fini.*

L'espace V est réunion d'un nombre fini d'orbites de la composante neutre de G; cela permet de se ramener *au cas où G est connexe*. Si $V(k) = \emptyset$, il n'y a rien à démontrer. Sinon, soit $v \in V(k)$ et soit H le stabilisateur de v. L'application canonique $G/H \to V$ définit une bijection de $(G/H)(k)$ sur $V(k)$. D'après le cor. 1 de la prop. 36 du Chap. I, le quotient de $(G/H)(k)$ par $G(k)$ s'identifie au noyau de l'application canonique $\alpha : H^1(k, H) \to H^1(k, G)$. Il suffit donc de prouver que cette application est *propre*, i.e. que α^{-1} transforme un ensemble fini en un ensemble fini.

Soit L le plus grand sous-groupe linéaire connexe de G, soit $M = L \cap H$, et soient $A = G/L$, $B = H/M$. D'après un théorème de Chevalley, A est une variété abélienne, et B s'envoie injectivement dans A. On a un diagramme commutatif:

$$
\begin{array}{ccc}
H^1(k, H) & \xrightarrow{\alpha} & H^1(k, G) \\
\gamma \downarrow & & \downarrow \beta \\
H^1(k, B) & \xrightarrow{\delta} & H^1(k, A)
\end{array}
$$

Comme M est linéaire, le théorème 4 (combiné à la prop. 39 du Chap. I) montre que γ est propre. D'autre part, d'après le théorème de "complète réductibilité" des variétés abéliennes, il existe une variété abélienne B' de même dimension que B et un homomorphisme $A \to B'$ tels que le composé $B \to A \to B'$ soit surjectif; de plus, B' et $A \to B'$ peuvent être définis sur k. Comme le noyau de $B \to B'$ est fini, l'argument utilisé ci-dessus montre que le composé $H^1(k, B) \to H^1(k, A) \to H^1(k, B')$ est propre. Il s'ensuit que δ est propre, donc aussi $\delta \circ \gamma = \beta \circ \alpha$, d'où la propreté de α, cqfd.

Corollaire 1. *Soit k un corps de type* (F), *et soit G un groupe algébrique linéaire défini sur k. Les tores maximaux* (resp. *les sous-groupes de Cartan) de G définis sur k forment un nombre fini de classes* (pour la conjugaison par les éléments de $G(k)$).

Soit T un tore maximal (resp. un sous-groupe de Cartan) de G défini sur k (s'il n'y en a pas, il n'y a rien à démontrer); soit H son normalisateur dans G. Comme tous les tores maximaux (resp. ...) sont conjugués sur $\overline{k}$, ils correspondent bijectivement aux points de l'espace homogène G/H; ceux qui sont définis sur k correspondent aux points de G/H rationnels sur k; d'après le théorème 5, ils se répartissent en un nombre fini de classes modulo $G(k)$, d'où le résultat cherché.

Corollaire 2. *Soit k un corps de caractéristique zéro de type* (F), *et soit G un groupe semi-simple défini sur k. Les éléments unipotents de $G(k)$ forment un nombre fini de classes* (pour la conjugaison par les éléments de $G(k)$).

Même démonstration que le cor. 1, en utilisant le fait (démontré par Kostant [89]) que les éléments unipotents de $G(\overline{k})$ se répartissent en un nombre fini de classes.

Exercices.
On désigne par k un corps de type (F).
1) Soit $f : G \to G'$ un homomorphisme de groupes algébriques. On suppose que le noyau de f est un groupe linéaire. Montrer que l'application correspondante $H^1(k, G) \to H^1(k, G')$ est propre.

2) Soit G un groupe algébrique, et soit K une extension finie de k. Montrer que l'application $H^1(k, G) \to H^1(K, G)$ est propre. [Appliquer l'exercice 1 au groupe $G' = R_{K/k}(G)$.]

4.5. Le cas réel

Les résultats des n^os précédents s'appliquent bien entendu au corps $\mathbf{R}$. Certains peuvent d'ailleurs s'obtenir de façon plus simple par des arguments topologiques. Ainsi par exemple le théorème 5 résulte du fait (démontré par Whitney) que toute variété algébrique réelle n'a qu'un nombre fini de composantes connexes.

Nous allons voir que, pour certains groupes, on peut aller plus loin et déterminer explicitement H^1.

Partons d'un *groupe de Lie compact K*. Soit R l'algèbre des fonctions continues sur K qui sont combinaisons linéaires de coefficients de représentations matricielles (complexes) de K. Si R_0 désigne la sous-algèbre des fonctions réelles de R, on a $R = R_0 \otimes_{\mathbf{R}} \mathbf{C}$. On sait (cf. par exemple Chevalley, [32], Chap. VI) que R_0 est l'algèbre affine d'un $\mathbf{R}$-groupe algébrique L. Le groupe $L(\mathbf{R})$ des points réels de L s'identifie à K; le groupe $L(\mathbf{C})$ est appelé le *complexifié* de K. Le groupe de Galois $\mathfrak{g} = G(\mathbf{C}/\mathbf{R})$ opère sur $L(\mathbf{C})$.

Théorème 6. *L'application canonique* $\varepsilon : H^1(\mathfrak{g}, K) \to H^1(\mathfrak{g}, L(\mathbf{C}))$ *est bijective.*

(Comme $\mathfrak{g}$ opère trivialement sur K, $H^1(\mathfrak{g}, K)$ est l'ensemble des classes dans K, modulo conjugaison, des éléments x tels que $x^2 = 1$.)

Le groupe $\mathfrak{g}$ opère sur l'algèbre de Lie de $L(\mathbf{C})$; les éléments invariants forment l'algèbre de Lie $\mathfrak{k}$ de K, et les éléments anti-invariants forment un supplémentaire $\mathfrak{p}$ de $\mathfrak{k}$. L'exponentielle définit un isomorphisme analytique réel de $\mathfrak{p}$ sur une sous-variété fermée P de $L(\mathbf{C})$; il est clair que $x\,P\,x^{-1} = P$ pour tout $x \in K$; de plus (Chevalley, *loc. cit.*) tout élément $x \in L(\mathbf{C})$ s'écrit de manière unique sous la forme $z = xp$, avec $x \in K$ et $p \in P$.

Ces résultats étant rappelés, montrons que ε est *surjectif*. Un 1-cocycle de $\mathfrak{g}$ dans $L(\mathbf{C})$ s'identifie à un élément $z \in L(\mathbf{C})$ tel que $z\bar{z} = 1$. Si l'on écrit z sous la forme xp, avec $x \in K$ et $p \in P$, on trouve $xpxp^{-1} = 1$ (car $\bar{p} = p^{-1}$), d'où $p = x^2 \cdot x^{-1}px$. Mais $x^{-1}px$ appartient à P, et l'unicité de la décomposition $L(\mathbf{C}) = K \cdot P$ montre que $x^2 = 1$ et $x^{-1}px = p$. Si P_x est la partie de P formée des éléments commutant à x, on voit facilement que P_x est l'exponentielle d'un sous-espace vectoriel de $\mathfrak{p}$. On en conclut que l'on peut écrire p sous la forme $p = q^2$, avec $q \in P_x$. On en tire $z = qxq$ et comme $\bar{q} = q^{-1}$, on voit que le cocycle z est cohomologue au cocycle x, qui est à valeurs dans K.

Montrons maintenant que $H^1(\mathfrak{g}, K) \to H^1(\mathfrak{g}, L(\mathbf{C}))$ est *injectif*. Soient $x \in K$ et $x' \in K$ deux éléments tels que $x^2 = 1$, $x'^2 = 1$, et supposons qu'ils soient cohomologues dans $L(\mathbf{C})$, c'est-à-dire qu'il existe $z \in L(\mathbf{C})$ tel que $x' = z^{-1}x\bar{z}$. Ecrivons z sous la forme $z = yp$, avec $y \in K$ et $p \in P$. On a:

$$x' = p^{-1}y^{-1}xyp^{-1}\,, \quad \text{d'où} \quad x' \cdot x'^{-1}px' = y^{-1}xy \cdot p^{-1}\,.$$

Appliquant à nouveau l'unicité de la décomposition $L(\mathbf{C}) = K \cdot P$, on en tire $x' = y^{-1}xy$, ce qui signifie que x et x' sont conjugués dans K, et achève la démonstration.

Exemples.

(a) Supposons que K soit *connexe*, et soit T l'un de ses tores maximaux. Soit T_2 l'ensemble des $t \in T$ tels que $t^2 = 1$. On sait que tout élément $x \in K$ tel que $x^2 = 1$ est conjugué d'un élément $t \in T_2$; de plus, deux éléments t, t' de T_2 sont conjugués dans K si et seulement si ils sont transformés l'un de l'autre par un élément du *groupe de Weyl* W de K. Il résulte donc du théorème 6 que $H^1(\mathbf{R}, L) = H^1(\mathfrak{g}, L(\mathbf{C}))$ *s'identifie à l'ensemble quotient* T_2/W.

(b) Prenons pour K le *groupe des automorphismes* d'un groupe compact semi-simple connexe S. Soit A (resp. L) le groupe algébrique associé à K (resp. à S). On sait que A *est le groupe des automorphismes de* L. Les éléments de $H^1(\mathbf{R}, A)$ correspondent donc aux *formes réelles* du groupe L, et le théorème 6 redonne la classification de ces formes au moyen des classes d' "involutions" de S (résultat dû à Elie Cartan).

4.6. Corps de nombres algébriques (théorème de Borel)

Soit k un corps de nombres algébriques. Il est clair que k *n'est pas* de type (F). On a toutefois le théorème de finitude suivant:

Théorème 7. *Soit L un groupe algébrique linéaire défini sur k, et soit S un ensemble fini de places de k. L'application canonique*

$$\omega_S : H^1(k, L) \longrightarrow \prod_{v \notin S} H^1(k_v, L)$$

est propre.

Puisque les $H^1(k_v, L)$ sont *finis* (cf. théorème 4), on peut modifier S à volonté, et en particulier supposer que $S = \emptyset$ (auquel cas on écrit ω au lieu de ω_S). De plus, quitte à *tordre* L, on est ramené à montrer que le *noyau* de ω est fini; en d'autres termes:

Théorème 7'. *Les éléments de $H^1(k, L)$ qui sont nuls localement sont en nombre fini.*

Sous cette forme, le théorème a été démontré par Borel lorsque L est réductif connexe ([14], p. 25). Le cas d'un groupe linéaire connexe se ramène immédiatement au précédent. Il est moins facile de se débarrasser de l'hypothèse de connexion; je renvoie pour cela à Borel-Serre [18], § 7.

4.7. Un contre-exemple au "principe de Hasse"

Conservons les notations du n° 4.6. Il existe des exemples importants où l'application

$$\omega : H^1(k, L) \longrightarrow \prod_{v} H^1(k_v, L)$$

est *injective*; c'est notamment le cas lorsque L est un groupe projectif ou un groupe orthogonal. On peut se demander si ce "principe de Hasse" s'étend à tous les groupes semi-simples. Nous allons voir qu'il n'en est rien.

Lemme 7. *Il existe un $G(\overline{k}/k)$-module fini A tel que l'application canonique de $H^1(k, A)$ dans $\prod_v H^1(k_v, A)$ ne soit pas injective.*

On commence par choisir une extension galoisienne finie K/k dont le groupe de Galois G jouisse de la propriété suivante:
Le ppcm des ordres des groupes de décomposition des places v de k est strictement inférieur à l'ordre n de G.
[Exemple: $k = \mathbf{Q}$, $K = \mathbf{Q}(\sqrt{13}, \sqrt{17})$; le groupe G est de type $(2, 2)$ et ses sous-groupes de décomposition sont cycliques d'ordre 2 ou réduits à l'élément neutre. Des exemples analogues existent sur tout corps de nombres.]
Soit $E = \mathbf{Z}/n\mathbf{Z}[G]$ l'algèbre du groupe G sur l'anneau $\mathbf{Z}/n\mathbf{Z}$, et soit A le noyau de l'homomorphisme d'augmentation $E \to \mathbf{Z}/n\mathbf{Z}$. Comme la cohomologie

de E est triviale, la suite exacte de cohomologie montre que $H^1(G, A) = \mathbf{Z}/n\mathbf{Z}$. Soit x un générateur de $H^1(G, A)$, soit q le ppcm des ordres des groupes de décomposition G_v, et soit $y = qx$. On a évidemment $y \neq 0$; d'autre part, puisque tout élément de $H^1(G, A)$ est annulé par q, l'image de y dans les $H^1(G_v, A)$ est nulle. Comme $H^1(G, A)$ s'identifie à un sous-groupe de $H^1(k, A)$, on a bien construit un élément non nul $y \in H^1(k, A)$ dont toutes les images locales sont nulles.

Lemme 8. *Il existe un $G(\overline{k}/k)$-module fini B tel que l'application canonique de $H^2(k, B)$ dans $\prod_v H^2(k_v, B)$ ne soit pas injective.*

C'est nettement moins trivial. On peut procéder de deux façons:

(1) On commence par construire un $G(\overline{k}/k)$-module fini A vérifiant la condition du lemme 7. On pose ensuite

$$B = A' = \operatorname{Hom}(A, \overline{k}^*) .$$

D'après le théorème de dualité de Tate (Chap. II, n° 6.3, th. A), les noyaux des applications

$$H^1(k, A) \longrightarrow \prod_v H^1(k_v, A) \quad \text{et} \quad H^2(k, B) \longrightarrow \prod_v H^2(k_v, B)$$

sont en dualité. Comme le premier est non nul, il en est de même du second.

(2) Construction explicite: On prend pour B une extension:

$$0 \longrightarrow \mu_n \longrightarrow B \longrightarrow \mathbf{Z}/n\mathbf{Z} \longrightarrow 0$$

où μ_n désigne le groupe des racines n-ièmes de l'unité. On choisit B de telle sorte que, du point de vue de sa seule structure de groupe abélien, ce soit la somme directe $\mathbf{Z}/n\mathbf{Z} \oplus \mu_n$; sa structure de $G(\overline{k}/k)$-module est alors déterminée par un élément y du groupe

$$H^1(k, \operatorname{Hom}(\mathbf{Z}/n\mathbf{Z}, \mu_n)) = H^1(k, \mu_n) = k^*/k^{*n} .$$

Comme élément de $H^2(k, B)$, on va prendre l'image canonique $\overline{x}$ d'un élément $x \in H^2(k, \mu_n)$; un tel élément s'identifie à un élément d'ordre divisant n du groupe de Brauer $\operatorname{Br}(k)$, et comme tel il est équivalent à la donnée d'*invariants locaux* $x_v \in (\frac{1}{n}\mathbf{Z})/\mathbf{Z}$ vérifiant les conditions habituelles ($\sum x_v = 0$, $2x_v = 0$ si v est une place réelle, et $x_v = 0$ si v est une place complexe). On veut s'arranger pour que $\overline{x}$ ne soit pas nul, mais soit nul localement. La première condition revient à dire que x n'appartient pas à l'image de $d : H^1(k, \mathbf{Z}/n\mathbf{Z}) \to H^2(k, \mu_n)$. Cette application n'est pas difficile à expliciter; tout d'abord le groupe $H^1(k, \mathbf{Z}/n\mathbf{Z})$ n'est autre que le groupe des homomorphismes $\chi : G(\overline{k}/k) \to (\frac{1}{n}\mathbf{Z})/\mathbf{Z}$; d'après la théorie du corps de classes, χ s'identifie à un homomorphisme du groupe des classes d'idèles de k dans $(\frac{1}{n}\mathbf{Z})/\mathbf{Z}$; on notera (χ_v) les composantes locales de χ. On vérifie alors sans difficultés que le cobord $d\chi$ de χ est l'élément de $H^2(k, \mu_n)$ dont les composantes locales $(d\chi)_v$ sont égales à $\chi_v(y)$. La première condition portant sur x est donc la suivante:

(a) *Il n'existe pas de caractère* $\chi \in H^1(k, \mathbf{Z}/n\mathbf{Z})$ *tel que* $x_v = \chi_v(y)$ *pour tout* v.

En exprimant que $\overline{x}$ s'annule localement, on obtient de même:

(b) *Pour tout place* v, *il existe* $\varphi_v \in H^1(k_v, \mathbf{Z}/n\mathbf{Z})$ *tel que* $x_v = \varphi_v(y)$.

Exemple numérique: $k = \mathbf{Q}$, $y = 14$, $n = 8$, $x_v = 0$ pour $v \neq 2, 17$ et $x_2 = -x_{17} = \frac{1}{8}$. Il faut vérifier les conditions (a) et (b):

Vérification de (a) – Supposer que l'on ait un caractère global χ tel que $\chi_v(14) = x_v$. On va examiner la somme $\sum \chi_v(16)$ (qui devrait être nulle, puisque χ s'annule sur les idèle principaux). Il est bien connu que 16 est une puissance 8-ième dans les corps locaux $\mathbf{Q}_p$, $p \neq 2$ (cf. Artin-Tate, [6], p. 96); on a donc $\chi_v(16) = 0$ pour $v \neq 2$.

D'autre part, on a $14^4 \equiv 16 \mod \mathbf{Q}_2^{*8}$ [cela revient à voir que $7^4 \in \mathbf{Q}_2^{*8}$, ce qui résulte du fait que -7 est un carré 2-adique]. On en déduit $\chi_2(16) = 4\chi_2(14) = \frac{1}{2}$, et la somme des $\chi_v(16)$ n'est pas nulle. C'est la contradiction cherchée.

Vérification de (b) – Pour $v \neq 2, 17$, on prend $\varphi_v = 0$. Pour $v = 2$, on prend le caractère de $\mathbf{Q}_2^*$ défini par la formule $\varphi_2(\alpha) = w(\alpha)/8$, où $w(\alpha)$ désigne la valuation de α; on a bien $\varphi_2(y) = \varphi_2(14) = \frac{1}{8}$. Pour $v = 17$, on remarque que le groupe multiplicatif $(\mathbf{Z}/17\mathbf{Z})^*$ est cyclique d'ordre 16, et admet pour générateur $y = 14$ [il suffit de vérifier que $14^8 \equiv -1 \mod 17$, or $2^8 \equiv 1 \mod 17$, et $7^8 \equiv (-2)^4 \equiv -1 \mod 17$]. Il existe donc un caractère φ_{17} du groupe des unités 17-adiques qui est d'ordre 8 et prend la valeur $-\frac{1}{8}$ sur y; on le prolonge n'importe comment en un caractère d'ordre 8 de $\mathbf{Q}_{17}^*$, et cela achève la vérification de (b).

[Cet exemple m'a été signalé par Tate. Celui que j'avais utilisé primitivement était plus compliqué.]

Lemme 9. *Soit* B *un* $G(\overline{k}/k)$-*module fini, et soit* $x \in H^2(k, B)$. *Il existe un groupe semi-simple connexe* S *défini sur* k, *dont le centre* Z *contient* B, *et qui jouit des deux propriété suivantes:*

(a) *L'élément* x *donné appartient à l'image de* $d : H^1(k, Z/B) \to H^2(k, B)$.

(b) *On a* $H^1(k_v, S) = 0$ *pour toute place* v *de* k.

Soit n un entier ≥ 1 tel que $nB = 0$. On peut trouver une extension galoisienne finie K/k assez grande pour que les trois conditions suivantes soient réalisées: i) B est un $G(K/k)$-module; ii) l'élément x donné provient d'un élément $x' \in H^2(G(K/k), B)$; iii) le corps K contient les racines n-ièmes de l'unité. Soit $B' = \text{Hom}(B, \mathbf{Q}/\mathbf{Z})$ le dual de B; on peut évidemment écrire B' comme quotient d'un module libre sur $\mathbf{Z}/n\mathbf{Z}[G(K/k)]$. Par dualité, on en conclut que *l'on peut plonger* B *dans un module* Z *libre de rang* q *sur* $\mathbf{Z}/n\mathbf{Z}[G(K/k)]$. Du fait que Z est libre, on a $H^2(G(K/k), Z) = 0$ et il existe un élément $y \in H^1(G(K/k), Z/B)$ tel que $dy' = x'$; l'élément y' définit un élément $y \in H^1(k, Z/B)$, et il est clair que $dy = x$. Tout revient donc à trouver un groupe semi-simple S ayant pour centre Z et vérifiant la condition (b) du lemme.

Pour cela, partons du groupe $L = \mathbf{SL}_n \times \cdots \times \mathbf{SL}_n$ (q facteurs). Si l'on considère L comme un groupe algébrique sur K, son centre est isomorphe à $\mathbf{Z}/n\mathbf{Z} \times \cdots \times \mathbf{Z}/n\mathbf{Z}$ (tous les éléments du centre sont rationnels sur le corps de base puisqu'on a pris la précaution de supposer que K contient les racines n-ièmes de l'unité). Soit S le groupe $R_{K/k}(L)$ obtenu à partir de L par restriction du corps de base de K à k. Le centre de S est isomorphe (comme $G(\overline{k}/k)$-module) à la somme directe de q copies de

$$R_{K/k}(\mathbf{Z}/n\mathbf{Z}) = \mathbf{Z}/n\mathbf{Z}[G(K/k)] \; ;$$

on peut donc l'identifier au module Z introduit plus haut. Il reste enfin à vérifier la condition (b). Or il est facile de voir que S est isomorphe sur k_v au produit des groupes $R_{K_w/k_v}(L)$, où w parcourt l'ensemble des places de K prolongeant v (cf. Weil, [185], p. 8); on a donc bien $H^1(k_v, S) = \prod_{w|v} H^1(K_w, L) = 0$ puisque la cohomologie de $\mathbf{SL}_n$ est triviale.

Nous pouvons maintenant fabriquer le contre-exemple cherché:

Théorème 8. *Il existe un groupe algébrique semi-simple connexe G défini sur k et un élément $t \in H^1(k, G)$ tels que:*
(a) *On a $t \neq 0$.*
(b) *Pour tout place v de k l'image t_v de t dans $H^1(k_v, G)$ est triviale.*

D'après le lemme 8, il existe un $G(\overline{k}/k)$-module fini B et un élément $x \in H^2(k, B)$ tel que $x \neq 0$ et que les images locales x_v de x soient toutes nulles. Soit S un groupe semi-simple vérifiant les conditions du lemme 9 par rapport au couple (B, x). D'après ces conditions, le centre Z de S contient B, et il existe un élément $y \in H^1(k, Z/B)$ tel que $dy = x$. Soit G le groupe S/B, et soit t l'image de y dans $H^1(k, G)$. Nous allons voir que le couple (G, t) vérifie les conditions du théorème.

(a) – Soit $\Delta : H^1(k, G) \to H^2(k, B)$ l'opérateur de cobord défini par la suite exacte $1 \to B \to S \to G \to 1$. Le diagramme commutatif:

$$H^1(k, Z/B) \xrightarrow{d} H^2(k, B)$$

$$\downarrow \qquad\qquad \mathrm{id} \downarrow$$

$$H^1(k, G) \xrightarrow{\Delta} H^2(k, B)$$

montre que $\Delta(t) = dy = x$. Comme $x \neq 0$, on a bien $t \neq 0$.

(b) – On utilise la suite exacte:

$$H^1(k_v, S) \longrightarrow H^1(k_v, G) \longrightarrow H^2(k_v, B) \; .$$

Le même argument que ci-dessus montre que $\Delta(t_v) = x_v = 0$; comme $H^1(k_v, S) = 0$ (cf. lemme 9), on a bien $t_v = 0$, cqfd.

Remarques.
1) La construction précédente donne des groupes G qui sont "strictement intermédiaires" entre simplement connexe et adjoint. Cela conduit à se demander si le "principe de Hasse" est vrai dans ces deux cas extrêmes. C'est le cas, comme l'ont montré une série de travaux culminant en celui de Chernousov [30] sur E_8 (pour un exposé d'ensemble, voir Platonov-Rapinchuk [125], Chap. 6). Lorsque G est *simplement connexe*, on a même le résultat suivant, conjecturé par M. Kneser [85] (et démontré par lui pour les groupes classiques, cf. [85], [87]):

L'application canonique $H^1(k, G) \to \prod H^1(k_v, G)$ est bijective. (Le produit est étendu aux places v telles que $k_v \simeq \mathbf{R}$; pour les autres places, on a d'ailleurs $H^1(k_v, G) = 0$, cf. [86].)

Ainsi, par exemple, si G est de type G_2, $H^1(k, G)$ a 2^r éléments, où r est le nombre de places réelles de k.

2) T. Ono a utilisé une construction analogue à celle du lemme 9 pour construire un groupe semi-simple *dont le nombre de Tamagawa n'est pas un entier*, cf. [121]. Cela a amené Borel (voir [15]) à poser la question suivante: y a-t-il des relations entre le nombre de Tamagawa et la validité du principe de Hasse? La réponse est affirmative: voir là-dessus Sansuc [137], ainsi que Kottwitz [90], qui utilise le principe de Hasse pour démontrer la conjecture de Weil suivant laquelle le nombre de Tamagawa d'un groupe simplement connexe est égal à 1. (Inversement, il y a de nombreux cas où l'on peut déduire le principe de Hasse d'un calcul de nombres de Tamagawa.)

Indications bibliographiques sur le Chapitre III

Le contenu du § 1 est "bien connu" mais n'est exposé nulle part de manière satisfaisante – le présent cours inclus.

Les conjectures I et II ont été exposées au Colloque de Bruxelles [146], en 1962. Les théorèmes 1, 2, 3 sont dus à Springer; les deux premiers figurent dans son exposé à Bruxelles [162], et il m'a communiqué directement la démonstration du théorème 3. D'après Grothendieck (non publié), on peut démontrer un résultat un peu plus fort, à savoir la nullité des "H^2 non abéliens" sur tout corps de dimension ≤ 1.

Le § 4 est extrait presque sans changements de Borel-Serre [18]; j'ai simplement ajouté la construction d'un contre-exemple au "principe de Hasse".

* * *

Voici enfin une brève liste de textes relatifs aux divers types de groupes semi-simples et contenant (explicitement ou non) des résultats de cohomologie galoisienne:

Groupes semi-simples généraux: Grothendieck [60], Kneser [85], [86], Tits [175], [177], [178], [179], [180], Springer [162], Borel-Serre [18], Borel-Tits [20], Steinberg [165], Harder [67], [68], Bruhat-Tits [23], Chap. III, Sansuc [137], Platonov-Rapinchuk [125], Rost [132].

Groupes classiques et algèbres à involution: Weil [184], Grothendieck [63], Tits [178], Kneser [87], Merkurjev-Suslin [109], Bayer-Lenstra [9], Bayer-Parimala [10].

Groupes orthogonaux et formes quadratiques: Witt [187], Springer [159], [160], Delzant [40], Pfister [124], Milnor [117], Lam [94], Arason [3], Merkurjev [107], [108], Scharlau [139], Jacob-Rost [78].

Groupe G_2 et octonions: Jacobson [79], van der Blij-Springer [12], Springer [163].

Groupe F_4 et algèbres de Jordan exceptionnelles: Albert-Jacobson [2], Springer [161], [163], Jacobson [80], McCrimmon [105], Petersson [122], Rost [131], Petersson-Racine [123].

Groupe E_8: Chernousov [30].

* * *

Annexe – Compléments de cohomologie galoisienne

[Le texte qui suit reproduit, avec des changements mineurs, le résumé des cours de la chaire d'Algèbre et Géométrie publié dans *l'Annuaire du Collège de France*, 1990–1991, p. 111–121.]

Le cours a été consacré au même sujet que celui de 1962–1963: la *cohomologie galoisienne*. Il a surtout insisté sur les nombreux problèmes que posent les groupes semi-simples lorsque l'on ne fait pas d'hypothèse restrictive sur le corps de base.

§ 1. Notations

  – k est un corps commutatif, supposé de caractéristique $\neq 2$, pour simplifier;
  – k_s est une clôture séparable de k;
  – $G(k_s/k)$ est le groupe de Galois de k_s/k; c'est un groupe profini. Si L est un groupe algébrique sur k, on note $H^1(k, L)$ le premier ensemble de cohomologie de $G(k_s/k)$ à valeurs dans $L(k_s)$. C'est un ensemble pointé.

Si C est un $G(k_s/k)$-module, on définit pour tout $n \geq 0$ des groupes de cohomologie

$$H^n(k, C) = H^n(G(k_s/k), C) .$$

Par exemple, si $C = \mathbf{Z}/2\mathbf{Z}$, on a

$$H^1(k, \mathbf{Z}/2\mathbf{Z}) = k^* / k^{*2}$$

et

$$H^2(k, \mathbf{Z}/2\mathbf{Z}) = \mathrm{Br}_2(k)$$

(noyau de la multiplication par 2 dans le groupe de Brauer de k).

L'un des thèmes du cours a été d'expliciter les relations qui existent (ou qui pourraient exister) entre l'ensemble $H^1(k, L)$ pour L semi-simple, et les groupes $H^n(k, C)$ pour $C = \mathbf{Z}/2\mathbf{Z}$ (ou $\mathbf{Z}/3\mathbf{Z}$, ou tout autre "petit" module sur $G(k_s/k)$).

§ 2. Le cas orthogonal

C'est celui qui est le mieux compris, grâce à son interprétation en termes de classes de formes quadratiques:

Soit q une forme quadratique non dégénérée de rang $n \geq 1$ sur k, et soit $\mathbf{O}(q)$ le *groupe orthogonal* de q, vu comme groupe algébrique sur k. Si x est un élément de $H^1(k, \mathbf{Q}(q))$, on peut *tordre* q par x et l'on obtient une autre forme quadratique q_x de même rang n que q. L'application $x \mapsto (q_x)$ définit une *bijection* de $H^1(k, \mathbf{O}(q))$ sur l'ensemble des *classes de formes quadratiques non dégénérées de rang n sur k*.

On a un résultat analogue pour la composante neutre $\mathbf{SO}(q)$ de $\mathbf{O}(q)$, à condition de se borner aux formes quadratiques ayant même discriminant que q.

Ainsi, tout *invariant* des classes de formes quadratiques peut être interprété comme une fonction sur l'ensemble de cohomologie $H^1(k, \mathbf{O}(q))$, ou sur l'ensemble $H^1(k, \mathbf{SO}(q))$.

2.1. Exemples d'invariants: les classes de Stiefel-Whitney

Ecrivons q comme somme directe orthogonale de formes de rang 1:

$$q = \langle a_1 \rangle \oplus \langle a_2 \rangle \oplus \cdots \oplus \langle a_n \rangle = \langle a_1, a_2, \ldots, a_n \rangle , \quad \text{avec } a_i \in k^*.$$

Si m est un entier ≥ 0, on définit un élément $w_m(q)$ de $H^m(k, \mathbf{Z}/2\mathbf{Z})$ par la formule

$$(2.1.1) \qquad w_m(q) = \sum_{i_1 < \cdots < i_m} (a_{i_1}) \cdots (a_{i_m}) .$$

(On a noté (a) l'élément de $H^1(k, \mathbf{Z}/2\mathbf{Z})$ défini par $a \in k^*$: le produit $(a_{i_1}) \cdots (a_{i_m})$ est un cup-produit dans l'algèbre de cohomologie $H^*(k, \mathbf{Z}/2\mathbf{Z})$.)

On montre (A. Delzant [40]) que $w_m(q)$ ne dépend que de la classe d'isomorphisme de q (et pas de la décomposition choisie); cela provient du fait bien connu que les relations entre formes quadratiques "résultent des relations en rang ≤ 2".

On dit que $w_m(q)$ est la m-ième *classe de Stiefel-Whitney* de q.

Remarques.

1) Les classes $w_1(q)$ et $w_2(q)$ ont des interprétations standard: discriminant, invariant de Hasse-Witt. Les $w_m(q)$, $m \geq 3$ sont moins intéressantes; il y a avantage à les remplacer (dans la mesure du possible) par les invariants de la théorie de Milnor, cf. n°2.3 ci-après.

2) La même méthode conduit à d'autres invariants. Ainsi, si n est pair ≥ 4 et si $q = \langle a_1, \ldots, a_n \rangle$ est tel que $w_1(q) = 0$ (autrement dit, $a_1 \cdots a_n$ est un carré), on peut montrer que l'élément $(a_1) \cdots (a_{n-1})$ de $H^{n-1}(k, \mathbf{Z}/2\mathbf{Z})$ est un *invariant* de la classe de q. Le cas $n = 4$ est particulièrement intéressant.

2.2. Comportement de $w_1(q)$ et $w_2(q)$ par torsion

Soit $x \in H^1(k, \mathbf{O}(q))$. On associe à x des éléments

$$\delta^1(x) \in H^1(k, \mathbf{Z}/2\mathbf{Z}) \qquad \text{et} \qquad \delta^2(x) \in H^2(k, \mathbf{Z}/2\mathbf{Z})$$

de la façon suivante:

$\delta^1(x)$ est l'image de x dans $H^1(k, \mathbf{Z}/2\mathbf{Z})$ par l'application déduite de l'homomorphisme det : $\mathbf{O}(q) \to \{\pm 1\} = \mathbf{Z}/2\mathbf{Z}$;

$\delta^2(x)$ est le cobord de x relatif à la suite exacte de groupes algébriques:

$$1 \longrightarrow \mathbf{Z}/2\mathbf{Z} \longrightarrow \widetilde{\mathbf{O}}(q) \longrightarrow \mathbf{O}(q) \longrightarrow 1 .$$

(Le groupe $\widetilde{\mathbf{O}}(q)$ est un certain revêtement quadratique de $\mathbf{O}(q)$ qui prolonge le revêtement spinoriel $\mathbf{Spin}(q) \to \mathbf{SO}(q)$. On peut le caractériser par la propriété suivante: une symétrie par rapport à un vecteur de carré a se relève en un élément d'ordre 2 de $\widetilde{\mathbf{O}}(q)$ rationnel sur le corps $k(\sqrt{a})$.)

Les invariants $\delta^1(x)$ et $\delta^2(x)$ permettent de calculer les classes w_1 et w_2 de la forme q_x déduite de q par torsion au moyen de x. On a en effet:

$$(2.2.1) \qquad w_1(q_x) = w_1(q) + \delta^1(x) \qquad\qquad \text{dans } H^1(k, \mathbf{Z}/2\mathbf{Z}),$$
$$(2.2.2) \qquad w_2(q_x) = w_2(q) + \delta^1(x) \cdot w_1(q) + \delta^2(x) \qquad \text{dans } H^2(k, \mathbf{Z}/2\mathbf{Z}).$$

2.3. Les conjectures de Milnor

Soit $\mathbf{k}^M(k) = \bigoplus \mathbf{k}_n^M(k)$ *l'anneau de Milnor* (mod 2) de k (défini au moyen de symboles multilinéaires $(a_1, \ldots, a_n) = (a_1) \cdots (a_n)$, $a_i \in k^*$, avec les relations $2(a) = 0$ et $(a, b) = 0$ si $a + b = 1$).

Soient W_k l'anneau de Witt de k, et I_k son idéal d'augmentation (noyau de l'homomorphisme canonique $W_k \to \mathbf{Z}/2\mathbf{Z}$).

On définit de façon naturelle des homomorphismes

$$(2.3.1) \qquad\qquad \mathbf{k}_n^M(k) \longrightarrow I_k^n / I_k^{n+1}$$

et

$$(2.3.2) \qquad\qquad \mathbf{k}_n^M(k) \longrightarrow H^n(k, \mathbf{Z}/2\mathbf{Z}) \ .$$

Les conjectures de Milnor [117] disent que ces homomorphismes sont des *isomorphismes*. Cela a été démontré pour $n \leq 3$ (Arason [3], [4], Jacob-Rost [78], Merkurjev-Suslin [111]) et il y a des résultats partiels pour $n \geq 4$.

§ 3.   Applications et exemples

3.1. Invariants à valeurs dans $H^3(k, \mathbf{Z}/2\mathbf{Z})$: le cas du groupe spinoriel

Soit q une forme quadratique non dégénérée sur k, et soit x un élément de $H^1(k, \mathbf{Spin}(q))$. Si l'on tord q par x, on obtient une forme quadratique q_x de même rang que q. D'après (2.2.1) et (2.2.2), les invariants w_1 et w_2 de q_x sont les mêmes que ceux de q. Il en résulte que l'élément $q_x - q$ de l'anneau de Witt W_k appartient au cube I_k^3 de l'idéal d'augmentation I_k. En utilisant l'homomorphisme

$$I_k^3 / I_k^4 \longrightarrow H^3(k, \mathbf{Z}/2\mathbf{Z})$$

construit par Arason [3] (qui est en fait un isomorphisme, cf. n° 2.3), on obtient un élément de $H^3(k, \mathbf{Z}/2\mathbf{Z})$ que nous noterons $i(x)$. On a:

$$(3.1.1) \qquad\qquad i(x) = 0 \iff q_x \equiv q \pmod{I_k^4} \ .$$

On a ainsi défini une application canonique

$$(3.1.2) \qquad\qquad H^1(k, \mathbf{Spin}(q)) \longrightarrow H^3(k, \mathbf{Z}/2\mathbf{Z}) \ .$$

3.2. Invariants à valeurs dans $H^3(k, \mathbf{Z}/2\mathbf{Z})$: cas général

Soit G un groupe semi-simple *simplement connexe* déployé, et choisissons une représentation irréductible ϱ de G dans un espace vectoriel V de dimension n. Supposons ϱ orthogonale, ce qui est par exemple le cas si G est de l'un des types G_2, F_4 ou E_8. Il existe alors une forme quadratique non dégénérée q sur V qui est invariante par $\varrho(G)$. On obtient ainsi un homomorphisme $G \to \mathbf{O}(q)$. Vu les hypothèses faites sur G, cet homomorphisme se relève en un homomorphisme

$$\tilde{\varrho} : G \longrightarrow \mathbf{Spin}(q) \ .$$

En utilisant (3.1.2) on déduit de là une application

$$(3.2.1) \qquad\qquad i_\varrho : H^1(k, G) \longrightarrow H^3(k, \mathbf{Z}/2\mathbf{Z}) \ ,$$

dont on montre facilement qu'elle ne dépend pas du choix de q.

3.3. Le groupe G_2

Supposons que G soit égal au groupe exceptionnel G_2, et soit déployé. On sait qu'il y a alors des bijections naturelles entre les trois ensembles suivants:

$H^1(k, G_2)$;

classes d'algèbres d'octonions sur k;

classes de 3-formes de Pfister sur k.

Il résulte de là, et des théorèmes cités ci-dessus, que, si l'on prend pour ϱ la représentation fondamentale de degré 7 de G_2, l'application i_ϱ correspondante est une *bijection de $H^1(k, G_2)$ sur le sous-ensemble de $H^3(k, \mathbf{Z}/2\mathbf{Z})$ formé des éléments décomposables* (i.e. cup-produits de trois éléments de $H^1(k, \mathbf{Z}/2\mathbf{Z})$). Cela donne une description cohomologique tout à fait satisfaisante de l'ensemble $H^1(k, G_2)$.

On peut aller un peu plus loin. Notons i l'injection de $H^1(k, G_2)$ dans $H^3(k, \mathbf{Z}/2\mathbf{Z})$ que nous venons de définir. Soit ϱ une représentation irréductible quelconque de G_2; il lui correspond d'après (3.2.1) une application

$$i_\varrho : H^1(k, G_2) \longrightarrow H^3(k, \mathbf{Z}/2\mathbf{Z}) .$$

On désire comparer i_ϱ à i. Le résultat est le suivant (je me borne ici au cas où le corps de base est de caractéristique 0):

(3.3.1) *On a, soit $i_\varrho = i$, soit $i_\varrho = 0$.*

De façon plus précise, soit $m_1\omega_1 + m_2\omega_2$ le poids dominant de ϱ, écrit comme combinaison linéaire des poids fondamentaux ω_1 et ω_2 (ω_1 correspondant à la représentation de degré 7, et ω_2 à la représentation adjointe). On peut déterminer (grâce à des formules qui m'ont été communiquées par J. Tits) dans quel cas on a $i_\varrho = i$; on trouve que cela se produit si et seulement si le couple (m_1, m_2) est congru (mod 8) à l'un des douze couples suivants:

$(0, 2)$, $(0, 3)$, $(1, 0)$, $(1, 4)$, $(2, 0)$, $(2, 3)$, $(4, 3)$, $(4, 6)$, $(5, 2)$, $(5, 6)$, $(6, 3)$, $(6, 4)$.

Ainsi, pour la représentation adjointe, qui correspond à $(0, 1)$, on a $i_\varrho = 0$. On peut préciser ceci en déterminant explicitement la forme de Killing Kill_x de la k-forme de G_2 associée à un élément donné $x \in H^1(k, G_2)$. Si $q_x = \langle 1 \rangle \oplus q_x^0$ est la 3-forme de Pfister associée à x (i.e. la *forme norme* de l'algèbre d'octonions correspondante), on trouve que Kill_x *est isomorphe à* $\langle -1, -3 \rangle \otimes q_x^0$.

3.4. Le groupe F_4

Ici encore, on dispose d'une interprétation concrète de la cohomologie: les éléments de $H^1(k, F_4)$ correspondent aux classes d'*algèbres de Jordan simples exceptionnelles* de dimension 27 sur k. Malheureusement, on est loin de savoir classer de telles algèbres, malgré les nombreux résultats déjà obtenus par Albert, Jacobson, Tits, Springer, McCrimmon, Racine, Petersson (cf. [2], [80], [105], [122], [123], [161], [163]). Ces résultats suggèrent que les éléments de $H^1(k, F_4)$ pourraient être caractérisés par deux types d'invariants:

(*invariant* mod 2) – La classe de la forme quadratique $\text{Tr}(x^2)$ associée à l'algèbre de Jordan, cette classe étant elle-même déterminée par le couple d'une 3-*forme de Pfister* et d'une 5-*forme de Pfister* divisible par la précédente. Du point de vue cohomologique, cela signifie un élément décomposable $x_3 \in H^3(k, \mathbf{Z}/2\mathbf{Z})$ (obtenu par (3.2.1) grâce à la représentation irréductible ϱ de dimension 26 de F_4), et un élément x_5 de $H^5(k, \mathbf{Z}/2\mathbf{Z})$ de la forme $x_5 = x_3yz$, avec $y, z \in H^1(k, \mathbf{Z}/2\mathbf{Z})$.

(*invariant* mod 3 – en supposant la caractéristique $\neq 3$) – Un élément de $H^3(k, \mathbf{Z}/3\mathbf{Z})$ dont je n'ai qu'une définition conjecturale, basée sur la "première construction de Tits" (cette définition a été justifiée par Rost [131], [132]).

Pour le moment, le seul cas qui puisse être traité complètement est celui des algèbres de Jordan dites "réduites" (celles où l'invariant mod 3 est 0): on sait, d'après un théorème de Springer [163], que l'invariant mod 2 (i.e. la forme trace) détermine alors l'algèbre de Jordan à isomorphisme près.

3.5. Le groupe E_8

Lorsque k est un corps de nombres, la structure de $H^1(k, E_8)$ vient d'être déterminée par Chernousov et Premet (cf. [30], [125]): le principe de Hasse est valable, ce qui entraîne par exemple que le nombre d'éléments de $H^1(k, E_8)$ est 3^r, où r est le nombre de places réelles de k. La démonstration de ce résultat a fait l'objet d'une série d'exposés dans le séminaire commun avec la chaire de Théorie des Groupes.

Lorsque k est un corps quelconque (ou même, par exemple, le corps $\mathbf{Q}(T)$), on sait fort peu de choses sur $H^1(k, E_8)$. Les résultats généraux de Grothendieck [60] et de Bruhat-Tits ([23], III) suggèrent qu'un élément de cet ensemble pourrait avoir comme invariants des classes de cohomologie (de dimension ≥ 3) mod 2, mod 3 et mod 5 (car 2, 3, 5 sont les *nombres premiers de torsion* de E_8, cf. A. Borel, *Oe.* II, p. 776). Voir là-dessus Rost [132], ainsi que [156], § 7.3.

§ 4.   Problèmes d'injectivité

L'ensemble $H^1(k, G)$ est fonctoriel en k et G:

a) Si k' est une extension de k, on a une application naturelle

$$H^1(k, G) \longrightarrow H^1(k', G) \ .$$

b) Si $G \to G'$ est un morphisme de groupes algébriques, on a une application naturelle $H^1(k, G) \to H^1(k, G')$.

On dispose d'une série de cas où ces applications sont *injectives*:

(4.1) – *théorème de simplification de Witt* [187]) Si $q = q_1 \oplus q_2$, où les q_i sont des formes quadratiques, l'application $H^1(k, \mathbf{O}(q_1)) \to H^1(k, \mathbf{O}(q))$ est injective.

(4.2) – Même énoncé, pour les *groupes unitaires* associés aux algèbres à involution sur k, cf. Scharlau [139], chap. 7.

(4.3) (Springer [159]) – Injectivité de $H^1(k, \mathbf{O}(q)) \to H^1(k', \mathbf{O}(q))$ lorsque k' est une extension finie de k *de degré impair*.

(4.4) (Bayer-Lenstra [9]) – Même énoncé que (4.3), pour les *groupes unitaires* au lieu des groupes orthogonaux.

(4.5) (Pfister [124]) – Injectivité de $H^1(k, \mathbf{O}(q)) \to H^1(k, \mathbf{O}(q \otimes q'))$ lorsque le rang de q' est impair (le morphisme $\mathbf{O}(q) \to \mathbf{Q}(q \otimes q')$ étant défini par le produit tensoriel).

On aimerait avoir d'autres énoncés du même type, par exemple les suivants (qui sont peut-être trop optimistes):

(4.6 ?) – Si k' est une extension finie de k de degré premier à 2 et 3, l'application $H^1(k, F_4) \to H^1(k', F_4)$ est injective.

(4.7 ?) – Même énoncé pour E_8, avec $\{2, 3\}$ remplacé par $\{2, 3, 5\}$.

Remarque.

Soit G un groupe algébrique sur k, et soient x, y deux éléments de $H^1(k, G)$. Supposons que x et y aient les mêmes images dans $H^1(k', G)$ et dans $H^1(k,'' G)$ où k' et k'' sont deux extensions finies de k de degrés premiers entre eux (par exemple $[k' : k] = 2$ et $[k'' : k] = 3$). Ceci *n'entraîne pas* $x = y$ contrairement à ce qui se passe dans le cas abélien; on peut en construire des exemples, en prenant G non connexe; j'ignore ce qu'il en est lorsque G est connexe.

§ 5.   La forme trace

Il s'agit de la structure de la forme quadratique $\mathrm{Tr}(x^2)$ associée à une k-algèbre de dimension finie. Deux cas particuliers ont été considérés:

5.1. Algèbres centrales simples

Soit A une telle algèbre, supposée de rang fini n^2 sur k. On lui associe la forme quadratique q_A définie par

$$q_A(x) = \mathrm{Trd}_{A/k}(x^2) \ .$$

Notons q_A^0 la forme trace associée à l'algèbre de matrices $\mathbf{M}_n(k)$ de même rang que A; c'est la somme directe d'une forme hyperbolique de rang $n(n-1)$ et d'une forme unité $\langle 1, 1, \ldots, 1 \rangle$ de rang n.

On désire comparer q_A et q_A^0. Il y deux cas à distinguer:

(5.1.1) n est impair

Les formes q_A et q_A^0 sont alors isomorphes; cela résulte du théorème de Springer cité en (4.3).

(5.1.2) n est pair

Soit (A) la classe de A dans le groupe de Brauer de k. Le produit de (A) par l'entier $n/2$ est un élément a de $\mathrm{Br}_2(k) = H^2(k, \mathbf{Z}/2\mathbf{Z})$. On a:

$$w_1(q_A) = w_1(q_A^0) \quad \text{et} \quad w_2(q_A) = w_2(q_A^0) + a \ .$$

(La formule relative à w_1 est facile. Celle relative à w_2 s'obtient en considérant l'homomorphisme $\mathbf{PGL}_n \to \mathbf{SO}_{n^2}$ donné par la représentation adjointe et en montrant, par un calcul de poids et racines, que cet homomorphisme ne se relève pas au groupe $\mathbf{Spin}_{n^2}$ si n est pair.)

5.2. Algèbres commutatives étales

Soit E une telle algèbre, soit n son rang et soit q_E la forme trace correspondante. Les invariants w_1 et w_2 de q_E se calculent par une formule connue (cf. [154]). Le cours a donné une démonstration de cette formule quelque peu différente de la démonstration originale, et a appliqué le résultat obtenu aux équations quintiques à la Kronecker-Hermite-Klein.

Le cas où $n = 6$ pose des problèmes intéressants:

1) Notons $e : G(k_s/k) \to S_6$ l'homomorphisme qui correspond à E par la théorie de Galois; cet homomorphisme est défini à conjugaison près. Si l'on compose e avec un automorphisme extérieur de S_6, on obtient un homomorphisme $e' : G(k_s/k) \to S_6$ qui correspond à une autre algèbre étale E' de rang 6 ("résolvante sextique"). *Comment déterminer $q_{E'}$ à partir de q_E?* La recette est la suivante: si l'on écrit q_E et $q_{E'}$ sous la forme

$$q_E = \langle 1, 2 \rangle \oplus Q , \qquad q_{E'} = \langle 1, 2 \rangle \oplus Q' \ ,$$

où Q et Q' sont de rang 4 (c'est possible d'après [154], App. I), on a $Q' = \langle 2d \rangle \otimes Q$, où d est le discriminant de E (i.e. de q_E).

2) Supposons que l'on ait à la fois $w_1(q_E) = 0$ et $w_2(q_E) = 0$. On peut se demander si q_E est isomorphe à la forme unité $\langle 1, \ldots, 1 \rangle$ (comme ce serait le cas si le rang était < 6). C'est vrai si k est un corps de nombres (ou un corps de fonctions rationnelles sur un corps de nombres). C'est faux en général.

§ 6.   La théorie de Bayer-Lenstra: bases normales autoduales

Soit G un groupe fini. On s'intéresse aux G-*algèbres galoisiennes* sur k, ou, ce qui revient au même, aux G-*torseurs* sur k, G étant considéré comme un groupe algébrique de dimension 0 sur k. Une telle algèbre L est déterminée, à isomorphisme (non unique) près, par la donnée d'un homomorphisme continu

$$\varphi_L : G(k_s/k) \longrightarrow G .$$

Lorsque φ_L est surjectif, L est un corps, et c'est une extension galoisienne de k de groupe de Galois isomorphe à G.

Dans [9], E. Bayer et H. Lenstra s'intéressent au cas où L possède une *base normale autoduale* ("BNA"); cela signifie qu'il existe un élément x de L tel que $q_L(x) = 1$ et que x soit orthogonal (relativement à q_L) à tous les gx, $g \in G$, $g \neq 1$. (Ainsi, les gx forment une "base normale" de L, et cette base est sa propre duale relativement à q_L.)

On peut donner un critère cohomologique pour l'existence d'une BNA: si U_G désigne le groupe unitaire de l'algèbre à involution $k[G]$, on a un plongement canonique de G dans $U_G(k)$; en composant φ_L avec ce plongement on obtient un homomorphisme $G(k_s/k) \to U_G(k)$, homomorphisme que l'on peut regarder comme un 1-cocycle de $G(k_s/k)$ dans $U_G(k_s)$. La classe ε_L de ce cocycle est un élément de $H^1(k, U_G)$. *On a $\varepsilon_L = 0$ si et seulement si L a une BNA.*

De ce critère, combiné avec (4.4), Bayer-Lenstra déduisent le théorème suivant:

(6.1) – *S'il existe une extension de degré impair de k sur laquelle L acquiert une BNA, alors L a une BNA sur k.*

En particulier:

(6.2) – *Si G est d'ordre impair, toute G-algèbre galoisienne a une BNA.*

Voici quelques autres résultats relatifs aux BNA, obtenus en collaboration avec E. Bayer, cf. [11]:

Soit L une G-algèbre galoisienne, et soit $\varphi_L : G(k_s/k) \to G$ l'homomorphisme correspondant. Si x est un élément de $H^n(G, \mathbf{Z}/2\mathbf{Z})$, son image par

$$\varphi_L^* : H^n(G, \mathbf{Z}/2\mathbf{Z}) \longrightarrow H^n(G(k_s/k), \mathbf{Z}/2\mathbf{Z}) = H^n(k, \mathbf{Z}/2\mathbf{Z})$$

sera notée x_L.

(6.3) *Pour que L ait une BNA, il faut que $x_L = 0$ pour tout $x \in H^1(G, \mathbf{Z}/2\mathbf{Z})$* (autrement dit, l'image de $G(k_s/k)$ dans G doit être contenue dans tous les sous-groupes d'indice 2 de G). *Cette condition est suffisante si la 2-dimension cohomologique de $G(k_s/k)$ est ≤ 1* (autrement dit si les 2-groupes de Sylow de $G(k_s/k)$ sont des pro-2-groupes libres).

(6.4) – *Supposons que k soit un corps de nombres. Pour que L ait une BNA, il faut que $\varphi_L(c_v) = 1$ pour toute place réelle v de k* (c_v désignant la conjugaison complexe relative à une extension de v à k_s). *Cette condition est suffisante si $H^1(G, \mathbf{Z}/2\mathbf{Z}) = H^2(G, \mathbf{Z}/2\mathbf{Z}) = 0$.*

(6.5) *Le cas où un 2-groupe de Sylow de G est abélien élémentaire*

Soit S un 2-groupe de Sylow de G. Supposons que S soit un groupe abélien élémentaire d'ordre 2^r, $r \geq 1$; l'ordre de G est $2^r m$, avec m impair.

(6.5.1) – *Il existe une r-forme de Pfister g_L^1, et une seule à isomorphisme près, telle que $\langle 2^r \rangle \otimes q_L \simeq m \otimes q_L^1$ (somme directe de m copies de q_L^1).*

Cette forme constitue un *invariant* de l'algèbre galoisienne L considérée. C'est la forme unité si L a une BNA. Réciproquement:

(6.5.2) – *Supposons que le normalisateur N de S opère transitivement sur $S - \{1\}$. Il y a alors équivalence entre:*

    (i)   *L a une BNA.*
    (ii) *La forme q_L est isomorphe à la forme unité de rang $2^r m$.*
    (iii) *La forme q_L^1 est isomorphe à la forme unité de rang 2^r.*

Lorsque r est assez petit, ce résultat peut se traduire en termes cohomologiques. En effet, l'hypothèse que N opère transitivement sur $S - \{1\}$ entraîne qu'il existe un élément x de $H^r(G, \mathbf{Z}/2\mathbf{Z})$ dont la restriction à tout sous-groupe d'ordre 2 de G est $\neq 0$, et un tel élément est unique, à l'addition près d'une classe de cohomologie "négligeable" (cf. § 7 ci-après). L'élément correspondant x_L de $H^r(k, \mathbf{Z}/2\mathbf{Z})$ est un invariant de l'algèbre galoisienne L.

(6.5.3) – *Supposons $r \leq 4$. Les conditions* (i), (ii), (iii) *de* (6.5.2) *sont alors équivalentes à:*

    (iv) *On a $x_L = 0$ dans $H^r(k, \mathbf{Z}/2\mathbf{Z})$.*

L'hypothèse $r \leq 4$ pourrait être supprimée si les conjectures du n° 2.3 étaient démontrées.

Exemples.
    1) Supposons que $r = 2$ et que N opère transitivement sur $S - \{1\}$; c'est le cas si $G = A_4$, A_5 ou $\mathbf{PSL}_2(\mathbf{F}_q)$ avec $q \equiv 3 \pmod 8$. Le groupe $H^2(G, \mathbf{Z}/2\mathbf{Z})$ contient un seul élément $x \neq 0$; soit $\widetilde{G}$ l'extension correspondante de G par $\mathbf{Z}/2\mathbf{Z}$. Il résulte de (6.5.3) que L a une BNA *si et seulement l'homomorphisme $\varphi_L : G(k_s/k) \to G$ se relève en un homomorphisme dans $\widetilde{G}$.* Un tel relèvement correspond à une $\widetilde{G}$-algèbre galoisienne $\widetilde{L}$; on peut montrer qu'il est possible de s'arranger pour que $\widetilde{L}$ possède elle aussi une BNA.

    2) Prenons pour G le groupe $\mathbf{SL}_2(\mathbf{F}_8)$ ou le groupe de Janko J_1. Les hypothèses de (6.5.2) et (6.5.3) sont alors satisfaites avec $r = 3$. Le groupe $H^3(G, \mathbf{Z}/2\mathbf{Z})$ contient un seul élément $x \neq 0$, et l'on voit que L a une BNA *si et seulement si $x_L = 0$ dans $H^3(k, \mathbf{Z}/2\mathbf{Z})$.*

Remarque.
    La propriété pour une G-algèbre galoisienne L d'avoir une BNA peut se traduire en terme de "torsion galoisienne" de la manière suivante:
    Soit V un espace vectoriel de dimension finie sur k, muni d'une famille $\mathbf{q} = (q_i)$ de *tenseurs quadratiques* (de type $(2,0)$, $(1,1)$, ou $(0,2)$, peu importe). Supposons que G opère sur V en fixant chacun des q_i. On peut alors *tordre* $(V, \mathbf{q})$ par le G-torseur correspondant à L. On obtient ainsi une k-forme $(V, \mathbf{q})_L$ de $(V, \mathbf{q})$. On peut démontrer:

(6.6) *Si L a une BNA, $(V, \mathbf{q})_L$ est isomorphe à $(V, \mathbf{q})$.*

De plus, cette propriété *caractérise* les algèbres galoisiennes ayant une BNA. (Noter que ce résultat serait faux pour les tenseurs cubiques.)

§ 7.   Classes de cohomologie négligeables

Soient G un groupe fini et C un G-module. Un élément x de $H^q(G, C)$ est dit *négligeable* (du point de vue galoisien) si, pour tout corps k, et tout homomorphisme continu $\varphi : G(k_s/k) \to G$, on a

$$\varphi^*(x) = 0 \qquad \text{dans } H^q(k, C) .$$

(Il revient au même de dire que $x_L = 0$ pour toute G-algèbre galoisienne L.)

Exemple.
    Si a, b sont deux éléments quelconques de $H^1(G, \mathbf{Z}/2\mathbf{Z})$, le cup-produit $ab(a + b)$ est un élément négligeable de $H^3(G, \mathbf{Z}/2\mathbf{Z})$.

Voici quelques résultats sur ces classes:

(7.0) – *Si $q = 1$, aucun élément non nul de $H^q(G, C)$ n'est négligeable. Il en est de même si $q = 2$ et G agit trivialement sur C.*

(7.1) – *Pour tout groupe fini G il existe un entier $q(G)$ tel que toute classe de cohomologie de G d'ordre impair et de dimension $q > q(G)$ soit négligeable.*

Ce résultat ne subsiste pas pour les classes d'ordre pair. D'ailleurs aucune classe de cohomologie (à part 0) d'un groupe cyclique d'ordre 2 n'est négligeable, comme on le voit en prenant $k = \mathbf{R}$.

(7.2) – *Supposons que G soit abélien élémentaire d'ordre 2^r. Si $x \in H^q(G, \mathbf{Z}/2\mathbf{Z})$, les propriétés suivantes sont équivalentes:*

   (a) x *est négligeable.*
   (b) *La restriction de x à tout sous-groupe d'ordre 2 de G est 0.*
   (c) x *appartient à l'idéal de l'algèbre $H^*(G, \mathbf{Z}/2\mathbf{Z})$ engendré par les $ab(a + b)$, où a et b parcourent $H^1(G, \mathbf{Z}/2\mathbf{Z})$.*

(Il y a des résultats analogues lorsque G est abélien élémentaire d'ordre p^r $(p \neq 2)$, et $C = \mathbf{Z}/p\mathbf{Z}$.)

(7.3) – *Supposons que G soit isomorphe à un groupe symétrique S_n. Alors:*

   (a) *Si N est impair, tout élément de $H^q(G, \mathbf{Z}/N\mathbf{Z})$, $q \geq 1$, est négligeable.*
   (b) *Pour qu'un élément de $H^q(G, \mathbf{Z}/2\mathbf{Z})$ soit négligeable, il faut et il suffit que ses restrictions aux sous-groupes d'ordre 2 de G soient nulles.*

Bibliographie

[1] A. Albert – *Structure of Algebras*, A.M.S. Colloquium Publ. 24, Providence, 1961.

[2] A. Albert et N. Jacobson – On reduced exceptional simple Jordan algebras, *Ann. of Math.* **66** (1957), 400–417.

[3] J. Arason – Cohomologische Invarianten quadratischer Formen, *J. Algebra* **36** (1975), 446–491.

[4] " " – A proof of Merkurjev's theorem, *Canadian Math. Soc. Conference Proc.* **4** (1984), 121–130.

[5] E. Artin et O. Schreier – Eine Kennzeichnung der reell abgeschlossenen Körper, *Hamb. Abh.* **5** (1927), 225–231 (= E. Artin, *C.P.* 21).

[6] E. Artin et J. Tate – *Class Field Theory*, Benjamin Publ., New York, 1967.

[7] M. Artin, A. Grothendieck et J-L. Verdier – *Cohomologie Etale des Schémas* (SGA 4), Lect. Notes in Math. 269–270–305, Springer-Verlag, 1972–1973.

[8] J. Ax – Proof of some conjectures on cohomological dimension, *Proc. A.M.S.* **16** (1965), 1214–1221.

[9] E. Bayer-Fluckiger et H.W. Lenstra, Jr. – Forms in odd degree extensions and self-dual normal bases, *Amer. J. Math.* **112** (1990), 359–373.

[10] E. Bayer-Fluckiger et R. Parimala – Galois cohomology of classical groups over fields of cohomological dimension ≤ 2, *Invent. math.* **122** (1995), 195–229.

[11] E. Bayer-Fluckiger et J-P. Serre – Torsions quadratiques et bases normales autoduales, *Amer. J. Math.* **116** (1994), 1–63.

[12] F. van der Blij et T.A. Springer – The arithmetics of octaves and of the group G_2, *Indag. Math.* **21** (1959), 406–418.

[13] A. Borel – Groupes linéaires algébriques, *Ann. of Math.* **64** (1956), 20–82 (= *Oe.* 39).

[14] " " – Some finiteness properties of adele groups over number fields, *Publ. Math. I.H.E.S.* **16** (1963), 5–30 (= *Oe.* 60).

[15] " " – Arithmetic properties of linear algebraic groups, *Proc. Int. Congress Math. Stockholm* (1962), 10–22 (= *Oe.* 61).

[16] " " – *Linear Algebraic Groups*, 2ème édition, Springer-Verlag, 1991.

[17] A. Borel et Harish-Chandra – Arithmetic subgroups of algebraic groups, *Ann. of Math.* **75** (1962) 485–535 (= A. Borel, *Oe.* 58).

[18] A. Borel et J-P. Serre – Théorèmes de finitude en cohomologie galoisienne, *Comm. Math. Helv.* **39** (1964), 111–164 (= A. Borel, *Oe.* 64).

[19] A. Borel et T.A. Springer – Rationality properties of linear algebraic groups, *Proc. Symp. Pure Math. A.M.S.* **9** (1966), 26–32 (= A. Borel, *Oe.* 76); II, *Tôhoku Math. J.* **20** (1968), 443–497 (= A. Borel, *Oe.* 80).

[20] A. Borel et J. Tits – Groupes réductifs, *Publ. Math. I.H.E.S.* **27** (1965), 55–150 (= A. Borel, *Oe.* 66); Compléments, *ibid.* **41** (1972), 253–276 (= A. Borel, *Oe.* 94).

[21] Z.I. Borevič et I.R. Šafarevič – *Théorie des Nombres* (en russe), 3-ième édition, Moscou, 1985.

[22] F. Bruhat et J. Tits – Groupes algébriques simples sur un corps local, *Proc. Conf. Local Fields*, Driebergen, 23–26, Springer-Verlag, 1967.

[23]   ”   ”   – Groupes réductifs sur un corps local, *Publ. Math. I.H.E.S.* **41** (1972), 5–252; II, *ibid.* **60** (1984), 5–184; III, *J. Fac. Sci. Univ. Tokyo* **34** (1987), 671–688.

[24] A. Brumer – Pseudocompact algebras, profinite groups and class formations, *J. Algebra* **4** (1966), 442–470.

[25] H. Cartan et S. Eilenberg – *Homological Algebra*, Princeton Math. Ser. 19, Princeton, 1956.

[26] J.W.S. Cassels – Arithmetic on an elliptic curve, *Proc. Int. Congress Math. Stockholm* (1962), 234–246.

[27] J.W.S. Cassels et A. Fröhlich (édit.) – *Algebraic Number Theory*, Acad. Press, New York, 1967.

[28] F. Châtelet – Variations sur un thème de H. Poincaré, *Ann. Sci. E.N.S.* **61** (1944), 249–300.

[29]   ”   ”   – Méthodes galoisiennes et courbes de genre 1, *Ann. Univ. Lyon*, sect. A–IX (1946), 40–49.

[30] V.I. Chernousov – The Hasse principle for groups of type E_8, *Math. U.S.S.R. Izv.* **34** (1990), 409–423.

[31] C. Chevalley – Démonstration d'une hypothèse de M. Artin, *Hamb. Abh.* **11** (1934), 73–75.

[32]   ”   ”   – *Theory of Lie Groups*, Princeton Univ. Press, Princeton, 1946.

[33]   ”   ”   – Sur certains groupes simples, *Tôhoku Math. J.* **7** (1955), 14–66.

[34]   ”   ”   – *Classification des groupes de Lie algébriques*, Sém. E.N.S., I.H.P., Paris, 1956–1958.

[35]   ”   ”   – Certains schémas de groupes semi-simples, *Sém. Bourbaki* 1960/61, exposé 219.

[36] J-L. Colliot-Thélène et J-J. Sansuc – Sur le principe de Hasse et sur l'approximation faible, et sur une hypothèse de Schinzel, *Acta Arith.* **41** (1982), 33–53.

[37] J-L. Colliot-Thélène et Sir Peter Swinnerton-Dyer – Hasse principle and weak approximation for pencils of Severi-Brauer and similar varieties, *J. Crelle* **453** (1994), 49–112.

[38] P. Dedecker – Sur la cohomologie non abélienne I, *Can. J. Math.* **12** (1960), 231–251; II, *ibid.* **15** (1963), 84–93.

[39]   "   "   – Three dimensional non-abelian cohomology for groups, *Lect. Notes in Math.* **92**, Springer-Verlag, 1969, 32–64.

[40] A. Delzant – Définition des classes de Stiefel-Whitney d'un module quadratique sur un corps de caractéristique différente de 2, *C.R. Acad. Sci. Paris* **255** (1962), 1366–1368.

[41] M. Demazure et P. Gabriel – *Groupes Algébriques*, Masson, Paris, 1970.

[42] M. Demazure et A. Grothendieck – *Schémas en Groupes* (SGA 3), Lect. Notes in Math. 151–152–153, Springer-Verlag, 1970.

[43] S.P. Demuškin – Le groupe de la *p*-extension maximale d'un corps local (en russe), *Dokl. Akad. Nauk S.S.S.R.* **128** (1959), 657–660.

[44]   "   "   – Sur les 2-extensions d'un corps local (en russe), *Math. Sibirsk.* **4** (1963), 951–955.

[45]   "   "   – 2-groupes topologiques définis par un nombre pair de générateurs et une relation (en russe), *Izv. Akad. Nauk S.S.S.R.* **29** (1965), 3–10.

[46] J. Dieudonné – *La Géométrie des Groupes Classiques*, Ergebn. der Math. 5, Springer-Verlag, 1955.

[47] A. Douady – Cohomologie des groupes compacts totalement discontinus, *Sém. Bourbaki* 1959/60, exposé 189.

[48] D. Dummit et J.P. Labute – On a new characterization of Demuškin groups, *Invent. Math.* **73** (1983), 413–418.

[49] R.S. Elman – On Arason's theory of Galois cohomology, *Comm. Algebra* **10** (1982), 1449–1474.

[50] D.K. Faddeev – Algèbres simples sur un corps de fonctions d'une variable (en russe), *Trud. Math. Inst. Steklov* **38** (1951), 321–344 (trad. anglaise: *A.M.S. Transl. Series* 2, vol. 3, 15–38).

[51] M. Fried et M. Jarden – *Field Arithmetic*, Ergebn. der Math. 11, Springer-Verlag, 1986.

[52] P. Gabriel – Des catégories abéliennes, *Bull. Soc. math. France* **90** (1962), 323–448.

[53] I. Giorgiutti – Groupes de Grothendieck, *Ann. Fac. Sci. Toulouse* **26** (1962), 151–207.

[54] J. Giraud – *Cohomologie Non Abélienne*, Springer-Verlag, 1971.

[55] R. Godement – Groupes linéaires algébriques sur un corps parfait, *Sém. Bourbaki*, 1960/61, exposé 206.

[56] E.S. Golod et I.R. Šafarevič – Sur les tours de corps de classes (en russe), *Izv. Akad. Nauk S.S.S.R.* **28** (1964), 261–272 (trad. anglaise: I.R. Shafarevich, *C.P.* 317–328).

[57] M.J. Greenberg – *Lectures on Forms in Many Variables*, Benjamin Publ., New York, 1969.

[58] A. Grothendieck – A general theory of fibre spaces with structure sheaf, *Univ. Kansas*, Report n° 4, 1955.

[59]   "   "   – Sur quelques points d'algèbre homologique, *Tôhoku Math. J.* **9** (1957), 119–221.

174   Bibliographie

[60]   "   "   – Torsion homologique et sections rationnelles, *Sém. Chevalley* (1958), Anneaux de Chow et Applications, exposé 5.

[61]   "   "   – Technique de descente et théorèmes d'existence en géométrie algébrique. II: le théorème d'existence en théorie formelle des modules, *Sém. Bourbaki*, 1959/60, exposé 195.

[62]   "   "   – Eléments de Géométrie Algébrique (EGA), rédigés avec la collaboration de J. Dieudonné, *Publ. Math. I.H.E.S.* **4, 8, 11, 17, 20, 24, 28, 32**, Paris, 1960–1967.

[63]   "   "   – Le groupe de Brauer I–II–III, *Dix exposés sur la cohomologie des schémas*, 46–188, North Holland, Paris, 1968.

[64]   "   "   – *Revêtements Etales et Groupe Fondamental* (SGA 1), Lect. Notes in Math. 224, Springer-Verlag, 1971.

[65] K. Haberland – *Galois Cohomology of Algebraic Number Fields*, VEB, Deutscher Verlag der Wiss., Berlin, 1978.

[66] D. Haran – A proof of Serre's theorem, *J. Indian Math. Soc.* **55** (1990), 213–234.

[67] G. Harder – Über die Galoiskohomologie halbeinfacher Matrizengruppen, I, *Math. Zeit.* **90** (1965), 404–428; II, *ibid.* **92** (1966), 396–415; III, *J. Crelle* **274/275** (1975), 125–138.

[68]   "   "   – Bericht über neuere Resultate der Galoiskohomologie halbeinfacher Gruppen, *Jahr. D.M.V.* **70** (1968), 182–216.

[69] D. Hertzig – Forms of algebraic groups, *Proc. A.M.S.* **12** (1961), 657–660.

[70] G.P. Hochschild – Simple algebras with purely inseparable splitting fields of exponent 1, *Trans. A.M.S.* **79** (1955), 477–489.

[71]   "   "   – Restricted Lie algebras and simple associative algebras of characteristic p, *Trans. A.M.S.* **80** (1955), 135–147.

[72] G.P. Hochschild et J-P. Serre – Cohomology of group extensions, *Trans. A.M.S.* **74** (1953), 110–134 (= J-P. Serre, *Oe.* 15)

[73] C. Hooley – On ternary quadratic forms that represent zero, *Glasgow Math. J.* **35** (1993), 13–23.

[74] B. Huppert – *Endliche Gruppen* I, Springer-Verlag, Berlin-Heidelberg, 1967.

[75] K. Iwasawa – On solvable extensions of algebraic number fields, *Ann. of Math.* **58** (1953), 548–572.

[76]   "   "   – On Galois groups of local fields, *Trans. A.M.S.* **80** (1955), 448–469.

[77]   "   "   – A note on the group of units of an algebraic number field, *J. Math. pures et appl.* **35** (1956), 189–192.

[78] B. Jacob et M. Rost – Degree four cohomological invariants for quadratic forms, *Invent. Math.* **96** (1989), 551–570.

[79] N. Jacobson – Composition algebras and their automorphisms, *Rend. Palermo* **7** (1958), 1–26.

[80]   "   "   – *Structure and Representations of Jordan Algebras*, A.M.S. Colloquium Publ. 39, Providence, 1968.

[81] K. Kato – Galois cohomology of complete discrete valuation fields, *Lect. Notes in Math.* 967, 215–238, Springer-Verlag, 1982.

[82] Y. Kawada – Cohomology of group extensions, *J. Fac. Sci. Univ. Tokyo* **9** (1963), 417–431.

[83] ”   ”   – Class formations, *Proc. Symp. Pure Math.* 20, 96–114, A.M.S., Providence, 1969.

[84] M. Kneser – Schwache Approximation in algebraischen Gruppen, *Colloque de Bruxelles*, 1962, 41–52.

[85] ”   ”   – Einfach zusammenhängende Gruppen in der Arithmetik, *Proc. Int. Congress Math. Stockholm* (1962), 260–263.

[86] ”   ”   – Galoiskohomologie halbeinfacher algebraischer Gruppen über p-adischen Körpern, I, *Math. Zeit.* **88** (1965), 40–47; II, *ibid.* **89** (1965), 250–272.

[87] ”   ”   – *Lectures on Galois Cohomology of Classical Groups*, Tata Inst., Bombay, 1969.

[88] H. Koch – *Galoissche Theorie der p-Erweiterungen*, Math. Monogr. 10, VEB, Berlin, 1970.

[89] B. Kostant – The principal three-dimensional subgroup and the Betti numbers of a complex simple Lie group, *Amer. J. Math.* **81** (1959), 973–1032.

[90] R. Kottwitz – Tamagawa numbers, *Ann. of Math.* **127** (1988), 629–646.

[91] M. Krasner – Nombre des extensions d'un degré donné d'un corps p-adique, *Colloque C.N.R.S.* **143** (1966), 143–169.

[92] J.P. Labute – Classification of Demuškin groups, *Canad. J. Math.* **19** (1967), 106–132.

[93] ”   ”   – Algèbres de Lie et pro-p-groupes définis par une seule relation, *Invent. Math.* **4** (1967), 142–158.

[94] T.Y. Lam – *The Algebraic Theory of Quadratic Forms*, Benjamin, New York, 1973.

[95] S. Lang – On quasi-algebraic closure, *Ann. of Math.* **55** (1952), 373–390.

[96] ”   ”   – Algebraic groups over finite fields, *Amer. J. Math.* **78** (1956), 555–563.

[97] ”   ”   – Galois cohomology of abelian varieties over p-adic fields, *notes polycopiées*, mai 1959.

[98] ”   ”   – *Rapport sur la Cohomologie des Groupes*, Benjamin, New York, 1966.

[99] ”   ”   – *Algebraic Number Theory*, Addison-Wesley, Reading, 1970.

[100] S. Lang et J. Tate – Principal homogeneous spaces over abelian varieties, *Amer. J. Math.* **80** (1958), 659–684.

[101] M. Lazard – Sur les groupes nilpotents et les anneaux de Lie, *Ann. Sci. E.N.S.* **71** (1954), 101–190.

[102] ”   ”   – Groupes analytiques p-adiques, *Publ. Math. I.H.E.S.* **26** (1965), 389–603.

[103] Y. Manin – Le groupe de Brauer-Grothendieck en géométrie diophantienne, *Actes Congrès Int. Nice* (1970), t. I, 401–411, Gauthier-Villars, Paris, 1971.

[104] ”   ”   – *Cubic Forms: Algebra, Geometry, Arithmetic*, North Holland, 1986.

[105] K. McCrimmon – The Freudenthal-Springer-Tits constructions of exceptional Jordan algebras, *Trans. A.M.S.* **139** (1969), 495–510.

[106] J. Mennicke – Einige endliche Gruppen mit drei Erzeugenden und drei Relationen, *Archiv der Math.* **10** (1959), 409–418.

[107] A.S. Merkurjev – Le symbole de reste normique en degré 2 (en russe), *Dokl. Akad. Nauk S.S.S.R.* **261** (1981), 542–547 (trad. anglaise: *Soviet Math. Dokl.* **24** (1981), 546–551).

[108]   "   "   – Algèbres simples et formes quadratiques (en russe), *Izv. Akad. Nauk S.S.S.R.* **55** (1991), 218–224 (trad. anglaise: *Math. U.S.S.R. Izv.* **38** (1992), 215–221).

[109] A.S. Merkurjev et A.A. Suslin – La K-cohomologie des variétés de Severi-Brauer et l'homomorphisme de reste normique (en russe), *Izv. Akad. Nauk S.S.S.R.* **46** (1982), 1011–1046 (trad. anglaise: *Math. U.S.S.R. Izv.* **21** (1983), 307–340).

[110]   "   "   – On the norm residue homomorphism of degree three, *LOMI preprint* E–9–86, Leningrad, 1986.

[111]   "   "   – Le groupe K_3 d'un corps (en russe), *Izv. Akad. Nauk S.S.S.R.* **54** (1990), 522–545 (trad. anglaise: *Math. U.S.S.R. Izv.* **36** (1991), 541–565).

[112] J-F. Mestre – Annulation, par changement de variable, d'éléments de $Br_2(k(x))$ ayant quatre pôles, *C.R. Acad. Sci. Paris* **319** (1994), 529–532.

[113]   "   "   – Construction d'extensions régulières de $\mathbf{Q}(T)$ à groupe de Galois $\mathbf{SL}_2(\mathbf{F}_7)$ et $\widetilde{M}_{12}$, *C.R. Acad. Sci. Paris* **319** (1994), 781–782.

[114] J. Milne – Duality in the flat cohomology of a surface, *Ann. Sci. E.N.S.* **9** (1976), 171–202.

[115]   "   "   – *Etale Cohomology*, Princeton Univ. Press, Princeton, 1980.

[116]   "   "   – *Arithmetic Duality Theorems*, Acad. Press, Boston, 1986.

[117] J. Milnor – Algebraic K-theory and quadratic forms, *Invent. Math.* **9** (1970), 318–344.

[118] M. Nagata – Note on a paper of Lang concerning quasi-algebraic closure, *Mem. Univ. Kyoto* **30** (1957), 237–241.

[119] J. Oesterlé – Nombres de Tamagawa et groupes unipotents en caractéristique p, *Invent. Math.* **78** (1984), 13–88.

[120] T. Ono – Arithmetic of algebraic tori, *Ann. of Math.* **74** (1961), 101–139.

[121]   "   "   – On the Tamagawa number of algebraic tori, *Ann. of Math.* **78** (1963), 47–73.

[122] H.P. Petersson – Exceptional Jordan division algebras over a field with a discrete valuation, *J. Crelle* **274/275** (1975), 1–20.

[123] H.P. Petersson et M.L. Racine – On the invariants mod 2 of Albert algebras, *J. of Algebra* **174** (1995), 1049–1072.

[124] A. Pfister – Quadratische Formen in beliebigen Körpern, *Invent. Math.* **1** (1966), 116–132.

[125] V.P. Platonov et A.S. Rapinchuk – *Groupes Algébriques et Corps de Nombres* (en russe), Edit. Nauka, Moscou, 1991 (trad. anglaise: *Algebraic Groups and Number Fields*, Acad. Press, Boston, 1993).

[126] G. Poitou – *Cohomologie Galoisienne des Modules Finis*, Dunod, Paris, 1967.

[127] D. Quillen – The spectrum of an equivariant cohomology ring I, *Ann. of Math.* **94** (1971), 549–572; II, *ibid.*, 573–602.

[128] L. Ribes – *Introduction to profinite groups and Galois cohomology*, Queen's Papers in Pure Math. 24, Kingston, Ontario, 1970.

[129] M. Rosenlicht – Some basic theorems on algebraic groups, *Amer. J. Math.* **78** (1956), 401–443.

[130]   "   "   – Some rationality questions on algebraic groups, *Ann. Mat. Pura Appl.* **43** (1957), 25–50.

[131] M. Rost – A (mod 3) invariant for exceptional Jordan algebras, *C.R. Acad. Sci. Paris* **315** (1991), 823–827.

[132]   "   "   – Cohomological invariants, en préparation.

[133] I.R. Šafarevič – Sur les p-extensions (en russe), Math. Sb. **20** (1947), 351–363 (trad. anglaise: *C.P.* 3–19).

[134]   "   "   – Sur l'équivalence birationnelle des courbes elliptiques (en russe), *Dokl. Akad. Nauk S.S.S.R.* **114** (1957), 267–270. (trad. anglaise: *C.P.* 192–196).

[135]   "   "   – Corps de nombres algébriques (en russe), *Proc. Int. Congress Math. Stockholm* (1962), 163–176 (trad. anglaise: *C.P.* 283–294).

[136]   "   "   – Extensions à points de ramification donnés (en russe, avec résumé français), *Publ. Math. I.H.E.S.* **18** (1963), 295–319 (trad. anglaise: *C.P.* 295–316).

[137] J-J. Sansuc – Groupe de Brauer et arithmétique des groupes algébriques linéaires sur un corps de nombres, *J. Crelle* **327** (1981), 12–80.

[138] W. Scharlau – Über die Brauer-Gruppe eines algebraischen Funktionen-körpers in einer Variablen, *J. Crelle* **239–240** (1969), 1–6.

[139]   "   "   – *Quadratic and Hermitian Forms*, Springer-Verlag, 1985.

[140] C. Scheiderer – *Real and Etale Cohomology*, Lect. Notes in Math. 1588, Springer-Verlag, 1994.

[141] A. Schinzel et W. Sierpinski – Sur certaines hypothèses concernant les nombres premiers, *Acta Arith.* **4** (1958), 185–208; Errata, *ibid.* **5** (1959), 259.

[142] R. Schoof – Algebraic curves over $\mathbf{F}_2$ with many rational points, *J. Number Theory* **41** (1992), 6–14.

[143] J-P. Serre – Classes des corps cyclotomiques (d'après K. Iwasawa), *Sém. Bourbaki* 1958–1959, exposé 174 (= *Oe.* 41).

[144]   "   "   – *Groupes Algébriques et Corps de Classes*, Hermann, Paris, 1959.

[145]   "   "   – *Corps Locaux*, Hermann, Paris, 1962.

[146]   "   "   – Cohomologie galoisienne des groupes algébriques linéaires, *Colloque de Bruxelles*, 1962, 53–67 (= *Oe.* 53).

[147]   "   "   – Structure de certains pro-p-groupes (d'après Demuškin), *Sém. Bourbaki* 1962–1963, exposé 252 (= *Oe.* 58).

178   Bibliographie

[148]   " "   – Sur les groupes de congruence des variétés abéliennes, *Izv. Akad. Nauk S.S.S.R.* **28** (1964), 1–20 (= *Oe.* 62); II, *ibid.* **35** (1971), 731–737 (= *Oe.* 89).

[149]   " "   – Sur la dimension cohomologique des groupes profinis, *Topology* **3** (1965), 413–420 (= *Oe.* 66).

[150]   " "   – *Représentations Linéaires des Groupes Finis*, Hermann, Paris, 1967.

[151]   " "   – Cohomologie des groupes discrets, *Ann. Math. Studies* 70, 77–169, Princeton Univ. Press, Princeton, 1971 (= *Oe.* 88).

[152]   " "   – Une "formule de masse" pour les extensions totalement ramifiées de degré donné d'un corps local, *C.R. Acad. Sci. Paris* **287** (1978), 183–188 (= *Oe.* 115).

[153]   " "   – Sur le nombre des points rationnels d'une courbe algébrique sur un corps fini, *C.R. Acad. Sci. Paris* **296** (1983), 397–402 (= *Oe.* 128).

[154]   " "   – L'invariant de Witt de la forme $\mathrm{Tr}(x^2)$, *Comm. Math. Helv.* **59** (1984), 651–676 (= *Oe.* 131).

[155]   " "   – Spécialisation des éléments de $\mathrm{Br}_2(\mathbf{Q}(T_1,\dots,T_n))$, *C.R. Acad. Sci. Paris* **311** (1990), 397–402.

[156]   " "   – Cohomologie galoisienne: progrès et problèmes, *Sém. Bourbaki* 1993–1994, exposé 783.

[157]   S.S. Shatz – *Profinite Groups, Arithmetic, and Geometry*, Ann. Math. Studies 67, Princeton Univ. Press, Princeton, 1972.

[158]   C. Soulé – K_2 et le groupe de Brauer (d'après A.S. Merkurjev et A.A. Suslin), *Sém. Bourbaki* 1982–1983, exposé 601 (*Astérisque* 105–106, S.M.F., 1983, 79–93).

[159]   T.A. Springer – Sur les formes quadratiques d'indice zéro, *C.R. Acad. Sci. Paris* **234** (1952), 1517–1519.

[160]   " "   – On the equivalence of quadratic forms, *Proc. Acad. Amsterdam* **62** (1959), 241–253.

[161]   " "   – The classification of reduced exceptional simple Jordan algebras, *Proc. Acad. Amsterdam* **63** (1960), 414–422.

[162]   " "   – Quelques résultats sur la cohomologie galoisienne, *Colloque de Bruxelles*, 1962, 129–135.

[163]   " "   – *Oktaven, Jordan-Algebren und Ausnahmegruppen*, notes polycopiées, Göttingen, 1963.

[164]   R. Steinberg – Variations on a theme of Chevalley, *Pacific J. Math.* **9** (1959), 875–891.

[165]   " "   – Regular elements of semisimple algebraic groups, *Publ. Math. I.H.E.S.* **25** (1965), 281–312.

[166]   " "   – *Lectures on Chevalley Groups*, notes polycopiées, Yale, 1967.

[167]   A.A. Suslin – Algebraic K-theory and the norm-residue homomorphism, *J. Soviet. Math.* **30** (1985), 2556–2611.

[168]   R. Swan – Induced representations and projective modules, *Ann. of Math.* **71** (1960), 552–578.

[169]   " "   – The Grothendieck ring of a finite group, *Topology* **2** (1963), 85–110.

[170] J. Tate – WC-groups over *p*-adic fields, *Sém. Bourbaki* 1957–1958, exposé 156.

[171]   " "   – Duality theorems in Galois cohomology over number fields, *Proc. Int. Congress Math. Stockholm* (1962), 288–295.

[172]   " "   – The cohomology groups of tori in finite Galois extensions of number fields, *Nagoya Math. J.* **27** (1966), 709–719.

[173]   " "   – Relations between K_2 and Galois cohomology, *Invent. Math.* **36** (1976), 257–274.

[174] G. Terjanian – Un contre-exemple à une conjecture d'Artin, *C.R. Acad. Sci. Paris* **262** (1966), 612.

[175] J. Tits – Groupes semi-simples isotropes, *Colloque de Bruxelles*, 1962, 137–147.

[176]   " "   – Groupes simples et géométries associées, *Proc. Int. Congress Math. Stockholm* (1962), 197–221.

[177]   " "   – Classification of algebraic semisimple groups, *Proc. Symp. Pure Math.* 9, vol. I, 33–62, A.M.S., Providence, 1966.

[178]   " "   – Formes quadratiques, groupes orthogonaux et algèbres de Clifford, *Invent. Math.* **5** (1968), 19–41.

[179]   " "   – Représentations linéaires irréductibles d'un groupe réductif sur un corps quelconque, *J. Crelle* **247** (1971), 196–220.

[180]   " "   – Sur les degrés des extensions de corps déployant les groupes algébriques simples, *C.R. Acad. Sci. Paris* **315** (1992), 1131–1138.

[181] V.E. Voskresenskii – *Tores Algébriques* (en russe), Moscou, 1977.

[182] A. Weil – On algebraic groups and homogeneous spaces, *Amer. J. Math.* **77** (1955), 493–512 (= *Oe.* [1955b]).

[183]   " "   – The field of definition of a variety, *Amer. J. Math.* **78** (1956), 509–524 (= *Oe.* [1956]).

[184]   " "   – Algebras with involutions and the classical groups, *J. Indian Math. Soc.* **24** (1960), 589–623 (= *Oe.* [1960b]).

[185]   " "   – *Adeles and Algebraic Groups* (notes by M. Demazure and T. Ono), Inst. for Adv. Study, Princeton, 1961; Birkhäuser, Boston, 1982.

[186]   " "   – *Basic Number Theory*, Springer-Verlag, 1967.

[187] E. Witt – Theorie der quadratischen Formen in beliebigen Körpern, *J. Crelle* **176** (1937), 31–44.

[188] V.I. Yanchevskii – *K*-unirationalité des fibrés en coniques et corps de décomposition des algèbres centrales simples (en russe), *Dokl. Akad. Nauk S.S.S.R.* **29** (1985), 1061–1064.

[189] H. Zassenhaus – *The Theory of Groups*, 2nd. ed., Chelsea, New York, 1949.

Index

Printing and Binding: AZ Druck und Datentechnik GmbH, Kempten

General Remarks

Lecture Notes are printed by photo-offset from the master-copy delivered in camera-ready form by the authors. For this purpose Springer-Verlag provides technical instructions for the preparation of manuscripts.

Careful preparation of manuscripts will help keep production time short and ensure a satisfactory appearance of the finished book. The actual production of a Lecture Notes volume normally takes approximately 8 weeks.

Authors receive 50 free copies of their book. No royalty is paid on Lecture Notes volumes.

Authors are entitled to purchase further copies of their book and other Springer mathematics books for their personal use, at a discount of 33,3 % directly from Springer-Verlag.

Commitment to publish is made by letter of intent rather than by signing a formal contract. Springer-Verlag secures the copyright for each volume.

Addresses:

Professor A. Dold
Mathematisches Institut
Universität Heidelberg
Im Neuenheimer Feld 288
D-69120 Heidelberg
Federal Republic of Germany

Professor F. Takens
Mathematisch Instituut
Rijksuniversiteit Groningen
Postbus 800
NL-9700 AV Groningen
The Netherlands

Springer-Verlag, Mathematics Editorial
Tiergartenstr. 17
D-69121 Heidelberg
Federal Republic of Germany
Tel.: *49 (6221) 487-410